U0836410

HUAXUE YUANLI SHIYAN JISHU

化学原理实验技术

主编　张禄梅　茹立军　李文有

重庆大学出版社

内容摘要

本书是按照化工及相关专业对化学基础知识和原理的实验教学基本要求，在教学实践和广泛征集意见的基础上编写而成。除绪论外，全书共有7章，主要内容有实验基本知识、化学实验基本操作技能、物理化学量的测定技术、无机物制备与提纯技术、性质实验、综合应用实验技术、趣味化学小实验等，并按照循序渐进的原则，逐步训练和提升化学实验技术操作技能。书后附录收集了各类实验常用数据表，便于查阅。

本书可作为高等学校化学、化工、纺织、制药、材料、轻工、食品、冶金、生物工程等专业的化学原理实验技术教材，也可用作成人教育化工类及相关专业的教材，还可供从事化学实验室工作或化学研究工作的人员参考。

图书在版编目(CIP)数据

化学原理实验技术/张禄梅，茹立军，李文有主编.
—重庆：重庆大学出版社，2015.8(2022.7重印)
ISBN 978-7-5624-9414-0

Ⅰ.①化… Ⅱ.①张…②茹…③李… Ⅲ.①化学实验—高等职业教育—教材 Ⅳ.①O6-3

中国版本图书馆CIP数据核字(2015)第197978号

化学原理实验技术

主　编　张禄梅　茹立军　李文有
策划编辑：鲁　黎
责任编辑：李定群　　版式设计：鲁　黎
责任校对：邹　忌　　责任印制：张　策

*

重庆大学出版社出版发行
出版人：饶帮华
社址：重庆市沙坪坝区大学城西路21号
邮编：401331
电话：(023) 88617190　88617185(中小学)
传真：(023) 88617186　88617166
网址：http://www.cqup.com.cn
邮箱：fxk@cqup.com.cn (营销中心)
全国新华书店经销
POD：重庆新生代彩印技术有限公司

*

开本：787mm×1092mm　1/16　印张：13.25　字数：331千
2015年8月第1版　2022年7月第5次印刷
印数：2 556—3 155
ISBN 978-7-5624-9414-0　定价：38.00元

前言

"化学原理实验技术"是化学、化工、纺织、制药、材料、轻工、食品、冶金、环保、生物工程等专业开设的第一门基础性化学实验技术课程，它将为学生学习其他化学实验技术课程奠定基础。本书是按照化工及相关专业对基础化学实验技术应用能力的要求，参考化学实验技术的发展趋势的基础上编写而成的。

本书按照绪论、化学实验基本知识、化学实验基本操作技能、物理化学量的测定技术、无机物制备与提纯技术、性质实验、综合应用实验技术、趣味化学小实验等进行编写。前5章以培养化学实验技术是基本技能为主；后两章以培养和提升化学综合实验能力。

根据化学原理实验技术能力要循序渐进，逐步提高要求，本书的实验项目力求具有代表性，既加强化学基础理论和实验技术技能的训练，掌握基本实验技能和相关知识，又采用讨论和研究等方法，提高兴趣，调动学习者的主观能动性。

本书可作为高等学校化学、化工、纺织、制药、材料、轻工、食品、冶金、生物工程等专业的化学原理实验技术教材，也可用作成人教育化工类及相关专业的教材，还可供从事化学实验室工作或化学研究工作的人员参考用书。

本书由张禄梅、茹立军、李文有主编，全书由李文有统稿。其中，张禄梅编写绪论、第1章、第2章、第7章和附录，茹立军编写第3章，李文有编写第4章、第5章、第6章。本书在编写过程中，得到了许新兵、刘吉和、孔祥波等的支持和帮助，在此致以衷心的感谢。

由于编者的水平有限，书中不足之处在所难免，敬请读者批评指正。

编　者

2015年6月

目录

绪　论

一、化学原理实验的研究对象和目的

物质的组成、结构与性质的测定，化学反应的机理与规律的探索，元素及其化合物的分解与合成，以及化学工艺流程的改进与更新等都离不开化学实验。化学理论也是通过对大量实验事实的总结归纳而得来的。同时，化学理论又被若干新的实验所检验和修正。因此，化学是一门实验科学。

化学原理实验的主要目的如下：

①通过化学原理实验，巩固并加深对所学化学相关理论和概念的理解，掌握常见元素及其化合物的组成、结构、性质、制备及应用等方面的基础知识，验证和阐明化学反应的基本规律及基本理论。

②通过实验，使学生认识实验中可用到的玻璃仪器名称及用途，掌握化学实验的基本操作方法、基本技能和技巧；培养学生正确观察、记录和分析实验现象，合理处理数据，绘制仪器装置简图，撰写实验报告，查阅文献资料，设计简单实验，以及处理实验中一般事故等方面的能力。

③掌握化学实验的基本实验方法和实验技术，了解常用仪器的构造原理，并学会通用仪器的操作，培养学生的动手能力。

④加深对化学基本原理的理解，给学生提供理论联系实际和理论应用于实践的机会。

⑤培养学生严谨的科学态度、辩证唯物主义的观点以及应用实验来研究和解决实际问题的能力；培养学生勤奋学习、求真、求实、勤俭节约的优良品德和科学精神。

二、化学原理实验的实验要求

1. 实验预习

在实验之前，要做好充分的预习和准备。预习时，除了反复阅读实验内容外，还应领会实验原理。学生在做实验之前，必须仔细阅读实验书中有关的实验及基础知识，明确本次实验中测定什么量，最终求算什么量，用什么实验方法，使用什么仪器，控制什么实验条件，了解有关实验步骤和注意事项。在此基础上，将实验目的、操作步骤、记录表和实验时注意事项写在预习笔记本上。

进入实验室后，不要急于动手做实验，首先要对照卡片查对仪器，看是否完好，发现问题及时向指导教师提出，然后对照仪器进一步预习，并接受教师的提问、讲解，在教师指导下做好实验准备工作。

2. 实验操作及注意事项

经指导教师同意方可接通仪器电源进行实验。仪器的使用要严格按照仪器规定的操作规程进行，不可盲动；对于实验操作步骤，通过预习应心中有数，严禁“抓中药式”地操作——看一下书，动一动手。实验过程中，要仔细观察实验现象，发现异常现象应仔细查明原因，或请教指导教师帮助分析处理。实验结果必须经教师检查，数据不合格的应及时返工重做，直至获得满意结果。实验数据应随时记录在预习笔记本上，记录数据要实事求是、详细准确，且注意整洁清楚，不得任意涂改。尽量采用表格形式，要养成良好的记录习惯。实验完毕后，经指导教师同意后，方可离开实验室。

3. 实验记录

每个学生都必须准备一本实验记录本，并编上页码，不能用活页本或零星纸张代替。不准撕下记录本的任何一页。如果写错了，可用笔勾掉，但不得涂抹或用橡皮擦掉。文字要简练明确、书写整齐、字迹清楚。写好实验记录是从事科学实验的一项重要训练。

在实验过程中，实验者必须养成一边进行实验、一边直接在记录本上作记录的习惯，不允许事后凭记忆补写，或以零星纸条暂记再转抄。记录的内容包括实验的全部过程，如加入药品的数量、仪器装置，以及每一步操作的时间、内容和所观察到的现象（包括温度、颜色、体积或质量的数据等）。记录要求实事求是，准确反映真实的情况，特别是当观察到的现象和预期的不同，以及操作步骤与教材规定不一致时，要按照实际情况记录清楚，以便作为总结、讨论的依据。其他各项，如实验过程中一些准备工作、现象解释、称量数据及其他备忘事项，可记在备注栏内。应该牢记，实验记录是原始资料，科学工作者必须重视。

4. 实验报告

实验报告包括实验的目的、要求和反应式，主要试剂的规格、用量（指合成试剂），实验步骤和现象，以及产率计算、讨论等。

学生应独立完成实验报告，并在下次实验前及时送指导教师批阅。

实验报告的内容包括实验目的、简明原理、实验装置简图（有时可用方块图表示）、简单操作步骤、数据处理、结果讨论和思考题。数据处理应有原始数据记录表和计算结果表示表（有时二者可合二为一），需要计算的数据必须列出算式，对于多组数据，可列出其中一组数据的算式。实验报告的数据处理中不仅包括表格、作图和计算，还应有必要的文字叙述。例如，“所得数据列入××表”“由表中数据作图××—图××”等，以便使写出的报告更加清晰、明了，逻辑性强，便于批阅和留作以后参考。结果讨论应包括对实验现象的分析解释，查阅文献的情况，对实验结果误差的定性分析或定量计算，对实验的改进意见和做实验的心得体会等，这是锻炼学生分析问题的重要一环，应予重视。

(1)物理化学量的测定实验报告格式示例

实验名称:醋酸解离常数的测定

姓名________ 班级________ 实验时间________

第____室____号____位______ 指导教师________

一、实验目的

(略)

二、实验原理

(略)

三、实验步骤

(略)

四、实验结果及数据处理

室温________℃ pH计编号________ 醋酸标准溶液浓度________ mol/L^{-1}

试验编号	$c(HAc)/(mol \cdot L^{-1})$	pH	$c(H^+)/(mol \cdot L^{-1})$	$K_a^{\ominus}(HAc)$
1				
2				
3				

$$\overline{K}_a^{\ominus}(HAC) = \frac{\sum K_{ai}^{\ominus}(HAC)}{n}$$

五、问题与讨论

(略)

(2)化学性质实验报告格式示例

实验名称:酸碱反应与缓冲溶液

姓名________班级________实验时间________

第________室________号________位 指导教师________

一、实验目的

(略)

二、实验内容

实验步骤	实验现象	反应方程式与解释
1. 同离子效应 取0.02 mol/L $NH_3 \cdot H_2O$用pH试纸测其pH,加一滴酚酞,再加少许NH_4Ac固体	PH =________ 溶液呈________色 颜色变为________色 …	$NH_3 \cdot H_2O \rightleftharpoons NH_4^+ + OH^-$ 加入NH_4Ac,$c(NH_4^+)$增大,平衡向左移动,$c(OH^-)$减小 …

三、问题与讨论

(略)

(3)物质提纯实验报告示例

实验名称:氯化钠的提纯

姓名________班级________实验时间________

第________室________号________位　指导教师________

一、实验目的

（略）

二、实验步骤

1. 提纯

（略）

5.0 g粗食盐 $\xrightarrow{25\ \text{mL}\ H_2O}$ 溶解 $\xrightarrow[2\sim4\ \text{min}/\triangle]{1\ \text{mL}\ 1\text{mol/L}\ BaCl_2}$ $BaSO_4\downarrow$ $\xrightarrow{\text{检验}\ SO_4^{2-}}$ 过滤 $\longrightarrow$

洗涤(2~3次) $\xrightarrow[1.5\ \text{mL}\ 1\text{mol/L}\ Na_2CO_3/\triangle]{10\text{滴}\ 2\ \text{mol/L}\ NaOH}$ 除去 Mg^{2+}，Ca^{2+} 和 Ba^{2+} $\xrightarrow[Ca^{2+}\backslash Ba^{2+}]{\text{检验}\ Mg^{2+}}$ 过滤 $\longrightarrow$

洗涤 $\xrightarrow[pH=2\sim3]{2\ \text{mol/L}\ HCl}$ 除去 OH^- 和 CO_3^{2-} $\longrightarrow$ 蒸发结晶 $\longrightarrow$ 减压过滤 $\xrightarrow[65\%\ \text{乙醇}]{}$ 洗涤 $\downarrow$

计算产率 $\longleftarrow$ 称量 $\longleftarrow$ 晶体转移

2. 产品纯度检验

检验项目	检验方法	实验现象	
		粗食盐	纯 NaCl
SO_4^{2-}	加入 $BaCl_2$ 溶液		
Ca^{2+}	加入 $(NH_4)_2C_2O_4$ 溶液		
Mg^{2+}	加入 NaOH 溶液和镁试剂		

有关的离子反应方程式。

三、问题讨论

（略）

5. 试剂的过量百分数、理论产量和产率的计算

在进行一个合成实验时，通常并不是完全按照反应方程式所要求的比例投入各原料，而是增加某原料的用量。究竟过量使用哪一种物质，则要根据其价格是否低廉，反应完成后是否容易去除或回收，以及能否引起副反应等情况来决定。

在计算时，首先要根据反应方程式找出哪一种原料的相对用量最少，以它为基准计算其他原料的过量百分数。产物的理论产量是假定这个作为基准的原料全部转变为产物时所得到的产量。由于有机反应常常不能进行完全，有副反应，以及操作中的损失，产物的实际产量总比理论产量低。因此，通常将实际产量与理论产量的百分比称为产率。产率的高低是评价一个实验方法以及考核实验者的一个重要指标。

6. 总结讨论

做完实验以后，除了整理报告，写出产物的产量、产率、状态及实际测得的物性，如沸程、熔程等数据，以及回答指定的问题，还要根据实际情况就产物的质量和数量，实验过程中出现的问题等进行讨论，以总结经验和教训。这是把直接的感性认识提高到理性思维的必要步骤，也是科学实验中不可缺少的一环。

三、实验室规则

①实验时，应遵守操作规则，遵守一切安全措施，保证实验安全进行。

②遵守纪律，不迟到，不早退，保持室内安静，不大声谈笑，不到处乱走，不许在实验室内嬉闹及恶作剧。

③使用水、电、煤气、药品试剂等都应本着节约的原则。

④未经老师允许不得乱动精密仪器。使用时，要爱护仪器，如发现仪器损坏，立即报告指导教师并追查原因。

⑤随时注意室内整洁卫生，火柴杆、纸张等废物只能丢入废物缸内，不能随地乱丢，更不能丢入水槽，以免堵塞。实验完毕后，应将玻璃仪器洗净，把实验桌打扫干净，公用仪器、试剂药品等都整理整齐。

⑥实验时，要集中注意力，认真操作，仔细观察，积极思考，实验数据要及时、如实、详细地记在预习报告本上，不得涂改和伪造。如有记错，可在原数据上划一杠，再在旁边记下正确值。

⑦实验结束后，由同学轮流值日，负责打扫整理实验室，检查水、煤气、门窗是否关好，电闸是否拉掉，以保证实验室的安全。

实验室规则是人们长期从事化学实验工作的总结，它是保持良好环境和工作秩序、防止意外事故、做好实验的重要前提，也是培养学生优良素质的重要措施。

四、文献资料

文献资料非常丰富，在此只作简单介绍。通常文献资料有以下5种：

①工具书。

②参考书。

③期刊。

④化学文摘。

⑤网上资源。

第 1 章 实验基础知识

第一节 基本知识

一、化学实验室内的安全操作知识

在进行化学实验时，需经常使用水、电、煤气，并常碰到一些有毒、有腐蚀性或者易燃、易爆的物质。不正确和不经心的操作以及忽视操作中必须注意的事项都能够造成火灾、爆炸和其他不幸的事故发生。发生事故不仅危害个人，还会危害周围同学，使国家财产受到损失，影响工作的正常进行。因此，重视安全操作，熟悉一般的安全知识是非常必要的。我们必须从思想上重视安全，绝不要麻痹大意，但也不能盲目害怕而缩手缩脚，不敢大胆做实验。

为了保证实验的顺利进行，必须熟悉和注意以下安全措施：

①熟悉实验室及其周围环境和水、电、煤气、灭火器的位置。

②使用电器时，要谨防触电，不要用湿的手、物去接触电源，实验完毕后及时拔下插头，切断电源。

③一切有毒的、恶臭气体的实验，都应在通风橱内进行。

④为了防止药品腐蚀皮肤和进入体内，不能用手直接拿取物品，要用药勺或指定的容器取用。取用一些强腐蚀性的药品，如氢氟酸，溴水等，必须戴上橡皮手套。绝不允许用舌头尝药品的味道。实验完毕后须将手洗净。严禁在实验室内饮食，严禁将食品及餐具等带入实验室内。

⑤不允许将各种化学药品混合，以免引起意外事故，自选设计的实验务必与教师讨论并征得同意后方可进行。

⑥使用易燃物（如酒精、丙酮、乙醚）、易爆物（如氯酸钾）时，要远离火源，用完后应及时将易燃、易爆物加盖存放阴凉的地方。

⑦酸碱是实验室常用试剂，浓酸碱具有强烈腐蚀性，应小心取用，不要把它洒在衣服或皮肤上。实验用过的废酸应倒入指定的废酸缸中。

⑧使用浓 HNO_3、HCl、H_2SO_4、$HClO_4$、氨水、冰醋酸等时，均应在通风橱中操作。夏天，打开

浓氨水瓶盖之前,应先将氨水瓶放在自来水流水下冷却后,再行开启。如不小心溅到皮肤和眼内,应立即用水冲洗。

⑨如有机溶剂散落到地上,应立即用纸巾吸除,并作适当的处理。

⑩禁止使用无标签、性质不明的物质。

⑪实验室应保持室内整齐、干净。勿将火柴棒、废纸、残渣、pH 试纸、玻璃碎片等固体废物扔入水槽或中间凹槽内,此类物质应收集起来放入废物桶内或实验室规定放的地方。废液小心倒入废液缸中。毛刷、抹布、拖把等卫生用品请洗干净,摆放整齐。

⑫用完煤气、天然气后,或遇临时煤气、天然气中断供应时,应立即关闭开关。如遇煤气、天然气泄漏时,应停止实验,进行检查。

⑬实验完毕后,值日生和最后离开实验室的人员应负责检查门、窗、水、煤气是否关好,电闸是否拉开。

⑭实验室内所有药品不得携出室外,用剩的有毒药品应还给教师。

二、实验室中意外事故的急救处理知识

实验室内备有小药箱,以应发生事故时临时处理之用。

1. 割伤(玻璃或铁器刺伤等)

先把碎玻璃从伤口处挑出,如轻伤可用生理盐水或硼酸液擦洗伤处,涂上紫药水(或红汞),必要时撒些消炎粉,用绷带包扎。伤势较重时,则先用酒精在伤口周围清洗消毒,再用纱布按住伤口压迫止血,并立即送往医院。

2. 烫伤

可用 10% 的 $KMnO_4$ 溶液擦洗灼伤处,轻伤涂以玉树油、正红花油、鞣酸油膏、苦味酸溶液均可。重伤撒上消炎粉或烫伤药膏,用油纱绷带包扎,送医院治疗,切勿用冷水冲洗。

3. 受强酸腐蚀

先用大量水冲洗,然后以 3% ~5% 碳酸氢钠溶液洗,再用水洗,拭干后涂上碳酸氢钠油膏或烫伤油膏。如受氢氟酸腐蚀受伤,应迅速用水冲洗,再用稀苏打溶液冲洗,然后浸泡在冰冷的饱和硫酸镁溶液中 0.5 h,最后敷以硫酸镁(20%)、甘油(18%)、水和盐酸普鲁卡因(1.2%)配成的药膏。伤势严重时,应立即送医院急救。

当酸溅入眼睛时,首先用大量水冲洗眼睛,然后用稀的碳酸氢钠溶液冲洗,最后再用清水洗眼。

4. 受强碱腐蚀

立即用大量水冲洗,然后用 10% 柠檬酸或硼酸溶液冲洗,最后用水洗。

当碱液溅入眼睛时,先用水冲洗,再用饱和的硼酸溶液冲洗,最后滴入蓖麻油。

5. 磷烧伤

用 5% 的硫酸铜,10% 的硝酸银或高锰酸钾溶液处理后,送医院治疗。

6. 吸入溴、氯等有毒气体

可吸入少量酒精和乙醚的混合蒸汽以解毒,同时应到室外呼吸新鲜空气。溴灼伤,立即用大量水洗,再用乙酸擦至无溴液存在,然后涂上甘油或烫伤油膏。

7. 触电事故

应立即拉开电闸,切断电源,尽快地用绝缘物(干燥的木棒、竹竿)将触电者与电源隔离。

三、实验室中一些剧毒、强腐蚀性药品知识

1. 氰化物和氢氰酸

氰化钾、氰化钠、丙烯腈等，系剧性毒品，进入人体 50 mg 即可致死，与皮肤接触经伤口进入人体，即可引起严重中毒。这些氰化物遇酸产生氢氰酸气体，易被吸入人体而中毒。

在使用氰化物时，严禁用手接触。大量使用这类药品时，应戴上口罩和橡皮手套。含有氰化物的废液严禁倒入酸缸，应先加入硫酸亚铁使之转变为毒性较小的亚铁氰化物，然后倒入水槽，再用大量水冲洗贮放的器皿和水槽。

2. 汞和汞的化合物

汞的可溶性化合物如氯化汞，硝酸汞都是剧毒物品。实验中应特别注意金属汞（如使用温度计、压力计、汞电极等）使用，因金属汞易蒸发，蒸气剧毒，又无气味，吸入人体具有积累性，容易引起慢性中毒，所以切不可麻痹大意。

汞的密度很大（约为水的 13.6 倍），用作压力计时，应用厚玻璃管，贮汞容器必须坚固，且应用厚壁的，并且只应存放少量汞而不能盛满，以免容器破裂或脱底而使汞流失。在装置汞的仪器下面应放一搪瓷盘，以免不慎将汞洒在地上。为减少室内的汞蒸气，贮汞容器应是紧密封闭，汞表面加水覆盖，以防蒸汽逸出。一旦汞洒落在桌上或地上，须尽可能收集起来，并用硫黄粉覆盖，使汞转变成不挥发的 HgS，然后清除干净。

3. 砷的化合物

砷和砷的化合物都有剧毒，常使用的是三氧化二砷（砒霜，内服 0.1g 即可致死）和亚砷酸钠。这类物质的中毒一般由于口服引起。当用盐酸和粗锌作用制备氢气时，也会产生一些剧毒的砷化氢气体，应加以注意。一般将产生的氢气经过高锰酸钾洗涤后再使用。砷的解毒剂是二巯内醇，由肌肉注射即可解毒。通常服用新配制的氧化镁与硫酸铁溶液强烈摇动后而成的氢氧化铁悬浮液。

4. 硫化氢

硫化氢是极毒的气体，有臭鸡蛋味，它能麻痹人的嗅觉，以致不闻其臭，所以特别危险。使用硫化氢或者由酸与硫化物反应时，应在通风橱中进行。

5. 一氧化碳

煤气中含有一氧化碳，使用煤炉或煤气时，一定要提高警惕，防止中毒。煤气中毒，轻者头痛、眼花、恶心；重者昏迷。对中毒的人应立即移出中毒房间，呼吸新鲜空气，进行人工呼吸，保暖，及时送医院治疗。

6. 有毒的有机化合物

常用的有机化合物有苯、二硫化碳、硝基苯、苯胺、甲醇等，人们常用作溶剂，容易引起中毒，特别是慢性中毒，使用时应特别注意和加强防护。

7. 氯、溴

氯气有毒和刺激性，吸入人体会刺激喉管，引起咳嗽和喘息。进行有关氯气试验，必须在通风橱中操作。闻氯气时，不能直接对着管口或瓶口。

溴为棕色液体，易蒸发成红色蒸汽，强烈地刺激眼睛、催泪，能损伤眼睛、气管和肺。触及皮肤，轻者剧烈的灼痛，重者溃烂，长久不愈。使用溴时，应加强防护，并戴好橡皮手套。

8. 氢氟酸

氢氟酸与氟化氢都具有剧毒、强腐蚀性。灼伤肌体，轻者剧痛难忍、重者肌肉腐烂，透入体内，如不及时抢救，就会造成死亡。因此在使用氢氟酸时，应特别注意，操作必须在通风橱内进行，并戴上橡皮手套，用塑料滴管吸取。

其他剧毒、腐蚀性无机物还很多，如磷、铍的化合物，以及可溶性钡盐、铅盐、浓硝酸、碘蒸气等，使用时都应注意，这里不一一介绍。

四、防火、灭火常识

一般有机物，特别是有机溶剂，大都容易着火，它们的蒸气或其他可燃性气体、固体粉末等（如氢气、一氧化碳、苯、油蒸气、面粉）与空气按一定比例混合后，当有火花时（点火、电火花、撞击火花）就会引起燃烧或猛烈爆炸。

由于某些化学反应放热而引起燃烧，如金属钠、钾等遇水燃烧甚至爆炸。

有些物品易自燃（如白磷遇空气就自行燃烧），由于保管和使用不善而引起燃烧。

有些化学试剂相混在一起，在一定的条件下会引起燃烧和爆炸（如将红磷与氯酸钾混在一起，磷就会燃烧爆炸）。

1. 防火

①在操作易燃溶剂时，应远离火源，切勿将易燃溶剂放在敞口容器内用明火加热或放在密闭容器中加热。

②在进行易燃物质试验时，应先将酒精等易燃物质搬离。

③蒸馏易燃物质时，装置不能漏气，接收器支管应与橡皮管相连，使余气通往水槽或室外。

④回流或蒸馏液体时应放沸石，不要用火焰直接加热烧瓶，而应根据液体沸点高低使用石棉网、油浴、沙浴或水浴，冷凝水要保持畅通。

⑤切勿将易燃溶剂倒入废液缸中，更不能用敞口容器放易燃液体。倾倒易燃液体时，应远离火源，最好在通风橱中进行。

⑥油浴加热时，应绝对避免水滴溅入热油中。

⑦酒精灯用毕应立即盖火。避免使用灯颈已破损的酒精灯。切忌斜持一只酒精灯到另一只酒精灯上去接火。

2. 灭火

万一发生着火，要沉着、快速地处理。首先要切断热源、电源，把附近的可燃物品移走，再针对燃烧物的性质采取适当的灭火措施。但不可将燃烧物抱着往外跑，因为跑动时空气更流通，火会烧得更猛。常用的灭火措施有以下几种，使用时要根据火灾的轻重，燃烧物的性质，周围环境和现有条件进行选择：

(1) *石棉布*

石棉布适用于小火。用石棉布盖上以隔绝空气，就能灭火。如果火很小，用湿抹布或石棉板盖上即可。

(2) *干沙土*

干沙土一般装于砂箱或砂袋内，只要抛洒在着火物体上就可灭火。它适用于不能用水扑救的燃烧，但对火势很猛，面积很大的火焰欠佳。沙土应保持干燥。

(3)水

水是常用的救火物质，它能使燃烧物的温度下降，但一般有机物着火不适用，因溶剂与水不相溶，又比水轻，水浇上去后，溶剂还漂在水面上，扩散开来继续燃烧。但若燃烧物与水互溶时，或用水没有其他危险时方可用水灭火。在溶剂着火时，先用泡沫灭火器把火扑灭，再用水降温是有效的救火方法。

(4)泡沫灭火器

泡沫灭火器是实验室常用的灭火器材。使用时，把灭火器倒过来，往火场喷。由于它生成二氧化碳及泡沫，使燃烧物与空气隔绝而灭火，效果较好，适用于除电流起火外的火情。

(5)二氧化碳灭火器

在小钢瓶中装入液态二氧化碳，救火时打开阀门，把喇叭口对准火场，喷射出二氧化碳以灭火，在工厂和实验室都很适用，它不损坏仪器，不留残渣，对于通电的仪器也可使用，但金属镁燃烧不可使用它来灭火。

(6)四氯化碳灭火器

四氯化碳沸点较低，喷出来后形成沉重而惰性的蒸气掩盖在燃烧物体周围，使它与空气隔绝而灭火。它不导电，适于扑灭带电物体的火灾。但它在高温时分解出有毒气体，故在不通风的地方最好不用。另外，在有钠、钾等金属存在时不能使用，因为有引起爆炸的危险。

(7)新型灭火器

除了以上几种常用的灭火器外，近年来生产了多种新型的高效能的灭火器，如1211灭火器。它在钢瓶内装有一种药剂(二氟一氯—溴甲烷)，灭火效率很高。例如，干粉灭火器是将二氧化碳和一种干粉剂配合起来使用，灭火速度很快。

(8)水蒸气

在有水蒸气的地方把水蒸气对火场喷，也能隔绝空气而起灭火作用。

(9)石墨粉

当钾、钠或锂着火时，不能用水、泡沫灭火器、二氧化碳、四氯化碳等灭火，可用石墨粉扑灭。

在着火和救火时，若衣服着火，千万不要乱跑，因为这会由于空气的迅速流动而加剧燃烧，应当躺在地下滚动，这样一方面可压熄火焰，另一方面也可避免火烧到头部。立即脱下衣服，马上以大量水扑灭也是行之有效的方法。

第二节　化学实验常用玻璃仪器、器皿的认知

一、仪器的名称、规格、用途和注意事项

仪器的名称、规格、用途和注意事项见表1.1。

表1.1　实验常用仪器

仪器	规格	主要用途	使用方法和注意事项	理由
 锥形瓶	玻璃质，分硬质和软质，有塞和无塞，广口，细口和微型的几种 规格：按容量(mL)分，有50,100,150,200等	1. 反应容器 2. 振荡方便，适用于滴定操作	1. 盛液不能太多 2. 加热应下垫石棉网或置于水浴中	1. 避免振荡时溅出液体 2. 防止受热不均而破裂
 滴瓶	玻璃质，分棕色、无色两种，滴管上带有橡皮胶头 规格：按容量(mL)分，有15,30,60,125等	盛放少量液体试剂或溶液，便于取用	1. 棕色瓶放见光易分解或不太稳定的物质 2. 滴管不能吸得太满，也不能倒置 3. 滴管专用，不得弄乱，弄脏	1. 防止物质分解或变质 2. 防止试剂侵蚀橡皮胶头 3. 防止沾污试剂
 细口瓶	玻璃质，有磨口和不磨口，无色、棕色和蓝色的 规格：按容量(mL)分，有 100, 125, 250, 500, 1 000等 细口瓶又称试剂瓶	储存溶液和液体药品的容器	1. 不能直接加热 2. 瓶塞不能弄脏、弄乱 3. 盛放碱液应改用胶塞 4. 有磨口塞的细口瓶不用时应洗净并在磨口处垫上纸条 5. 有色瓶盛见光易分解或不太稳定的物质的溶液或液体	1. 防止玻璃破裂 2. 防止沾污试剂 3. 防止碱液与玻璃作用，使塞子打不开 4. 防止粘连，不易打开玻璃塞 5. 防止物质分解或变质
 广口瓶	玻璃质，有无色、棕色的，有磨口、不磨口的，磨口有塞，若无塞的口上是磨砂的则为集气瓶 规格：按容量(mL)分，有30,60,125,250,500等	1. 储存固体药品用 2. 集气瓶还用于收集气体	1. 不能直接加热，不能放碱，瓶塞不得弄脏、弄乱 2. 做气体燃烧实验时瓶底应放少许砂子或水 3. 收集气体后，要用毛玻璃片盖住瓶口	1. 防止沾污试剂 2. 防止瓶破裂 3. 防止气体逸出

续表

仪器	规格	主要用途	使用方法和注意事项	理由
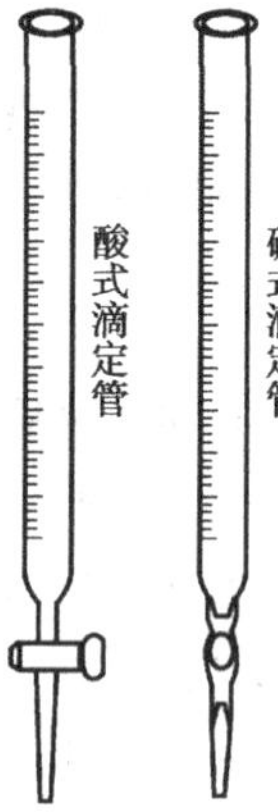	玻璃质，分酸式（具玻璃活塞）和碱式（具乳胶管连接的玻璃尖嘴）两种 规格：按刻度最大标度（mL）分，有 25，50，100 等 微量的有 1，2，3，4，5，10 等	滴定时用，或用以量取较准体积的液体时用	1. 用前洗净、装液前要用预装溶液淋洗 3 次 2. 使用酸式管滴定时，用左手开启旋塞，碱管用左手轻捏橡皮管内玻璃珠，溶液即可放出。碱管要注意赶尽气泡 3. 酸管旋塞应擦凡士林，碱管下端橡皮管不能用洗液洗 4. 酸管、碱管不能对调使用	1. 保证溶液浓度不变 2. 防止将旋塞拉出而喷漏，便于操作。赶出气泡是为读数准确 3. 旋塞旋转灵活；洗液腐蚀橡皮 4. 酸液腐蚀橡皮，碱液腐蚀玻璃，使旋塞粘住而损坏
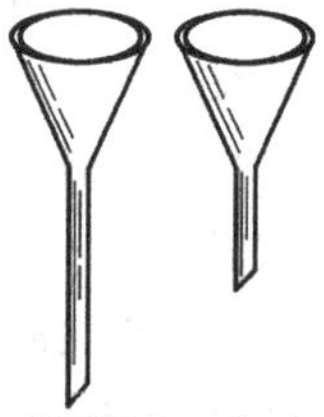长颈漏斗　漏斗	玻璃质或搪瓷质，分长颈和短颈两种 规格：按斗径（mm）分，30，40，60，100，120 等 此外铜制热漏斗专用于热滤	1. 过滤液体 2. 倾注液体 3. 长颈漏斗常装配气体发生器，加液用	1. 不可直接加热 2. 过滤时漏斗颈尖端必须紧靠承接滤液的容器壁 3. 长颈漏斗作加液时斗颈应插入液面内	1. 防止破裂 2. 防止滤液溅出 3. 防止气体自漏斗泄出
分液漏斗	玻璃质，有球形、梨形、筒形及锥形 规格：按容量（mL）分，有 50，100，250，500 等	1. 用于互不相溶的液-液分离 2. 气体发生器装置中加液用	1. 不能加热 2. 塞上涂一薄层凡士林，旋塞处不能漏液 3. 分液时，下层液体从漏斗管流出，上层液体从上口倒出 4. 装气体发生器时漏斗管应插入液面内（漏斗管不够长，可接管）或改装成恒压漏斗	1. 防止玻璃破裂 2. 旋塞旋转灵活，又不漏水 3. 防止分离不清 4. 防止气体自漏斗管喷出
抽滤瓶或布氏漏斗 吸滤瓶	布氏漏斗为瓷质，规格以直径（mm）表示。抽滤瓶为玻璃质。 规格：按容量（mL）分，有 50，100，250，500 等。两者配套使用	用于无机制备中晶体或沉淀的减压过滤（利用抽气管或真空泵降低抽滤瓶中压力来减压过滤）	1. 不能直接加热 2. 滤纸要略小于漏斗的内径，才能贴紧 3. 先开抽气管，后过滤。过滤完毕后，先分开抽气管与抽滤瓶的连接处，后关抽气管	1. 防止玻璃破裂 2. 防止过滤液由边上漏滤，过滤不完全 3. 防止抽气管水流倒吸

续表

仪器	规格	主要用途	使用方法和注意事项	理由
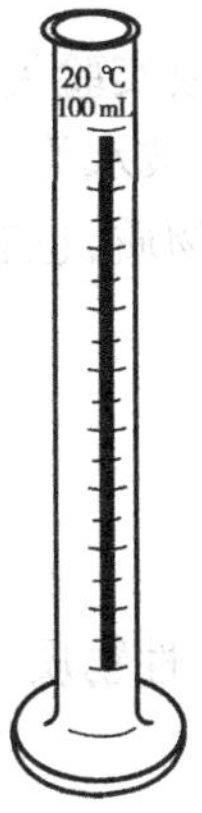 量筒	玻璃质 规格：刻度按容量(mL)分，有5,10,20,25,50,100,200等 上口大下部小的称为量杯	用于量取一定体积的液体	1. 应竖直放在桌面上，读数时，视线应和液面水平，读取与弯月面底相切的刻度 2. 不可加热，不可作实验(如溶解、稀释等)容器 3. 不可量热溶液或液体	1. 读数准确 2. 防止破裂 3. 容积不准确
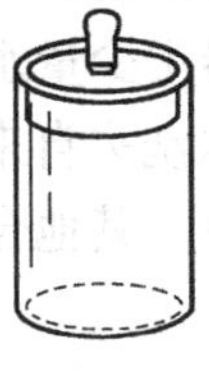 称量瓶	玻璃质，分高型和矮型两种 规格：按容量(mL)分：高型有10,20,25,40等 矮型有5,10,15,30等	准确称取一定量固体药品时用	1. 不能加热 2. 盖子是磨口配套的，不得丢失，弄乱 3. 不用时应洗净，在磨口处垫上纸条	1. 玻璃破裂 2. 易使药品沾污 3. 防止粘连，打不开玻璃盖
 移液管  吸量管	玻璃质，分刻度管型和单刻度大肚型两种。此外，还有完全流出式和不完全流出式。无刻度的也称移液管，有刻度的也称吸量管 规格：按刻度最大标度(mL)分，有1,2,5,10,25,50等 微量的有0.1,0.2,0.25,0.5等 此外，还有自动移液管	精确移取一定体积的液体时用	1. 将液体吸入，液面超过刻度，再用食指按住管口，轻轻转动放气，使液面降至刻度后，用食指按住管口，移往指定容器上，放开食指，使液体注入 2. 用时先用少量所移取液淋洗3次 3. 一般吸管残留的最后一滴液体，不要吹出(完全流出式应吹出)	1. 确保量取准确 2. 确保所取液浓度或纯度不变 3. 制管时已考虑
 容量瓶	玻璃质 规格：按刻度以下的容量(mL)分，有5,10,25,50,100,150,200,250等 现在也有塑料塞的	配制准确浓度溶液时用	1. 溶质先在烧杯内全部溶解，然后移入容量瓶 2. 不能加热，不能代替试剂瓶用来存放溶液	1. 配制准确 2. 避免影响容量瓶容积的精确度

二、仪器的洗涤与干燥

1. 玻璃仪器的洗涤

化学实验所用的玻璃仪器必须是十分洁净的，否则会影响实验效果，甚至导致实验失败。洗涤时，应根据污物性质和实验要求选择不同方法。洁净的玻璃仪器的内壁应能被水均匀地湿润而不挂水珠，并且无水的条纹。一般而言，附着在仪器上的污物既有可溶性物质，也有尘土、不溶物及有机物等。

洗涤剂：去污粉、洗衣粉、洗洁精和铬酸洗液。

(1)洗涤方法

1)刷洗法

用水和毛刷刷洗仪器，可去掉仪器上附着的尘土、可溶性物质及易脱落的不溶性物质。注意使用毛刷刷洗时，不可用力过猛，以免戳破容器。

2)合成洗涤剂法

去污粉是由碳酸钠、白土、细砂等混合而成的。它是利用 Na_2CO_3 的碱性具有强的去污能力，细砂的摩擦作用，白土的吸附作用，增加了对仪器的清洗效果。先将待洗仪器用少量水润湿后，加入少量去污粉，再用毛刷擦洗，最后用自来水洗去去污粉颗粒，并用蒸馏水洗去自来水中带来的钙、镁、铁、氯等离子，每次蒸馏水的用量要少(本着“少量、多次”的原则)。其他合成洗涤剂也有较强的去污能力，使用方法类似于去污粉。

3)铬酸洗液法

这种洗液是由浓 H_2SO_4 和 $K_2Cr_2O_7$ 配制而成的(将25 g $K_2Cr_2O_7$ 置于烧杯中，加50 mL水溶解，然后在不断搅拌下，慢慢加入450 mL浓 H_2SO_4)，呈深褐色，具有强酸性、强氧化性，对有机物、油污等的去污能力特别强。太脏的仪器应用水冲洗并倒尽残留的水后，再加入铬酸洗液润洗，以免洗液被稀释。洗液可反复使用，用后倒回原瓶并密闭，以防吸水。当洗液由棕红色变为绿色时即失效。可再加入适量 $K_2Cr_2O_7$ 加热溶解后继续使用。实验中常用的移液管、容量瓶和滴定管等具有精确刻度的玻璃器皿，可恰当地选择洗液来洗。但铬酸洗液具有很强腐蚀性和毒性，故近年来较少使用。NaOH/乙醇溶液洗涤附着有机物的玻璃器皿，效果较好。

4)对症洗涤法

针对附着在玻璃器皿上不同物质性质，采用特殊的洗涤法，如硫黄用煮沸的石灰水；难溶硫化物用 HNO_3/HCl；铜或银用 HNO_3；AgCl用氨水；煤焦油用浓碱；黏稠焦油状有机物用回收的溶剂浸泡；MnO_2 用热浓盐酸等。

(2)毛刷

试管刷、烧杯刷、烧瓶刷等。

(3)洗涤程序

洗涤程序是：倒出废液→水洗→洗涤剂洗→水洗→蒸馏水洗。

(4)洗涤原则

洗涤原则是：少量多次，不挂水珠。在有机化学实验中，经常需要使用干燥的仪器。因此每次实验完成后，都应该将仪器洗净并晾干，供下次实验使用，以节省时间。

2. 仪器的干燥

(1)空气晾干

空气晾干又称风干，是最简单易行的干燥方法。只要将仪器在空气中放置一段时间即可。先尽量倒净其中的水滴，然后使其晾干。

(2)烤干

将仪器外壁擦干后用小火烘烤，并不停转动仪器，使其受热均匀。该法适用于试管、烧杯、蒸发皿等仪器的干燥。

(3)烘干

将仪器放入烘箱中，控制温度在 105 ℃左右烘干。待烘干的仪器在放入烘箱前，应尽量将水倒净并放在金属托盘上。用带鼓风机的电烘箱将仪器烘干，烘箱温度保持为 100 ~ 120 ℃。注意，别让烘得很热的仪器骤然碰到冷水或冷的金属表面，以免炸裂。厚壁仪器如量筒、吸滤瓶、冷凝管等，不宜在烘箱中烘干。分液漏斗和滴液漏斗进烘箱前必须拔去盖子和旋塞并擦去油脂。纸片、布条、橡皮筋等不能进烘箱。此法不能用于精密度高的容量仪器。

(4)吹干

用气流干燥器或电吹风将仪器吹干。

(5)有机溶剂法

用有机溶剂干燥：体积小的仪器急需干燥时，可采用此法。先用少量丙酮或无水乙醇使内壁均匀润湿后倒出，再用乙醚使内壁均匀润湿后倒出。再依次用电吹风冷风和热风吹干，此种方法又称为快干法。

【技能训练一】 仪器的认领、洗涤和干燥

仪器认领表见表 1.2。

表 1.2　仪器认领表

名称	规格	数量	名称	规格	数量
烧杯	500 mL	1	量筒	10 mL	1
	250 mL	1		50 mL	1
	100 mL	2		100 mL	1
试管	中号	8	锥形瓶	250 mL	2
硬质试管	30 mL	2	表面皿	中号	1
离心试管	10 mL	10	蒸发皿	60 mL	1
试管架		1	铁夹		1
试管夹		1	铁圈		1
酒精灯		1	石棉网		1
球形冷凝管		1	圆底烧瓶		1

续表

名称	规格	数量	名称	规格	数量
直形冷凝管			梨形烧瓶		
蛇形冷凝管			三口烧瓶		
空气冷凝管			锥形烧瓶		
空气冷凝管			二口烧瓶		
接引管					

仪器的认领、洗涤和干燥操作考核评分见表1.3。

表1.3 仪器的认领、洗涤和干燥操作考核评分表

项目	评分要素	配分	评分标准	扣分	得分	备注
仪器的认领（20分）	仪器的领取	10	认领准确，齐全			
	仪器的名称、使用方法	10	准确取用			
仪器的洗涤（20分）	洗涤方法	5	正确			
	试管刷的使用	2	正确			
	洗涤剂的使用	3	正确			
	洗涤效果	10	清洁，无污垢			
仪器放置（20分）	仪器的放置	10	合理			
	仪器橱、柜的卫生	10	整洁不零乱			
结束工作（20分）	实验室卫生	5	干净整洁			
	试验后仪器试剂的整理	5	按要求洗净摆放			
	水、电、气、门、窗的关闭	10	全部关闭			
实验素质（20分）	实验中的创新	10	有			
	实验中问题的解决	5	能正确处理与解决			
	割伤、烫伤的预防与急救	5	能简洁表述或处理			

3. 仪器的连接

化学实验中所用玻璃仪器间的连接一般采用两种形式：塞子连接和磨口连接。现大多使用磨口连接。

除了少数玻璃仪器（如分液漏斗的上下磨口部位是非标准磨口）外，绝大多数仪器上的磨口是标准磨口。我国标准磨口是采用国际通用技术标准，常用的是锥形标准磨口。玻璃仪器的容量大小及用途不同，可采用不同尺寸的标准磨口。常用的标准磨口系列见表1.4。

表1.4 常用的标准磨口系列表

编号	10	12	14	19	24	29	34
大端直径/mm	10.0	12.5	14.5	18.8	24.0	29.2	34

每件仪器上带内磨口还是外磨口取决于仪器的用途。带有相同编号的一组仪器可以互相连接,带有不同编号的磨口需要用大小接头或小大接头过渡才能紧密连接。

使用标准磨口仪器时应注意以下事项:

①必须保持磨口表面清洁,特别是不能沾有固体杂质,否则磨口不能紧密连接。硬质沙粒还会给磨口表面造成永久性的损伤,破坏磨口的严密性。

②标准磨口仪器使用完毕必须立即拆卸,洗净,各个部件分开存放,否则磨口的连接处会发生黏结,难于拆开。非标准磨口部件(如滴液漏斗的旋塞)不能分开存放,应在磨口间夹上纸条以免日久黏结。

盐类或碱类溶液会渗入磨口连接处,蒸发后析出固体物质,易使磨口黏结,所以不宜用磨口仪器长期存放这些溶液。使用磨口装置处理这些溶液时,应在磨口涂润滑剂。

③在常压下使用时,磨口一般无须润滑以免玷污反应物或产物。为防止黏结,也可在磨口靠大端的部位涂敷很少量的润滑脂(凡士林、真空活塞脂或硅脂)。如果要处理盐类溶液或强碱性物质,则应将磨口的全部表面涂上一薄层润滑脂。

减压蒸馏使用的磨口仪器必须涂润滑脂(真空活塞脂或硅脂)。在涂润滑脂之前,应将仪器洗刷干净,磨口表面一定要干燥。

从内磨口涂有润滑脂的仪器中倾出物料前,应先将磨口表面的润滑脂用有机溶剂擦拭干净(用脱脂棉或滤纸蘸石油醚、乙醚、丙酮等易挥发的有机溶剂),以免物料受到污染。

④只要正确遵循使用规则,磨口很少会打不开。一旦发生黏结,可采取以下措施:

a. 将磨口竖立,往上面缝隙间滴几滴甘油。如果甘油能慢慢地渗入磨口,最终能使连接处松开。

b. 使用热吹风、热毛巾、或在教师指导下小心用灯火焰加热磨口外部,仅使外部受热膨胀,内部还未热起来,再试验能否将磨口打开。

c. 将黏结的磨口仪器放在水中逐渐煮沸,常常也能使磨口打开。

d. 用木板沿磨口轴线方向轻轻地敲外磨口的边缘,振动磨口也会松开。如果磨口表面已被碱性物质腐蚀,黏结的磨口就很难打开了。

4. 仪器的装配

使用同一号的标准磨口仪器,仪器利用率高,互换性强,可在实验室中组合成多种多样的实验装置(参见各制备实验中"仪器装置")。实验装置(特别是机械搅拌这样的动态操作装置)必须铁夹固定在铁架台上,才能正常使用。因此,要注意铁夹等的正确使用方法。仪器装置的安装顺序一般为:以热源为准,从下到上,从左到右。

第三节　化学基本操作常用设备的认知

一、台秤与分析天平的使用

1. 台秤的使用

台秤用于粗略的称量。最大载荷为200 g的台秤,能称准至0.1 g(即感量为0.1 g);最大载荷为500 g的台秤,能称准至0.5 g(即感量为0.5 g)。

台秤的横梁架在台秤座上,横梁左右有两个盘子,横梁中部的下面有指针(有的台秤指针在上面)。根据指针在刻度盘前摆的情况,可看出台秤的平衡状态。称量前,要先测定台秤的零点(即不放物体时,台秤的指针在刻度盘上的指示位置)。零点应在刻度盘的中央,如果不在,可用中间的螺钉(有的螺钉在两边)来调节。称量时,把称量物放在左盘上,砝码放在右盘上,添加 10 g 以下砝码时,可移动标尺上的游码。当最后的停点(即左右两盘上分别放上称量物和砝码后,达到平衡时,指针在刻度盘上指示的位置)与零点符合时(可以偏差 1 小格以内),砝码的质量就是称量物的质量。

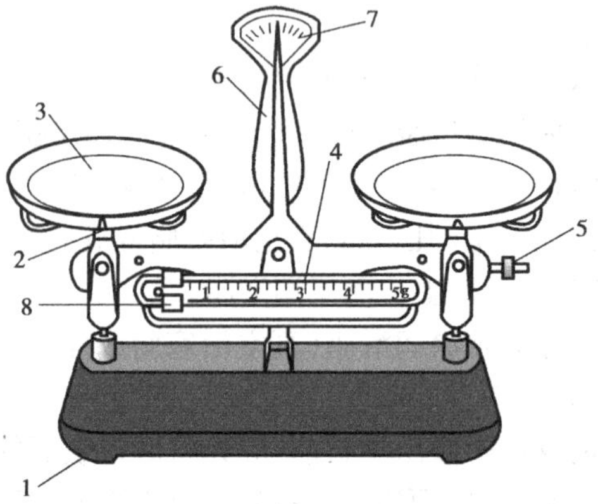

图 1.1　托盘天平的结构

1—底座;2—托盘架;3—托盘;4—标尺;5—平衡螺母;
6—指针;7—分度盘;8—游码

称量时,必须注意以下 4 点:

①称量物要放在称量用纸或表面皿上,不能直接放在托盘上;潮湿的或具有腐蚀性的药品,则要放在玻璃容器内。

②不能称量热的物品。

③称量完毕后,应把砝码放回砝码盒中,把标尺上的游尺移至"0"处,使台秤各部分恢复原状。

④应保持台秤及桌面的整洁。

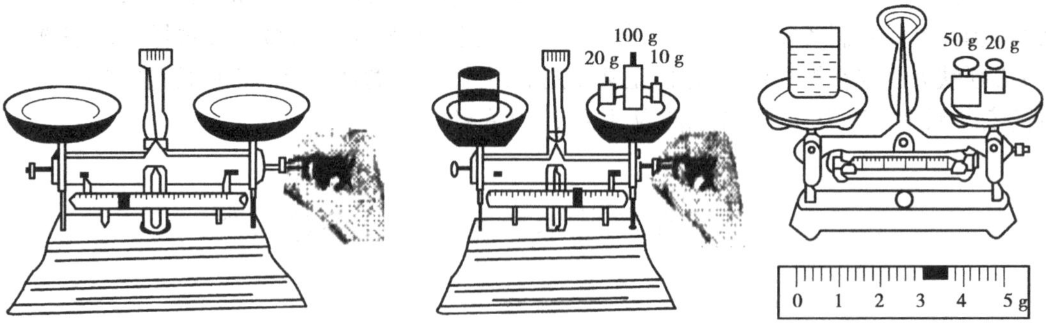

图 1.2　托盘天平的使用

2. 电光分析天平及电子分析天平的使用方法及注意事项

(1)分析天平的结构

①天平横梁(3 个玛瑙刀,两个平衡螺钉,梁的中间装有垂直的指针,重心螺丝)。

图1.3　电光分析天平

图1.4　电子分析天平

②立柱(玛瑙平板,能升降的托梁架)。

③悬挂系统:

a. 吊耳,它的平板下面嵌有光面玛瑙。

b. 空气阻尼器,由两个特制的铝合金圆筒构成,外筒固定在立柱上,内筒挂在吊耳上。

c. 秤盘,两个秤盘分别挂在吊耳上,左盘放被称物,右盘放砝码。

④读数系统:指针下端装有缩微标尺,屏中央有一条垂直刻线,标尺投影与该线重合即为天平的平衡位置。

⑤天平升降旋钮:位于天平底板正中,它连接托梁架、盘托和光源。

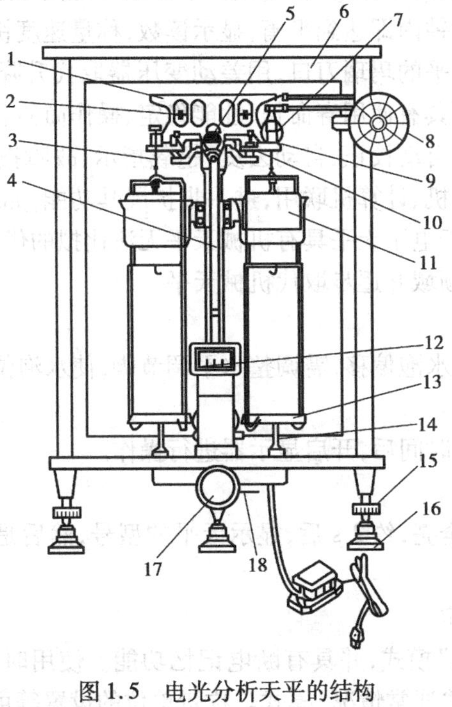

图1.5　电光分析天平的结构

1—天平梁;2—平衡螺钉;3—吊耳;4—指针;5—玛瑙刀口;6—框罩;

7—圈码;8—圈码指数盘;9—支力销;10—托梁架;11—空气阻尼筒;12—投影屏;

13—天平盘;14—盘托;15—螺旋脚;16—垫脚;17—升降枢旋钮;18—调零杆

⑥天平箱下装有 3 个脚(用以调节天平的水平位置)。

⑦机械加码器:转动圈码指数盘,可使天平梁右端吊耳上加 10 ~ 990 mg 圈形砝码。

⑧砝码:每台天平都附有一盘配套使用的砝码,盒内装有 1,2,2,5,10,20,20,50,100 g 的 3 等砝码共 9 个。

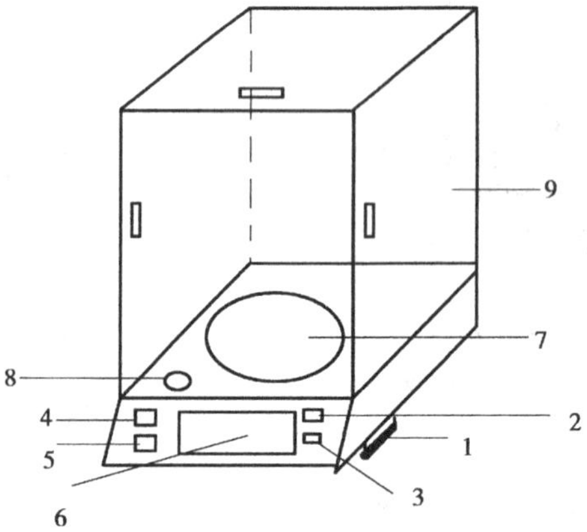

图 1.6　电子分析天平的结构

1—水平调节螺钉;2—"ON"键;3—"OFF"键;4—"CAL"校正键;
5—"TAR"清零键;6—显示屏;7—称量盘;8—气泡式水平仪;9—侧门

(2)电子天平使用方法

电子天平是最新一代的天平,是根据电磁力平衡原理直接称量的精密仪器,全量程不需砝码。放上称量物后,在几秒钟内即达到平衡,显示读数,称量速度快,精度高。电子天平的支承点用弹性簧片,取代机械天平的玛瑙刀口,用差动变压器取代升降枢装置,用数字显示代替指针刻度式。因而,电子天平具有使用寿命长、性能稳定、操作简便和灵敏度高的特点。

此外,电子天平还具有自动校正、自动去皮、超载指示、故障报警等功能,同时具有质量电信号输出功能,且可与打印机、计算机联用,进一步扩展其功能,如统计称量的最大值、最小值、平均值及标准偏差等。由于电子天平具有机械天平无法比拟的优点,尽管其价格较贵,但也会越来越广泛地应用于各个领域并逐步取代机械天平。

1)水平调节

观察水平仪,如水平仪水泡偏移,需调整水平调节脚,使水泡位于水平仪中心。

2)预热

接通电源,预热至规定时间后,开启显示器进行操作。

3)开启显示器

轻按"ON"键,显示器全亮,约 2 s 后,显示天平的型号,然后是称量模式 0.000 0 g。读数时应关上天平门。

4)天平基本模式的选定

天平通常为"通常情况"模式,并具有断电记忆功能。使用时若改为其他模式,使用后一经按"OFF"键,天平即恢复"通常情况"模式。称量单位的设置等可按说明书进行操作。

5)校准

天平安装后,第一次使用前,应对天平进行校准。因存放时间较长、位置移动、环境变化或未获得精确测量,天平在使用前一般都应进行校准操作。本天平采用外校准(有的电子天平具有内校准功能)，由“TAR”键清零及“CAL”减、200 g校准砝码完成。

6)称量

按“TAR”键，显示为零后，置称量物于秤盘上，待数字稳定即显示器左下角的“0”标志消失后，即可读出称量物的质量值。

7)去皮称量

按“TAR”键清零，置容器于秤盘上，天平显示容器质量，再按“TAR”键，显示零，即去除皮重。再置称量物于容器中，或将称量物(粉末状物或液体)逐步加入容器中直至达到所需质量，待显示器左下角“0”消失，这时显示的是称量物的净质量。将秤盘上的所有物品拿开后，天平显示负值，按“TAR”键，天平显示0.000 0 g。若称量过程中秤盘上的总质量超过最大载荷(FA1604型电子天平为160 g)时，天平仅显示上部线段，此时应立即减小载荷。

称量结束后，若较短时间内还使用天平(或其他人还使用天平)一般不用按“OFF”键关闭显示器。实验全部结束后，关闭显示器，切断电源。若短时间内(如2 h内)还使用天平，可不必切断电源，再用时可省去预热时间。

(3)电光分析天平使用规则和注意事项

①称量前，应检查天平是否正常，是否处于水平位置，吊耳、圈码是否脱落，玻璃框内外是否清洁。

②应从左右两门取放称量物和砝码。

③称量物不能超过天平负载(200 g)，不能称量热的物体。

④有腐蚀性或吸湿性物体必须放在密闭容器中称量。

⑤开启升降旋钮(开关旋钮)时，一定要轻放，以免损伤玛瑙刀口。转动圈码读数时，动作要轻而缓慢，以免圈码调落。

⑥每次加减砝码、圈码或取放称量物时，一定要先关升降旋钮(关闭天平)，加完后，再开启旋钮(开启天平)。

⑦读数时，一定要将升降旋钮开关顺时针旋转到底，使天平完全开启。

⑧同一化学试验中的所有称量，应自始至终使用同一架天平，使用不同天平会造成误差。

⑨每架天平都配有固定的砝码，不能错用其他天平的砝码。保持砝码清洁干燥。砝码只许用镊子夹取，绝不能用手拿，用完放回砝码盒内。

⑩称量完毕，应检查天平梁是否托起，砝码是否已归位，指数盘是否转到“0”，电源是否切断，边门是否关好。最后罩好天平，填写使用记录。

(4)分析天平称量方法

根据待称量样品的性质不同，可选用直接称量法和差减称量法进行称量。

1)直接称量法

对于不易吸湿，在空气中性质稳定的试样，如金属、矿石等，可采用直接称量法。称量时，将试样放在实验已知质量的清洁、干燥的小表面皿上，直接称取试样的质量，然后将试样全部转移到接受容器中。

2)差减称量法

此法用于称量易吸水、易氧化、易吸收二氧化碳的固体粉末状物质。将试样装入干燥的称量瓶中，准确称出称量瓶和试样的总质量 m_1。取出称量瓶，放在容器上方，将称量瓶倾斜，用称量瓶盖轻轻敲瓶口上部，使试样落入容器中，如图1.7所示。当倾出量已接近所需质量时，将称量瓶竖起，再用瓶盖轻敲瓶口上部，使粘在瓶口的试样落下，然后盖好瓶盖，将称量瓶放回天平盘上，称得质量为 m_2。两次质量之差 $m_1 - m_2$ 即为试样质量。

若从称量瓶中倒出的试样太多，不能再倒回称量瓶中，必须重新称量。注意，取放称量瓶时，均应用干净纸带套住装试样的称量瓶，手持纸带两端移动称量瓶，如图 1.8 所示。

图 1.7　称量操作

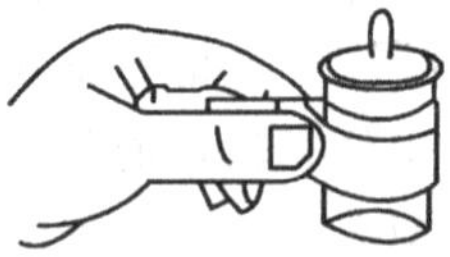

图 1.8　用纸带拿称量瓶的方法

【技能训练二】　分析天平称量练习

一、实验目的

①了解电光分析天平的构造和使用方法。

②学习准确称取物体的质量。

二、仪器及药品

1. 仪器

电光分析天平、电子分析天平、台秤、表面皿、称量瓶、纸条、药匙。

2. 药品

铝箔（30 ~40 mg），固体粉末（Na_2CO_3 或 NaCl）。

三、实验内容

①电光分析天平的认识及检查

a. 根据本书内容，对照电光分析天平实物，了解它的构造、性能和用法。

b. 检查天平（检查什么）。

c. 调节电光天平的零点（如何调）。

②用直接称量法称量表面皿质量

先在台天平上粗称一块表面皿的质量，然后在电光天平上精确称量，称量误差不得超过 0.2 mg，记下质量并与老师核对，合格后再进行下面的练习。

③用直接称量法称 0.03 ~0.04 g 铝箔。用纸将已称好的铝箔包上，写上班级、姓名和所称质量，交老师保存，供后面实验用。

④用差减称量法称 0.2 ~0.3 g Na_2CO_3 固体试样一份。

⑤用差减称量法在电子分析天平上连续称量 0.3 ~0.4 g NaCl 固体试样两份。

四、实验数据的记录与处理

1. 铝箔的称量

台秤粗称表面皿质量________ g。

电光天平称量记录见表1.5。

表1.5 电光天平称量记录

表面皿质量 m_1	表面皿+铝箔质量 m_2	表面皿质量 m_1
砝码质量/g		
环码质量/mg		
光屏读数/mg		
总计/g		
铝箔质量/g　　$(m_2-m_1)=$		

2. Na_2CO_3 固体的称量(电光分析天平)

盛有 Na_2CO_3 固体的称量瓶用台秤粗称量有________ g。

电光天平的称量记录见表1.6。

表1.6 电光天平的称量记录

	倾倒前(称量瓶+药品)质量 m_1	倾倒后(称量瓶+药品)质量 m_2
砝码质量/g		
环码质量/mg		
光屏读数/mg		
总计/g		
Na_2CO_3 质量/g　　$(m_1-m_2)=$		

3. NaCl 的称量(电子分析天平)

①取下天平罩,放在统一位置,检查门是否关好。

②检查框罩内外天平、天平盘是否洁净。若不净,用软毛刷刷净。

③检查天平是否处于水平位置。若不在,轻旋水平调节。

④检查天平是否插好电源,处于待机状态,即在左下角显示“0”。若“0”不显示。在左上角,请按“ON”键。

⑤称量操作。

电子天平的称量记录见表1.7。

表1.7 电子天平的称量记录

倾倒前质量 m_1	第一次倾倒后质量 m_2	第二次倾倒后质量 m_3
NaCl 质量/g　　$(m_1-m_2)=$		
NaCl 质量/g　　$(m_2-m_3)=$		

五、实验习题

①为什么要测天平的零点？天平的零点和停点有何区别？它们是怎样测定的？

②为了保护刀口，操作时应注意什么？下面的操作是否正确？为什么？

a. 在砝码和称量物的质量悬殊很大的情况下，完全打开升降枢钮。

b. 急速地关、开升降枢钮。

c. 未关闭升降枢钮就加减砝码或取下称量物。

③下列操作是否影响准确称量？

a. 用手拿砝码。

b. 不关闭天平门。

c. 被称物品吸水性很强而又未放在密闭容器内。

④在加减砝码过程中，标尺往哪个方向移动需要加砝码或环码？

⑤电光(子)天平若以克为单位可称到小数点后几位？若在电光(子)天平上称出的数值恰巧为3.200 0 g，为什么不可写成3.2 g？

【技能训练三】 玻璃管(棒)的加工和塞子的钻孔

一、灯的使用

酒精灯和酒精喷灯是实验室常用的加热器具。酒精灯的温度一般可达400 ~500 ℃；酒精喷灯的温度可达700 ~1 000 ℃。

1. 酒精灯

(1)组成

酒精灯由灯壶、灯帽和灯芯构成，其正常火焰分为3层：焰心、内焰(还原焰)和外焰(氧化焰)(见图1.9)。进行实验时，一般都用外焰来加热。

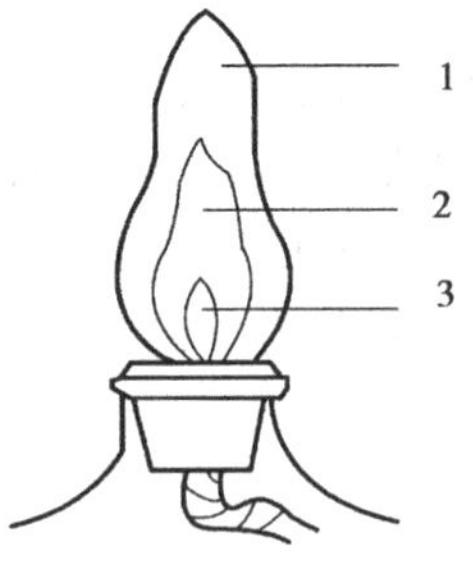

图1.9 酒精灯的火焰

1—外焰；2—内焰；3—焰心

(2)使用方法(见图1.10)

①检查灯芯，并休整。

②用漏斗添加酒精。

③用火柴点燃。

④用毕后，用灯罩熄灭，重盖一次，防止冷却后造成负压打不开。

⑤使用防风罩可使火焰熄灭后平稳。

添加酒精　　点燃酒精灯　　灭酒精灯

图1.10 酒精灯的使用

2. 酒精喷灯

(1)类型和构造(见图1.11)

常用的酒精喷灯有座式和挂式两种。座式酒精喷灯的结构如图1.11(a)所示。挂式酒精喷灯的结构如图1.11(b)所示。

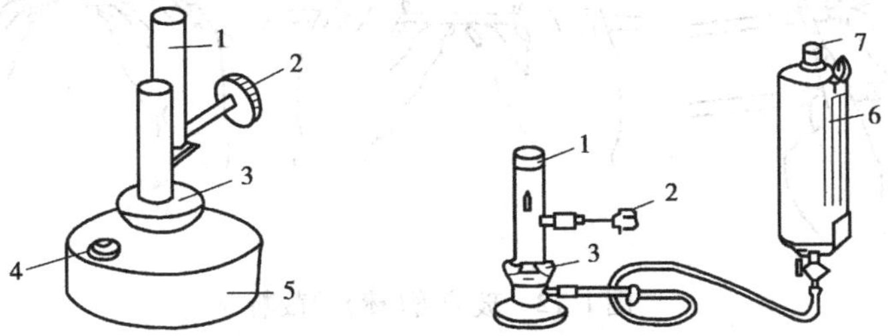

(a)座式　　(b)挂式

图1.11 酒精喷灯的类型和构造

1—灯管;2—空气调节器;3—预热盘;4—铜帽;5—酒精壶;6—酒精储罐;7—盖子

(2)使用方法

酒精喷灯的使用方法如下(以挂式酒精喷灯为例):

①关闭开关，向储罐内加入酒精，盖上盖子后，把贮筒挂于高处(储罐与酒精灯的相对距离直接影响酒精供给量)。

②微微打开开关，使酒精由灯座上的喷口流入预热盘内，待盘内酒精将满时，关闭开关和空气调节器。

③点燃预热盘内的酒精。

④待预热盘内的酒精将烧尽时，打开开关，并旋转空气调节器。这时，由于酒精在灼热的灯管内气化，并与进入的空气混合，因此，用火柴即可点燃灯管口的气体。

⑤调节空气调节器，使管口形成稳定的高温火焰。

⑥用毕，旋紧空气调节器，同时关闭开关，火焰即自行熄灭。

使用时必须注意，在旋转空气调节器和点燃管口气体前，应该充分灼热灯管；否则，酒精不能全部气化，会有液体酒精从管口喷出，可能形成“火雨”。

使用酒精喷灯的注意事项如下：

①使用酒精喷灯时，首先用捅针捅一捅酒精蒸气出口，以保证出气口畅通。

②借助小漏斗向酒精壶内添加酒精,酒精壶内的酒精不能装得太满,以不超过酒精壶容积(座式)的2/3为宜。

③打开酒精壶的开关,拧紧酒精灯旋钮,然后往预热盘里注入一些酒精,点燃酒精使灯管受热,待酒精接近燃完且在灯管口有火焰时,上下移动调节器调节火焰为正常火焰。

④用毕后,先关闭酒精壶的开关,待橡胶管内和灯内的酒精燃烧完后,火焰自然熄灭再关紧酒精灯旋钮。若长期不用时,须将酒精壶内剩余的酒精倒出。

二、玻璃管(棒)的简单加工

1. 玻璃管(棒)的截断

将玻璃管(棒)平放在桌面上,依需要的长度左手按住要切割的部位,右手用锉刀的棱边在要切割的部位按一个方向(不要来回锯)用力挫出一道凹痕。然后双手持玻璃管(棒),两拇指齐放在凹痕背面,并轻轻地由凹痕背面向外推折,同时两食指和拇指将玻璃管(棒)向两边拉,如此将玻璃管(棒)截断,如图1.12所示。两种玻璃管截面的比较如图1.13所示。

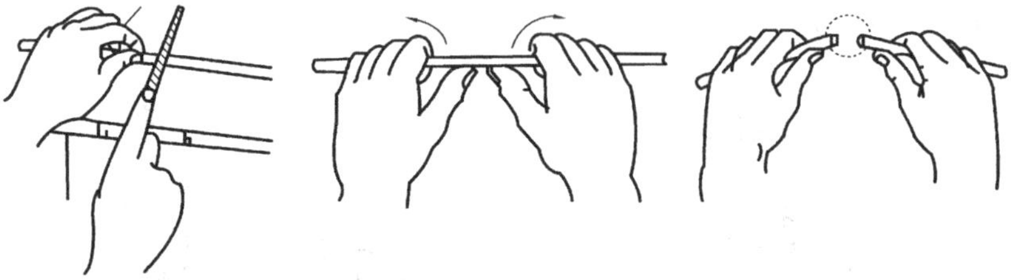

图1.12　玻璃管(棒)的截断

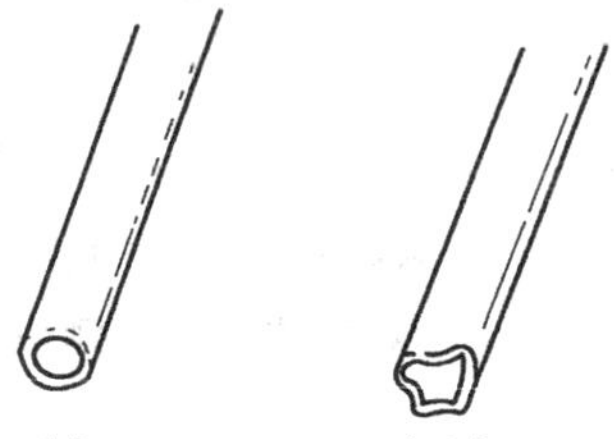

图1.13　两种玻璃管截面的比较

2. 熔光

切割的玻璃管(棒),其截断面的边缘很锋利容易割破皮肤、橡皮管或塞子,所以必须放在火焰中熔烧,使之平滑,这个操作称为熔光(或圆口)。将刚切割的玻璃管(棒)的一头插入火焰中熔烧。熔烧时,角度一般为45°,并不断来回转动玻璃管(棒),直至管口变成红热平滑为止,如图1.14所示。

熔烧时,加热时间过长或过短都不好。过短,管(棒)口不平滑;过长,管径会变小。转动不匀,会使管口不圆。灼热的玻璃管(棒)应放在石棉网上冷却,切不可直接放在实验台上,以免烧焦台面,也不要用手去摸,以免烫伤。

3. 弯曲

(1)烧管

将玻璃管用小火预热一下,然后手持玻璃管,把要弯曲的地方斜插入氧化焰中,以增大玻璃管的受热面积(也可在燃气灯上罩以鱼尾灯头扩展火焰,来增大玻璃管的受热面积),同时

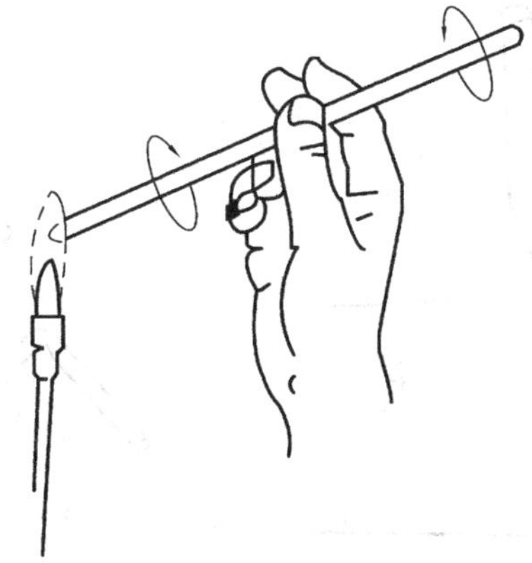

图1.14　熔烧玻璃管的断截面

缓慢而均匀地转动玻璃管,两手用力要均等,转速要一致,以免玻璃管在火焰中扭曲,一直加热到玻璃管变软,如图1.15所示。

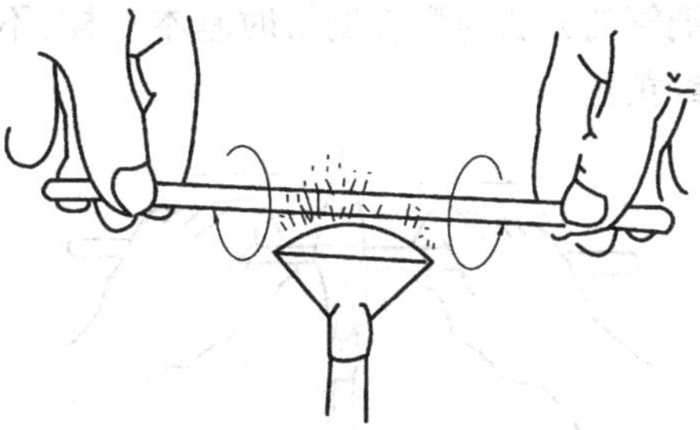

图1.15　加热玻璃管的方法

(2)弯管

自火焰中取出玻璃管,稍等片刻(1~2 s后),使各部温度均匀,迅速准确地把玻璃管弯成所需的角度,待玻管变硬时才停止。弯管的正确手法是V字形,两手在上方,玻璃管的弯曲部分在两手中间的下方,如图1.16所示。弯好后等其冷却变硬才把玻璃管放在石棉网上继续冷却,待玻管变硬时才停止。冷却后,应检查其角度是否准确,整个玻璃管是否处在同一个平面上。

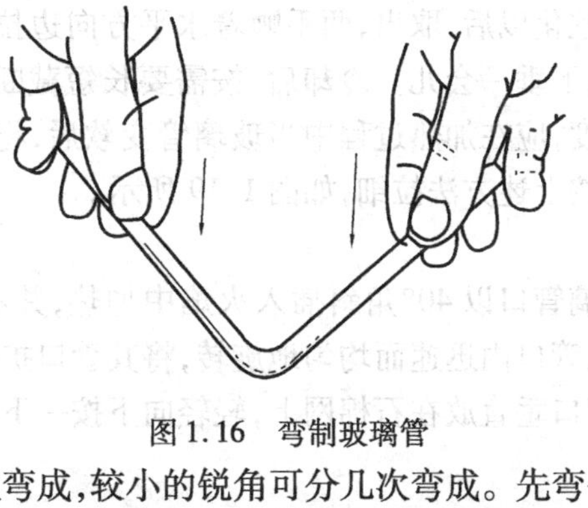

图1.16　弯制玻璃管

120°以上的角度可一次弯成,较小的锐角可分几次弯成。先弯一个较大的角度,然后在第一次受热部位的稍偏左或右处进行第二次加热和弯曲,直到弯曲成所需的角度为止,如图1.17所示。弯管质量好坏如图1.18所示。

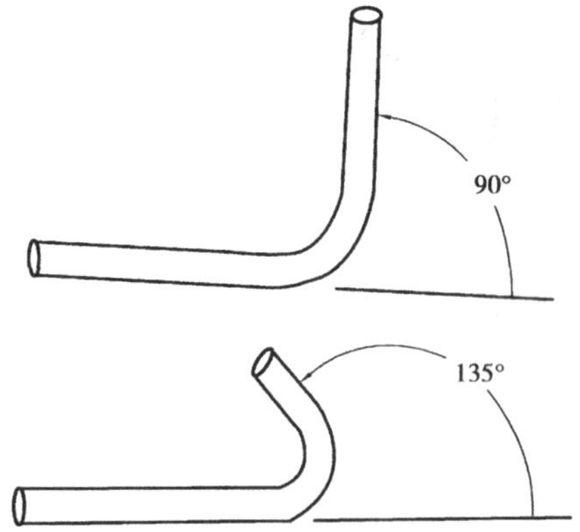

图 1.17　弯管实例

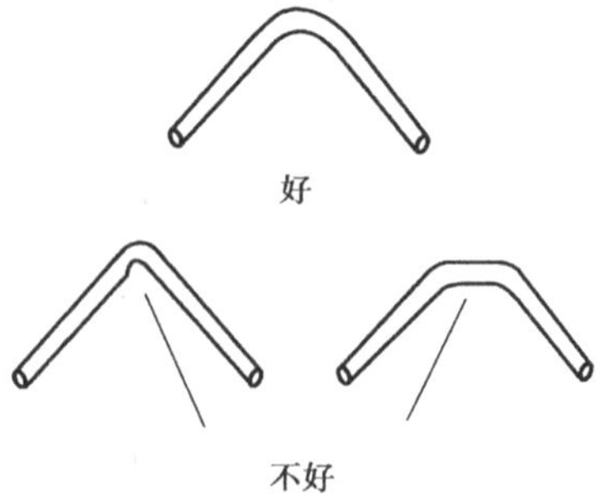

图 1.18　好与不好的弯管实例

4. 制备毛细管和滴管

(1)烧管

拉细玻璃管时,加热玻璃管的方法与弯玻璃管时基本一样,不过要烧得时间长一些,玻璃管软化程度更大一些,烧至红黄色。

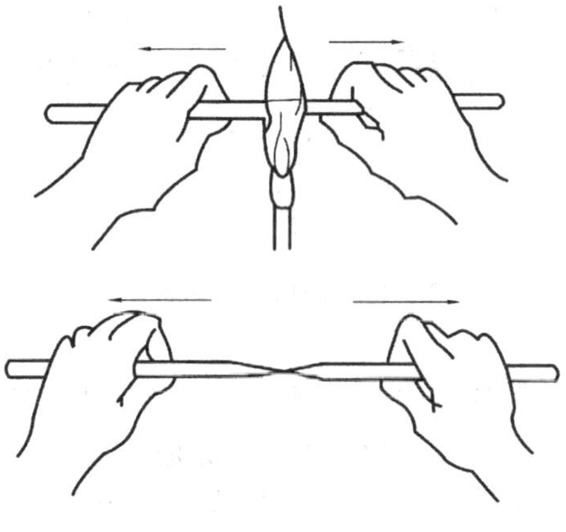

图 1.19　玻璃管的控制

(2)拉管

待玻璃管烧成红黄色软化以后,取出,两手顺着水平方向边拉边旋转玻璃管,拉到所需要的细度时,一手持玻璃管向下垂一会儿。冷却后,按需要长短截断,形成两个尖嘴管。如果要求细管部分具有一定的厚度,应在加热过程中当玻璃管变软后,将其轻缓向中间挤压,减短它的长度,使管壁增厚,然后按上述方法拉细,如图 1.19 所示。

(3)制滴管的扩口

将未拉细的另一端玻璃管口以 40°角斜插入火焰中加热,并不断转动。待管口灼烧至红热后,用金属锉刀柄斜放入管口内迅速而均匀地旋转,将其管口扩开。另一扩口的方法是待管口烧至稍软化后,将玻璃管口垂直放在石棉网上,轻轻向下按一下,将其管口扩开。冷却后,安上胶头即成滴管。

5. 塞子与塞子钻孔

为了能在塞子上装置玻璃管、温度计等,塞子需预先钻孔。常用的钻孔器是一组直径不同的金属管。它的一端有柄,另一端很锋利,可用来钻孔。

(1)塞子大小的选择

塞子的大小应与仪器的口径相适合,塞子塞进瓶口或仪器口的部分不能少于塞子本身高度的1/2,也不能多于2/3。

(2)钻孔器大小的选择

选择一个比要插入橡皮塞的玻璃管口径略粗一点的钻孔器,因为橡皮塞有弹性,孔道钻成后由于收缩而使孔径变小。

(3)钻孔的方法

将塞子小头朝上平放在实验台上的一块垫板上(避免钻坏台面),左手用力按住塞子,不得移动,右手握住钻孔器的手柄,并在钻孔器前端涂点甘油或水。将钻孔器按在选定的位置上,沿一个方向,一面旋转一面用力向下钻动。钻孔器要垂直于塞子的面上,不能左右摆动,更不能倾斜,以免把孔钻斜。钻至深度约达塞子高度的1/2时,反方向旋转并拔出钻孔器,用带柄捅条捅出嵌入钻孔器中橡皮或软木。然后调换塞子大头,对准原孔的方位,按同样的方法钻孔,直到两端的圆孔贯穿为止;也可不调换塞子的方位,仍按原孔直接钻通到垫板上为止。拔出钻孔器,再捅出钻孔器内嵌入的橡皮或软木。

孔钻好以后,检查孔道是否合适。如果选用的玻璃管可毫不费力地插入塞孔里,说明塞孔太大,塞孔和玻璃管之间不够严密,塞子不能使用。若塞孔略小或不光滑,可用圆锉适当修整。

(4)玻管插入橡皮塞的方法

用水或甘油润湿玻管的前端,并用布包裹,手握玻管前端,边转边插入。

三、实验内容——实验用具的制作

1. 胶头滴管

切取26 cm长(内径约5 mm)的玻璃管,将中部置火焰上加热,拉细玻璃管。要求玻璃管细部的内径为1.5 mm,毛细管长约7 cm,切断并将口熔光。把尖嘴管的另一端加热至发软,然后在石棉网上压一下,使管口外卷,冷却后,套上橡胶乳头即制成胶头滴管。

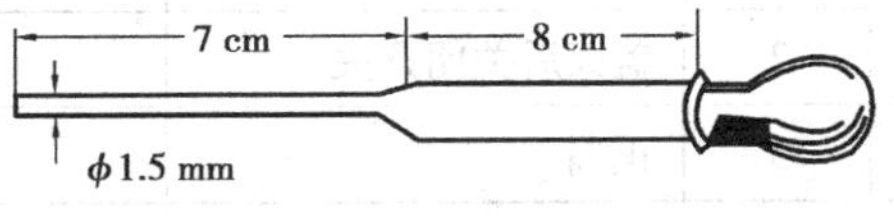

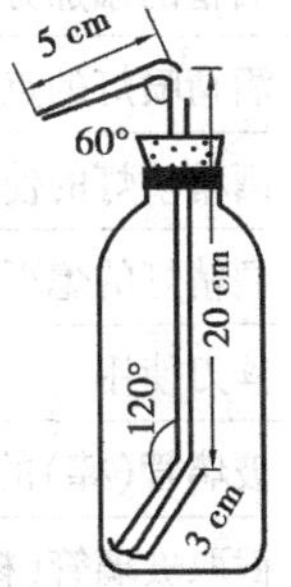

图1.20　滴管及洗瓶规格

2. 洗瓶

准备500 mL聚氯乙烯塑料瓶一个,适合塑料瓶瓶口大小的橡皮塞一个,33 cm长玻璃管一根(两端熔光)。

①按前面介绍的塞子钻孔的操作方法,将橡皮塞钻孔。

②按图1.20的形状,依次将33 cm长的玻璃管一端5 cm处在酒精喷灯上加热后拉一尖嘴,弯成60°角,插入橡皮塞塞孔后,再将另一端弯成120°角,在离下端3 cm处弯120°角,注意

应在同一平面内，即配制成一个洗瓶。

拉细的操作：两肘搁在桌面上，两手执着玻璃管两端，掌心相对，加热方向和弯曲相同，只不过加热程度强些（玻璃管烧成红黄色），才从火焰中取出，两肘仍搁在桌面上，两手平稳地沿水平方向作相反方向移动，开始时慢些，逐步加快拉成内径约为1 mm的毛细管（注：在拉细过程中要边拉边旋转）。

3. 熔点管的拉制

把一根干净、壁厚为1 mm、直径8～10 mm的玻璃管拉成内径约1 mm和3～4 mm的两种毛细管，在将内径为1 mm的毛细管截成15～20 cm长，把此毛细管的两端在小火上封闭。使用时，把这根毛细管的中央切断，就为两根熔点管。

4. 沸点管的拉制

将内径3～4 mm的毛细管截成8～9 cm长，在小火上封闭一端作外管，将内径越为1 mm的毛细管截成7～8 cm长，封闭其一端为内管，这样就可组成沸点管了。

四、注意事项

①切割玻璃管、玻璃棒时要防止划破手。

②使用酒精喷灯前，必须先准备一块湿抹布备用。

③灼热的玻璃管、玻璃棒，要按先后顺放在石棉网上冷却，切不可直接放在实验台上，防止烧焦台面；未冷却之前，也不要用手去摸，防止烫伤手。

④装配洗瓶时，拉好玻璃管尖嘴，弯好60°角后，先装橡皮塞，再弯120°角，并且注意60°角与120°角在同一方向同一平面上。

表1.8 玻璃管（棒）的加工和塞子的钻孔操作考核评分表

项目	评分要素	配分	评分标准	扣分	得分	备注
酒精喷灯的使用（20分）	酒精喷灯的安装	5	正确			
	酒精的添加方法	3	正确			
	酒精喷灯的点燃预热	4	方法正确			
	酒精喷灯的使用	6	用氧化焰加热			
	酒精灯的熄灭	2	盖灭后关闭开关			
玻璃管（棒）的加工（28分）	锉刀使用	3	正确			
	玻璃管（棒）的截取	2	正确			
	截取玻璃管（棒）的质量	3	合格			
	玻璃管（棒）熔光操作	2	正确			
	熔光玻璃管（棒）的质量	3	合格			
	滴管的拉制方法	2	正确			
	拉出滴管的质量	3	合格			
	毛细管的拉制方法	2	正确			
	拉出的毛细管质量	3	合格			

续表

项目	评分要素	配分	评分标准	扣分	得分	备注
玻璃管(棒)的加工(28 分)	玻璃弯管的拉制方法	2	正确			
	拉出玻璃弯管的质量	3	合格			
洗瓶的装配(14 分)	塞子的选择	2	正确			
	打孔器的选择与使用	5	正确			
	塞子的孔径	2	洗瓶弯管正好插入			
	洗瓶的安装方法	2	正确			
	装配好的洗瓶的质量	3	合格			
结束工作(18 分)	整理实验室	3	摆放整齐,擦拭干净			
	仪器清洗与放置	5	洗净有序放置于柜中			
	废玻璃的处理	5	收集置于指定地方			
	完成时间	5	规定时间内完成			
实验素质(20 分)	实验中的创新	10	有			
	实验中问题的解决	5	能正确处理与解决			
	割伤,烫伤的预防与急救	5	正确救治			

第2章 化学实验基本操作技能

【技能训练四】 粗食盐的提纯

一、实验原理

粗食盐中通常有 K^+, Ca^{2+}, Mg^{2+}, SO_4^{2-}, CO_3^{2-} 等可溶性杂质的离子，还含有不溶性的杂质如泥沙。科学研究用的 NaCl 以及医用生理盐水所用的盐都需要较纯的 NaCl，因此，必须将上述杂质除去。不溶性的杂质可用溶解和过滤方法除去。可溶性杂质要加入适当的化学试剂除去。除去粗食盐中可溶性杂质（Ca^{2+}, Mg^{2+}, SO_4^{2-}, CO_3^{2-}）的方法如下：

①在粗食盐溶液中加入稍过量的 $BaCl_2$ 溶液，可将 SO_4^{2-} 转化为 $BaSO_4$ 沉淀，过滤除去 SO_4^{2-}。

$$SO_4^{2-} + Ba^{2+} = BaSO_4 \downarrow$$

②向食盐溶液中加入 NaOH 和 Na_2CO_3，可将 Mg^{2+}, Ca^{2+} 和 Ba^{2+} 转化为 $Mg_2(OH)_2CO_3$, $CaCO_3$, $BaCO_3$ 沉淀后过滤除去。

$$2Mg^{2+} + 2OH^- + CO_3^{2-} = Mg_2(OH)_2CO_3 \downarrow$$

$$Ca^{2+} + CO_3^{2-} = CaCO_3 \downarrow$$

$$Ba^{2+} + CO_3^{2-} = BaCO_3 \downarrow$$

③用稀 HCl 溶液调节食盐溶液至 pH 2 ~ 3，可除去 OH^- 和 CO_3^{2-} 两种离子。

$$OH^- + H^+ = H_2O$$

$$CO_3^{2-} + 2H^+ = CO_2 \uparrow + H_2O$$

K^+ 离子含量较少，可用浓缩结晶的方法留在母液中。

二、实验仪器及药品

仪器：台秤，药匙，洗瓶，烧杯，量筒，普通漏斗，漏斗架，滤纸，酒精灯，石棉网，泥三角，蒸发皿，试管，布氏漏斗，吸滤瓶。

药品：1 mol/L $BaCl_2$，2 mol/L NaOH，1 mol/L Na_2CO_3 饱和$(NH_4)_2C_2O_4$，2 mol/L HCl，镁试剂，pH 试纸，粗食盐。

三、实验步骤

1. 实验步骤

①粗食盐的称量和溶解。

②SO_4^{2-} 例子的除去。

③Mg^{2+}、Ca^{2+}、Ba^{2+}等离子的除去。

④调节溶液的 pH。

⑤蒸发浓缩。

⑥结晶、减压过滤、干燥。

⑦称量、计算产率。

5.0 g 粗食盐$\xrightarrow{25\ \text{mL}\ H_2O}$溶解$\xrightarrow[2\sim4\ \text{min}/\triangle]{1\ \text{mL}\ 1\text{mol/L}\ BaCl_2}$$BaSO_4\downarrow$$\xrightarrow{检验\ SO_4^{2-}}$过滤$\longrightarrow$洗涤(2~3 次)$\xrightarrow[1.5\ \text{mL}\ 1\text{mol/L}\ Na_2CO_3/\triangle]{10\ \text{mL}滴\ 2\ \text{mol/L NaOH}}$除去 Mg^{2+}，Ca^{2+}和 $Ba^{2+}$$\xrightarrow{检验\ Mg^{2+}、Ca^{2+}、Ba^{2+}}$过滤$\longrightarrow$洗涤$\xrightarrow[pH=2\sim3]{2\ \text{mol/L HCl}}$除去 OH^- 和 CO_3^{2-} $\longrightarrow$蒸发结晶$\longrightarrow$减压过滤$\xrightarrow[65\%乙醇]{}$洗涤$\longrightarrow$晶体转移$\longrightarrow$称量$\longrightarrow$计算产率。

2. 操作要点

(1)过滤

1)常压过滤

过滤是除去溶液里混有不溶于溶剂的杂质的方法。过滤时应注意：

①一贴。将滤纸折叠好放入漏斗，加少量蒸馏水润湿，使滤纸紧贴漏斗内壁。

②二低。滤纸边缘应略低于漏斗边缘，加入漏斗中液体的液面应略低于滤纸的边缘。

③三靠。向漏斗中倾倒液体时，烧杯的夹嘴应与玻璃棒接触；玻璃棒的底端应与过滤器有3层滤纸处轻轻接触；漏斗颈的末端应与接收器的内壁相接触。例如，用过滤法除去粗食盐中少量的泥沙。

按照化学实验基本操作所述方法进行过滤。仔细观察滤纸上的剩余物及滤液的颜色。滤液仍浑浊时，应该再过滤一次。如果经两次过滤滤液仍浑浊，则应检查实验装置并分析原因，例如，滤纸破损，过滤时漏斗里的液面高于滤纸边缘，仪器不干净等。找出原因后，要重新操作。

2)减压过滤

剪裁符合规格的滤纸放入漏斗中，用少量溶剂润湿滤纸。开启水泵并关闭安全瓶上的活塞，将滤纸吸紧。打开安全瓶上的活塞，再关闭水泵。借助玻棒，将待分离物分批倒入漏斗中，并用少量滤液洗出黏附在容器上的晶体，一并倒入漏斗中。再次开启水泵并关闭安全瓶上的活塞进行减压过滤，直至漏斗颈口无液滴为止。打开安全瓶上的活塞，再关闭水泵，用少量溶剂润湿晶体。再次开启水泵并关闭安全瓶上的活塞进行减压过滤，直至漏斗颈口无液滴为止(必要时可用玻塞挤压晶体，此操作一般进行1~2次)。

如重结晶，溶剂沸点较高，在用原溶剂至少洗涤一次后，可用低沸点的溶剂洗涤，使最后的

结晶产物易于干燥(要注意,该溶剂必须是能和第一种溶剂互溶而对晶体是不溶或微溶的)。

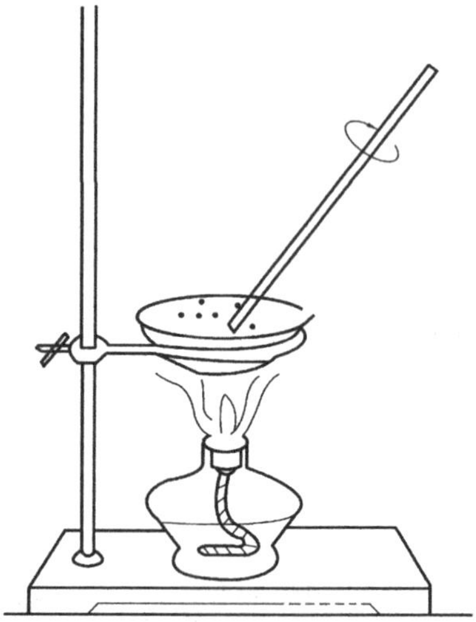

图 2.1　蒸发装置

(2)蒸发

把得到的澄清滤液倒入蒸发皿,把蒸发皿放在铁架台的铁圈上,用酒精灯加热(如图 2.1 所示)。同时,用玻璃棒不断搅拌滤液,等到蒸发皿中出现较多量固体时,停止加热。利用蒸发皿的余热使滤液蒸干,用玻璃棒把固体转移到纸上,称量后,回收到教师指定的容器。比较提纯前后食盐的状态并计算精盐的产率。

3. NaCl 纯度检验

取粗食盐和精盐各 0.5 g 放入试管内,分别溶于 5 mL 蒸馏水中,然后各分 3 等份,盛在 6 支试管中,分成 3 组,用对比法比较它们的纯度(见表 2.1)。

①SO_4^{2-} 离子的检验。向第一组试管中各滴加两滴 1 mol/L $BaCl_2$ 溶液,观察现象。

②Ca^{2+} 离子的检验。向第二组试管中各滴加两滴饱和 $(NH_4)_2C_2O_4$ 溶液,观察现象。

③Mg^{2+} 离子的检验。向第三组试管中各滴加 2 mol/L 的 NaOH 溶液 2 ~ 3 滴,再加入几滴镁试剂,观察有无蓝色沉淀生成。如有蓝色沉淀产生,表示有 Mg^{2+} 离子存在。

表 2.1　比较纯度

检验项目	检验方法	实验现象	
		粗食盐	纯 NaCl
SO_4^{2-}	加入 $BaCl_2$ 溶液		
Ca^{2+}	加入$(NH_4)_2C_2O_4$ 溶液		
Mg^{2+}	加入 NaOH 溶液和镁试剂		

四、产率的计算

产率计算为

$$纯食盐的产率 = \frac{提纯后食盐的质量}{5.0} \times 100\%$$

五、注意事项

①常压过滤，注意“一贴，二低，三靠”，滤纸的边角撕去一角。

②减压过滤时，布氏漏斗管下方的斜口要对着吸滤瓶的支管口；先接橡皮管，开水泵，后转入结晶液；结束时，先拔去橡皮管，后关水泵。

③蒸发皿可直接加热，但不能骤冷，溶液体积应少于其容积的 2/3。

④蒸发浓缩至稠粥状即可，不能蒸干，否则带入 K^+（KCl 溶解度较大，且浓度低，留在母液中）。

⑤蒸发浓缩时需不断地搅拌。

⑥需检验杂质是否沉淀完全。

⑦粗盐必须全部溶解才能加沉淀剂。

六、实验习题

①为什么要分两步过滤？

②怎样检验溶液中的 SO_4^{2-}，Ca^{2+}，Mg^{2+} 等离子是否沉淀完全？

七、实验结果

实验结果见表 2.2。

产品外观：________　　产品质量（g）：________　　产率（%）：________

表 2.2　粗食盐的提纯操作考核评分表

项目	评分要素	配分	评分标准	扣分	得分	备注
酒精灯的使用（8 分）	酒精灯灯芯的修整	2	按要求修整			
	酒精灯的点燃	2	规范			
	酒精灯的加热方法	2	外焰加热			
	酒精灯的熄灭	2	灯帽盖灭			
托盘天平的使用（16 分）	托盘天平调零点	2	调节			
	称量	5	方法正确			
	读数	2	正确			
	数据记录	5	及时规范			
	托盘天平使用后	2	规范整理			
普通过滤操作（15 分）	滤纸的选择和折叠	3	正确			
	漏斗的选择和洗涤	2	正确			
	普通过滤装置的安装	3	规范、正确			
	过滤	5	“三接处”			
	沉淀的洗涤	2	正确			

续表

项目	评分要素	配分	评分标准	扣分	得分	备注
杂质去除（10分）	试样的溶解	2	完全			
	除去不溶性杂质	2	完全			
	SO_4^{2-} 去除	2	检验沉淀完全			
	Mg^{2+}，Ca^{2+}，Ba^{2+} 的去除	2	检验完全除去			
	调节溶液 pH 值	2	调节 pH = 2 ~ 3			
产品质量（16分）	蒸发、浓缩和结晶操作	3	无溶液溅出			
	减压抽滤操作	3	正确			
	产品质量	5	洁白、干燥，无杂质			
	产率	5	合格			
结束工作（15分）	整理实验台	5	摆放整齐，擦拭干净			
	仪器清洗与放置	5	洗净有序放置于柜中			
	完成时间	5	规定时间内完成			
实验素质（20分）	实验中的创新	10	有			
	实验中问题的解决	5	能正确处理与解决			
	废液的处理	5	倒入指定地方			

【技能训练五】 溶液的配制

一、移液管的使用方法

移液管为精密转移一定体积溶液时用的一种玻璃量器，形状是中部呈圆柱形，圆柱形以上及以下为较细的管颈，下部的管颈拉尖，上部的管颈刻有一环状刻度。

使用时，应首先将移液管洗净，自然沥干，并用待量取的溶液少许荡洗 3 次。然后以右手拇指及中指捏住管颈标线以上的地方，将移液管插入待量取的溶液液面下约 1 cm，不应伸入太多，以免管尖外壁粘有溶液过多，也不应伸入太少，以免液面下降后而吸空。这时，左手拿洗耳球轻轻将溶液吸上，眼睛注意正在上升的液面位置，移液管应随容器内液面下降而下降。当液面上升到刻度标线以上约 1 cm 时，迅速用右手食指堵住管口，取出移液管，用滤纸条拭干移液管下端外壁，并使与地面垂直，稍微松开右手食指，使液面缓缓下降。此时，视线应平视标线，直到弯月面与标线相切，立即按紧食指，使液体不再流出，并使出口尖端接触容器外壁，以除去尖端外残留溶液。再将移液管移入准备接受溶液的容器中，使其出口尖端接触器壁，使容器微倾斜，而使移液管直立，然后放松右手食指，使溶液自由地顺壁流下，待溶液停止流出后，一般等待 15 s 拿出。注意，此时移液管尖端仍残留有一滴液体，不可吹出，如图 2.2 所示。

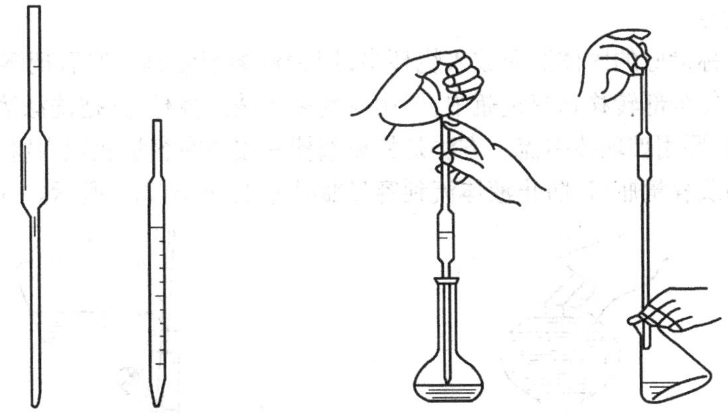

图 2.2　移液管的使用

二、容量瓶的使用方法

容量瓶主要用于准确地配制一定摩尔浓度的溶液。它是一种细长颈、梨形的平底玻璃瓶，配有磨口塞。瓶颈上刻有标线，当瓶内液体在所指定温度下达到标线处时，其体积即为瓶上所注明的容积数。一种规格的容量瓶只能量取一个量。常用的容量瓶有 100 mL，250 mL，500 mL，1 000 mL 等多种规格，如图 2.3 所示。

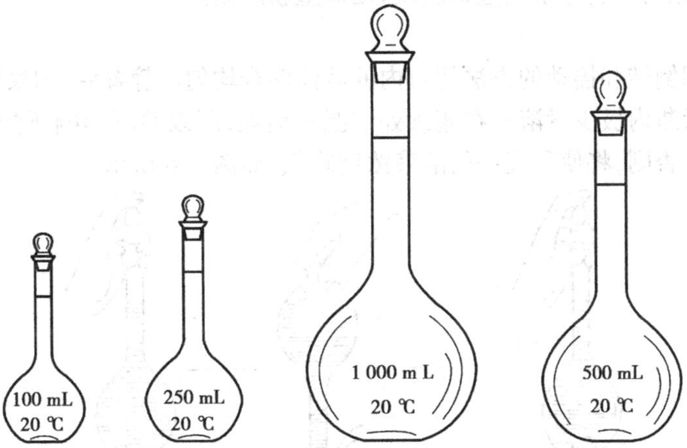

图 2.3　容量瓶的规格

1. 使用容量瓶配制溶液的方法

(1) 检漏

使用前，检查瓶塞处是否漏水（见图 2.4）。

程序是：加水→倒立，观察→瓶塞旋转 180°→倒立，观察。

具体操作方法是：在容量瓶内装入半瓶水，塞紧瓶塞，用右手食指顶住瓶塞，左手五指托住容量瓶底，将其倒立（瓶口朝下），观察容量瓶是否漏水。若不漏水，将瓶正立且将瓶塞旋转 180°后，再次倒立，检查是否漏水，若两次操作，容量瓶瓶塞周围皆无水漏出，即表明容量瓶不漏水。经检查，不漏水的容量瓶才能使用。

(2)溶解、转移

首先把准确称量好的固体溶质放入烧杯中,用少量溶剂溶解。然后把溶液转移到容量瓶里。为保证溶质能全部转移到容量瓶中,要用溶剂多次洗涤烧杯,并把洗涤溶液全部转移到容量瓶里。转移时,要用玻璃棒引流。方法是将玻璃棒一端靠在容量瓶颈内壁上,注意不要让玻璃棒其他部位触及容量瓶口,防止液体流到容量瓶外壁上,如图 2.5 所示。

图 2.4 容量瓶检查是否漏水方法

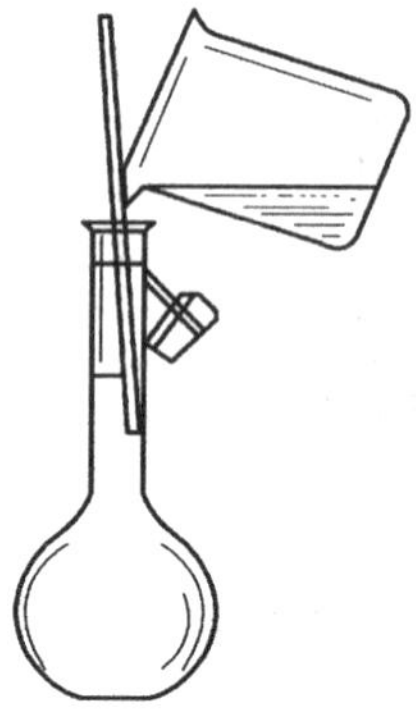

图 2.5 向容量瓶中转移溶液

(3)定容

向容量瓶内加入的液体液面离标线 1 cm 左右时,应改用滴管小心滴加,最后使液体的弯月面与标线正好相切。若加水超过刻度线,则需重新配制。

(4)摇匀

盖紧瓶塞,用倒转和摇动的方法使瓶内的液体混合均匀。静置后,如果发现液面低于刻度线,这是因为容量瓶内极少量溶液在瓶颈处润湿所损耗,所以并不影响所配制溶液的浓度,故不要在瓶内添水;否则,将使所配制的溶液浓度降低,如图 2.6 所示。

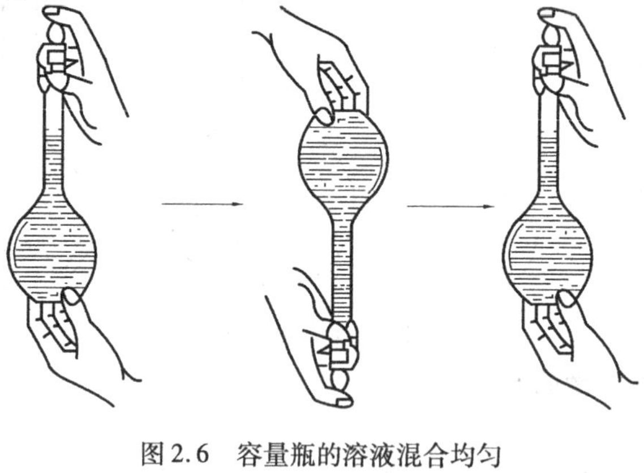

图 2.6 容量瓶的溶液混合均匀

2. 使用容量瓶时的注意事项

①容量瓶的容积是特定的,刻度不连续,所以一种型号的容量瓶只能配制同一体积的溶液。在配制溶液前,首先要弄清楚需要配制的溶液的体积,然后再选用相同规格的容量瓶。

②易溶解且不发热的物质可直接用漏斗倒入容量瓶中溶解,其他物质基本不能在容量瓶里进行溶质的溶解,应将溶质在烧杯中溶解后转移到容量瓶里。

③用于洗涤烧杯的溶剂总量不能超过容量瓶的标线。

④容量瓶不能进行加热。如果溶质在溶解过程中放热,要待溶液冷却后再进行转移,因为

一般的容量瓶是在20 ℃的温度下标定的，若将温度较高或较低的溶液注入容量瓶，容量瓶则会热胀冷缩，所量体积就会不准确，导致所配制的溶液浓度不准确。

⑤容量瓶只能用于配制溶液，不能储存溶液，因为溶液可能会对瓶体进行腐蚀，从而使容量瓶的精度受到影响。

⑥容量瓶用毕应及时洗涤干净，塞上瓶塞，并在塞子与瓶口之间夹一条纸条，防止瓶塞与瓶口粘连。

三、仪器与试剂

仪器：分析天平、台秤，量筒，烧杯，玻璃棒，称量瓶，洗耳球，移液管，容量瓶，滴管。

试剂：98%的浓 H_2SO_4，蒸馏水，NaOH固体，草酸晶体，0.200 mol/L HAc溶液，36%的乙酸。

四、实验内容及步骤

1. 配制1mol/L NaOH 50 mL

实验步骤如下：

(1)计算

计算 $1\ \text{mol/L} \times 50 \times 10^{-3} = \dfrac{W_{\text{NaOH}}}{40}$，所以 $W_{\text{NaOH}} = 2\ \text{g}$。

(2)称量

用台秤在小烧杯中称取2 g氢氧化钠。

(3)溶解

在盛有溶质的小烧杯中加入适量蒸馏水，用玻璃棒搅拌，使其溶解。

(4)移液

将溶液沿玻璃棒注入容量瓶中。

(5)洗涤

用蒸馏水洗涤烧杯2~3次，并倒入容量瓶中。

(6)定容

加蒸馏水至刻度线1~2 cm处，改用胶头滴管滴到凹液面与标线平直。

(7)摇匀

盖好容量瓶瓶塞，上下颠倒容量瓶、摇匀。

(8)装瓶、贴签

装瓶后贴签。

2. 配制1 mol/L H_2SO_4 50 mL

①计算 $V = 1\ \text{mol/L} \times 50 \times 10^{-3}\ \text{L} \times 98\ \text{g} \cdot \text{mol}/1.84\ \text{g} \cdot \text{ml}^{-1} \approx 2.7\ \text{mL}$。

②在烧杯中加20 mL左右的水。

③用量筒量取2.7 mL浓 H_2SO_4，将浓 H_2SO_4 缓慢倒入水中，并不断搅动。

④冷却后转移入50 mL容量瓶，洗涤烧杯3次，洗液注入容量瓶。

⑤定容至50 mL刻度。

3. 配制 0.010 0 mol/L $H_2C_2O_4$ **溶液** 100 mL

(1)计算

草酸晶体 $H_2C_2O_4 \cdot 2H_2O$

$$W = 0.0100\ \text{mol/L} \times 100 \times 10^{-3}\ \text{L} \times 126\ \text{g/mol} = 0.1260\ \text{g}$$

(2)称量

在分析天平上准确称取草酸晶体 0.126 g。

(3)配制

用少量水溶解草酸晶体,注入 100 mL 容量瓶,洗涤烧杯 3 次,洗涤液注入容量瓶中,定容至刻度线,振荡,摇匀。

4. 由 0.200 mol/L HAc **溶液配制** 0.010 0 mol/L HAc **溶液** 100 mL

(1)计算

$$V_{\text{HAc}} = \frac{0.0100\ \text{mol/L} \times 100\ \text{mL}}{0.200\ \text{mol/L}} = 5\ \text{mL}$$

(2)量取 0.200 mol/L HAc 溶液 5 mL

将移液管下端插入溶液中,左手执洗耳球,利用负压使移液管中液面上升。迅速用右手食指堵住管口上端,用右手控制使液面缓慢下降至零刻度线。移出移液管,将溶液注入 100 mL 容量瓶。

(3)配制

定容至刻度线,振荡,摇匀。

5. 用 36% 的乙酸稀释成 2 mol/L HAc **溶液** 50 mL

①计算 $$V = \frac{0.05 \times 2 \times 60}{36\% \times 1.04}\ \text{mL} = 16\ \text{mL}$$

②用 50 mL 量筒取 16 mL 36% 的乙酸溶液,加水稀释至离刻度 2 ~ 3 mL 时改用胶头滴管滴加至刻度,用玻璃棒搅拌,摇匀。

五、实验讨论

①浓 H_2SO_4,NaOH(s)的移取。浓 H_2SO_4 有强腐蚀性,取用时要小心。NaOH(s)易潮解,称量要迅速。

②移液管的使用。移取溶液前要润洗;移液管的拿法。

③分析天平的使用:本次实验需称量草酸晶体 0.126 0 g,精确度要求较高,误差只能为 0.000 1 g,难度大,使用减量称量法,小心敲击。

④烧杯、量筒为配制仪器,用于粗略配制溶液,而容量瓶和移液管用于配制标准溶液。

六、玻璃量器使用的注意事项

①移液管及刻度吸管一定用洗耳球吸取溶液,不可用嘴吸取。

②滴定管、量瓶、移液管及刻度吸管均不可用毛刷或其他粗糙物品擦洗内壁,以免造成内壁划痕,容量不准而损坏。每次用毕应及时用自来水冲洗,再用洗衣粉水洗涤(不能用毛刷刷洗),用自来水冲洗干净,再用纯化水冲洗 3 次,倒挂,自然沥干,不能在烘箱中烘烤。

③需精密量取一定整数体积的溶液,应选用相应大小的移液管,不能分两次或多次量取体

积，误差大。

④容量仪器（滴定管、量瓶、移液管及刻度吸管等）需校正后再使用，以确保测量体积的准确性。

玻璃仪器使用六忌：

一忌用容量瓶进行溶解（体积不准确）。

二忌直接往容量瓶倒液（洒到外面）。

三忌加水超过刻度线（浓度偏低）。

四忌读数仰视或俯视（仰视浓度偏低，俯视浓度偏高）。

五忌不洗涤玻璃棒和烧杯（浓度偏低）。

六忌标准液存放于容量瓶（容量瓶是量器，不是容器）。

七、实验习题

①由浓 H_2SO_4 配制稀 H_2SO_4 溶液过程中应注意哪些问题？

②如何使用称量瓶？从称量瓶往外倒样品时如何操作？为什么？

③用容量瓶配制溶液时，是否把容量瓶干燥？能否用量筒量取溶液？

④使用吸量管时应注意些什么？

【技能训练六】 缓冲溶液配制及pH测定

一、实验目的

①了解缓冲溶液的配制及缓冲溶液的性质。

②掌握溶液配制的基本实验方法，学习pH值的使用方法。

二、实验原理

1.基本概念

在一定程度上能抵抗外加少量酸、碱或稀释，而保持溶液pH值基本不变的作用称为缓冲作用。具有缓冲作用的溶液称为缓冲溶液。

2.缓冲溶液组成及计算公式

缓冲溶液一般是由共轭酸碱对组成的，如弱酸和弱酸盐，或弱碱和弱碱盐。如果缓冲溶液由弱酸和弱酸盐（如HAc-NaAc）组成，则

$$C_H \approx K_a(\mathrm{HAC})\frac{C_a}{C_s} \quad \mathrm{pH} = pK_a - \lg\frac{C_a}{C_s}$$

溶液pH值除主要决定于弱酸或弱碱的离解常数 K_a 或 K_b 外，还与盐和酸（或碱）的浓度比值有关。若配制缓冲溶液所用的盐和酸（或碱）的原始浓度相同，均为 C，酸（碱）的体积为 $V_a(V_b)$，盐的体积为 V_s 总体积为 V，混合后酸（或碱）的浓度为 $\frac{C_aV_a}{V}$（或 $\frac{C_bV_b}{V}$），盐的浓度为

$\frac{C_sV_s}{V}$,则

$$\frac{C_s}{C_a}=\frac{V_s}{V_a}\text{或}\frac{C_s}{C_b}=\frac{V_s}{V_b}$$

所以缓冲溶液 pH 值可写为

$$\mathrm{pH}=pK_a-\lg\frac{V_a}{V_s}\text{或 pH}=pK_b-\lg\frac{V_b}{V_s}$$

配制缓冲溶液时,只要按计算值量取盐和酸(或碱)溶液的体积,混合后即可得到一定 pH 值的缓冲溶液。

缓冲容量是衡量缓冲溶液的缓冲能力大小的尺度。为获得最大的缓冲容量,应控制 C_s/C_a(或 C_s/C_b)=1,酸(或碱)、盐浓度大的,缓冲容量亦大。但实践中酸(或碱)、盐浓度不宜过大。

3. 缓冲溶液性质

(1)抗酸、碱、抗稀释作用

因为缓冲溶液中具有抗酸成分和抗碱成分,所以加入少量强酸或强碱,其 pH 值基本上是不变的。稀释缓冲溶液时,酸和碱的浓度比值不改变,适当稀释不影响其 pH 值。

(2)缓冲容量

缓冲容量是衡量缓冲溶液缓冲能力大小的尺度。缓冲容量的大小与缓冲组分的浓度和缓冲组分的比值有关。

缓冲组分浓度越大,缓冲容量越大;缓冲组分比值为 1 时,缓冲容量最大。

三、实验仪器及药品

PHS-2C 酸度计、试管、量筒(100 mL,10 mL)、烧杯(100 mL,50 mL)、吸量管(10 mL)、HAc(0.1mol/L,1 mol/L)、NaAc(0.1 mol/L,1 mol/L)、NaH_2PO_4(0.1 mol/L)、Na_2HPO_4(0.1 mol/L)、$NH_3\cdot H_2O$(0.1 mol/L)、NH_4Cl(0.1 mol/L)、HCl(0.1 mol/L)、NaOH(0.1 mol/L,1 mol/L)、pH =4 的 HCl 溶液、pH =10 的 NaOH 溶液、甲基红溶液、广泛 pH 试纸、精密 pH 试纸、吸水纸等。

四、实验步骤

1. 缓冲溶液的配制与 pH 值的测定

按照表 2.3,通过计算配制 3 种不同 pH 值的缓冲溶液,然后用精密 pH 试纸和 pH 计分别测定它们的 pH 值。比较理论计算值与两种测定方法实验值是否相符(溶液留作后面实验用)。

表 2.3 缓冲溶液的配制与 pH 值的测定

实验号	理论 pH 值	各组的体积/mL(总体积 50 mL)	精密 pH 试纸测定 pH 值	pH 计测定 pH 值
甲	4.0	0.1 mol/L HAc ( )mL		
		0.1 mol/L NaAc ( )mL		

续表

实验号	理论 pH 值	各组的体积/mL(总体积 50 mL)	精密 pH 试纸测定 pH 值	pH 计测定 pH 值
乙	7.0	0.1 mol/L NaH_2PO_4　(　　)mL		
		0.1 mol/L Na_2HPO_4　(　　)mL		
丙	10.0	0.1 mol/L $NH_3 \cdot H_2O$　(　　)mL		
		0.1 mol/L NH_4Cl　(　　)mL		

2. 缓冲溶液的性质

①取3支试管,依次加入蒸馏水,pH =4 的 HCl 溶液,pH =10 的 NaOH 溶液各3 mL,用 pH 试纸测其 pH 值,然后向各试管加入5滴0.1 mol/L HCl,再测其 pH 值。用相同的方法,试验5滴0.1 mol/L NaOH 对上述3种溶液 pH 值的影响。

将结果记录在表2.4中。

表2.4　数据记录表格

实验号	溶液的类别	pH 值	加5滴 HCl 后 pH 值	加5滴 NaOH 后 pH 值	加 10 mL 水后的 pH 值
1	蒸馏水				
2	pH =4 的 HCl 溶液				
3	pH =10 的 NaOH 溶液				

②取3支试管,依次加入自己配制的 pH =4.0,pH =7.0,pH =10.0 的缓冲溶液各3 mL。然后向各试管加入5滴0.1 mol/L HCl,用精密 pH 试纸测其 pH 值。用相同的方法,试验5滴0.1 mol/L NaOH对上述3种缓冲溶液 pH 值的影响。

将结果记录在表2.5中。

表2.5　数据记录表格

实验号	溶液的类别	pH 值	加5滴 HCl 后 pH 值	加5滴 NaOH 后 pH 值	加 10 mL 水后的 pH 值
1	pH =4 的缓冲溶液				
2	pH =7 的缓冲溶液				
3	pH =10 的缓冲溶液				

③取4支试管,依次加入 pH =4.0 的缓冲溶液,pH =4 的 HCl 溶液,pH =10 的缓冲溶液,pH =10 的 NaOH 溶液各1 mL,用精密 pH 试纸测定各试管中溶液的 pH 值。然后向各试管中加入10 mL 水,混匀后再用精密 pH 试纸测其 pH 值,考查稀释上述4种溶液 pH 值的影响。将实验结果记录于表2.6。

通过以上实验结果,说明缓冲溶液的什么性质?

表 2.6 数据记录表格

实验号	溶液的类别	pH 值	加 5 滴 HCl 后 pH 值	加 5 滴 NaOH 后 pH 值	加 10mL 水后的 pH 值
1	蒸馏水				
2	pH =4 的 HCl 溶液				
3	pH =10 的 NaOH 溶液				
4	pH =4 的缓冲溶液				
5	pH =10 的缓冲溶液				

3. 缓冲溶液的缓冲容量

①缓冲容量与缓冲组分浓度的关系

取两支大试管,在一试管中加入 0.1 mol/L HAc 和 0.1 mol/L NaAc 各 3 mL,另一试管中加入 1 mol/L HAc 和 1 mol/L NaAc 各 3 mL,混匀后用精密 pH 试纸测定两试管内溶液的 pH 值(是否相同)? 在两试管中分别滴入两滴甲基红指示剂,溶液呈何色?(甲基红在 $pH < 4.2$ 时呈红色,$pH > 6.3$ 时呈黄色)。然后在两试管中分别逐滴加入 1 mol/L NaOH 溶液(每加入 1 滴 NaOH 均需摇匀),直至溶液的颜色变成黄色。记录各试管所滴入 NaOH 的滴数,说明哪一试管中缓冲溶液的缓冲容量大。

②缓冲容量与缓冲组分比值的关系

取两支大试管,用吸量管在一试管中加 NaH_2PO_4 和 Na_2HPO_4 各 10 mL,另一试管中加入 2 mL 0.1 mol/L NaH_2PO_4、18 mL 0.1 mol/L Na_2HPO_4,混匀后用精密 pH 试纸分别测量两试管中溶液的 pH 值。然后在每试管中各加 1.8 mL 0.1 mol/L NaOH,混匀后再用精密 pH 试纸分别测量两试管中溶液的 pH 值。说明哪一试管中缓冲溶液的缓冲容量大。

五、注意事项

①缓冲溶液的配制要注意精确度。

②了解 pH 计的正确使用方法,注意电极的保护。

六、实验习题

①为什么缓冲溶液具有缓冲作用?

②$NaHCO_3$ 溶液是否具有缓冲作用? 为什么?

③用 pH 计测定溶液 pH 值时,已经标定的仪器,"定位"调节是否可改变位置? 为什么?

④缓冲溶液的 pH 值由哪些因素决定?

缓冲溶液配制操作考核评分表见表 2.7。

表 2.7 缓冲溶液配制操作考核评分表

项目	评分要素	配分	评分标准	扣分	得分	备注
pH 计的使用(35 分)	pH 计的部件及其功能	3	明确			
	仪器的准备	2	按要求检查完好			

续表

项目	评分要素	配分	评分标准	扣分	得分	备注
pH计的使用(35分)	预热	2	预热20 min			
	复合电极的准备	3	使用前浸泡24 h			
	电极的链接	2	正确			
	量程挡选择	3	正确,pH挡			
	温度补偿旋钮	3	旋在待测液体温度处			
	定位操作	3	正确			
	定斜率操作	3	正确			
	测定操作	6	正确			
	读数、记录	5	正确,规范			
pH的测定(30分)	粗测待测水样pH	2	用pH试纸测出			
	溶液温度	3	用温度计正确测出			
	复合电极的准备	5	用纯水洗净,吸干			
	校正仪器	4	已校正			
	测定	5	正确			
	读数	3	正确			
	记录	3	及时、规范			
	测定结果的准确性	5	符合要求			
结束工作(15分)	整理实验台	5	摆放整齐,擦拭干净			
	仪器清洗与放置	5	洗净,有序地放置于柜中			
	完成时间	5	规定时间内完成			
实验素质(20分)	实验中的创新	10	有			
	实验中问题的解决	5	能正确处理与解决			
	废物处理	5	及时倒入指定的地方			

附:酸度计的使用

酸度计是用来测定溶液pH值的最常用仪器之一。其优点是使用方便、测量迅速。它主要由参比电极、指示电极和测量系统3部分组成。参比电极常用的是饱和甘汞电极,指示电极则通常是一支对H^+具有特殊选择性的玻璃电极。组成的电池可表示如下:玻璃电极|待测溶液‖饱和甘汞电极。

鉴于由玻璃电极组成的电池内阻很高,在常温时达几百兆欧,因此,不能用普通的电位差计来测量电池的电动势。

酸度计的种类很多,现以PHS-2型酸度计为例说明它的使用。此酸度计可测量pH值和电动势,如图 2.7 所示。

图 2.7　PHS-2 型酸度计

测量范围:pH:0 ~ 14,量程分七挡,每挡为 2 pH; mV: 0 ~ ±1 400 mV,每挡为 200 mV。

用本仪器测量 pH 的方法如下:

1. 安装

将玻璃电极和饱和甘汞电极分别夹在仪器右侧的电极杆上,并将玻璃电极插头插入玻璃电极插孔内,而将甘汞电极引出线接到甘汞电极接线柱上。注意,必须使玻璃电极底部比甘汞电极陶瓷芯端稍高些,以防碰坏玻璃电极。

2. 校正

①接通电源,按下 pH 键,左上角指示灯亮,预热 10 min。

②将温度补偿调节器调节到待测溶液温度值。

③将 pH-mV 分挡开关置于“6”,调节零点调节器;使表针在“1”的位置;此时 pH =6 +1 =7。

④将 pH-mV 分挡开关置于“校正”处,调节校正调节器,使指针指在满刻度。

⑤将 pH-mV 分挡开关置于“6”,重复检查表针指“1”的位置。

⑥重复上述③、④步骤(须待仪表指示稳定后进行调整)。

⑦pH-mV 分挡开关置于“6”位置。

3. 定位

在烧杯内放入已知 pH 值的缓冲溶液,将二电极浸入溶液中,按下读数开关,调节校正调节器,使表针指示在该 pH 值(即 pH-mV 分挡开关指示值加上表针的指示值)。摇动烧杯,若指针有偏离,应再调节定位调节器使之指在已知 pH 值处。

4. 测量

①放开读数开关。

②移去缓冲溶液烧杯,用蒸馏水洗净电极,并用滤纸吸干,再将电极插入待测溶液烧杯中。

③按下读数开关,调节 pH-mV 分挡开关,使能读出指示值。调节方法是:若指针打出左面刻度,应减小 pH-mV 分挡开关值;若指针打出右面刻度则应增加 pH-mV 分挡开关值。

【技能训练七】　恒温槽的装配和性能测试

一、实验目的

①了解恒温槽的构造及恒温原理,初步掌握其装配和调试的基本技术。

②绘制恒温槽灵敏度曲线。

③掌握水银接点温度计、继电器的基本测量原理和使用方法。

二、恒温槽的构造及恒温原理

恒温槽是物理、化学实验室中常用设备之一。当实验需要在某一温度下进行时，可把待测系统浸入恒温槽中，通过对恒温槽温度的调节，可保持系统控制在某一恒定温度。恒温槽中的液体介质可根据温度控制的范围而异。比较常用的是恒温水浴，其装置见图2.8所示。

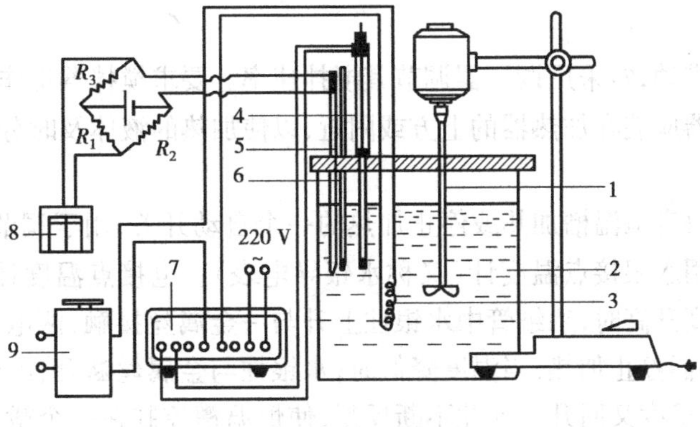

图2.8　恒温槽的结构

1—搅拌器；2—浴槽；3—电加热器；4—接点温度计；5—热敏电阻温度计；6—1/10 ℃温度计；7—晶体管继电器；8—自动记录仪；9—调压器

恒温槽是由浴槽、温度调节器（水银接点温度计）、继电器、加热器、搅拌器及温度计组成。恒温槽的工作原理如图2.9所示。将恒温系统放在浴槽中，当浴槽温度低于恒定温度时，温度调节器通过继电器的作用，使加热器加热；当浴槽温度高于所恒定的温度时即停止加热。因此，浴槽温度在一微小的区间波动，而置于浴槽中的系统，温度也被限制在相应的微小区间内达到恒温的要求。

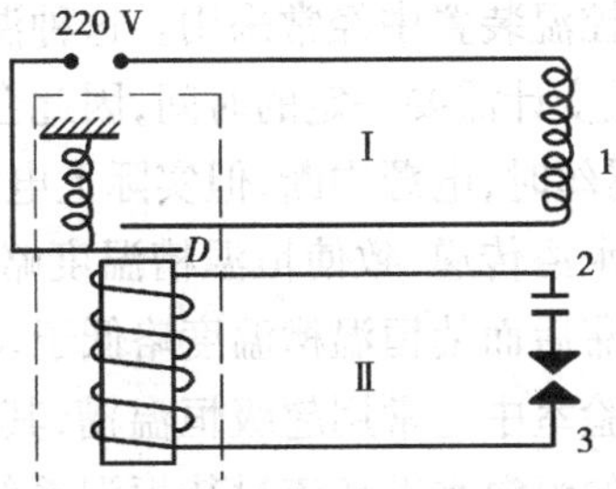

图2.9　恒温槽工作原理示意图

1—加热器；2—直流电源；3—温度调节器

恒温槽各部分设备介绍如下：

1. 浴槽

浴槽包括容器和液体介质。根据实验要求选择容器大小，一般选择10 L或20 L的圆形玻璃槽。可用以下液体介质：-60～30 ℃用乙醇或乙醇水溶液；0～90 ℃用水；80～160 ℃用甘油或甘油水溶液；70～300 ℃用液状石蜡、汽缸润滑油、硅油。在常温下，多采用水作为恒温介质。为避免水分蒸发，当温度高于50 ℃时，常在水面上加一层液状石蜡。

2. 加热器

常用电加热器(如电阻丝等),要求加热器热惰性小、导热性好、面积大、功率适当。加热器功率大小会影响温度控制的灵敏度,通常在加热器线路中加一调压变压器,以调节加热器功率大小。

3. 温度计

恒温槽中常用一支1/10 ℃水银温度计(0～100 ℃,分度值为0.1 ℃)用于测量浴槽的温度。

4. 搅拌器

搅拌器以马达带动,常采用调压器调节其搅拌速率。要求搅拌器工作时,振动小、噪声低、能连续运转。搅拌器应装在加热器的上方或附近,以使加热的液体及时分散,混合均匀。

5. 温度调节器

温度调节器是决定恒温槽加热或停止加热的一个自动开关,用于调节恒温槽所要求控制的温度。实验室常用水银接点温度计(又称水银导电表)。电接点温度计是一支可以导电的特殊温度计。当温度升高时,毛细管中水银柱上升与一金属丝接触,两电极导通,使继电器线圈中电流断开,加热器停止加热;当温度降低时,水银柱与金属丝断开,继电器线圈通过电流,使加热器线路接通,温度又回升。如此不断反复,使恒温槽控制在一个微小的温度区间波动,被测体系的温度也就限制在一个相应的微小区间内,从而达到恒温的目的。

水银接点温度计只能作为温度的调节器,不能作为温度的指示器,恒温槽的温度另由精密温度计指示。

6. 继电器

继电器种类很多,在物理、化学实验室常采用电子继电器(由控制电路和继电器组成)。继电器必须和电接点温度计、加热器配套使用。继电器与加热器和接点温度计和加热器相连,组成温度控制系统。

电子继电器灵敏度很高,在控温装置中经常采用。这种温度控制属于“通”“断”类型。由于加热器将热传递给水银接点温度计需要一定的时间,因此会出现温度传递的滞后,即当水银接点温度计的水银触及控温金属丝时,电源中断,但实际上电加热器附近的水温已超过设定温度。另外,电加热器还有余热向水浴传递,致使恒温槽温度略高于设定温度。同理,在电源接通过程中,也会出现温度传递的滞后而使恒温槽温度略低于设定温度。

除上述的一般恒温槽外,实验室中还常用超级恒温槽,其原理和一般恒温槽相同,只是它另附有一循环水泵,能使浴槽中的恒温水循环流过待恒温系统,使试样恒温,而不必将待恒温系统浸没在浴槽中。

衡量恒温水浴的品质好坏,可用恒温水浴灵敏度来度量。通常以实测的最高温度值与最低温度值之差的一半数值来表示其灵敏度。

三、实验仪器

恒温槽1套:玻璃缸、电动搅拌器D8401-ZH、水银温度计(0～100 ℃,分度值为0.1 ℃)、电加热器、水银接点温度计、继电器、调压器;热敏电阻温度计、电阻箱、甲电池、电桥盒、记录仪、放大镜等各一个。

四、实验步骤

实验条件记录：

实验前温度(℃)________；实验后温度(℃)________；实验前大气压(kPa)________；实验后大气压(kPa)________。

①恒温槽的装配。根据所给原件和仪器，按图2.8安装恒温槽，接好线路，经教师检查后方可接通电源。

②恒温槽的调试。玻璃缸中加入去离子水，约总容积的4/5。打开搅拌器(中速搅拌)、继电器，旋开接点温度计上端磁性调节帽固定螺钉，调节设定温度至要比实际设定的温度低一些的位置(因为温度调节指示标尺的刻度一般不是很准确，适当调低一点防止超过需要设定的温度)。为了保证恒温效果，单加热型恒温槽温度设定最低值一般要高于室温8~10 ℃，加热开始。开始可将加热电压调到200 V左右，待接近设定温度时，适当降低加热电压。仔细观察1/10 ℃温度计，当水槽温度将要达到设定值时，旋转磁性调节帽，使接点温度计上部的金属丝与水银处于通断的临界状态，可通过继电器指示灯判断。再观察1/10 ℃温度计，所示温度是否是要设定的温度，进行进一步调整。最后拧紧磁性调节帽的固定螺钉。

③测定热敏电阻温度计的仪器常数(℃/格)，将恒温槽温度升高，用放大镜观察1/10 ℃温度计，记录温度升高0.3~0.5 ℃记录笔移动的格数。实验结束剪下记录纸，将仪器复原。

④恒温槽灵敏度的测定是在指定温度下(如25 ℃)，用较高灵敏度的温度计(如贝克曼温度计)记录温度随时间的变化，隔一分钟记录一次温度计读数，测定30 min，然后以温度为纵坐标，时间为横坐标绘制成温度-时间曲线。

⑤实验完毕后，关闭电源，整理实验台。

注意：加热时，最后插加热管的插头，关闭电源时，首先拔掉加热管的插头。

五、实验数据处理

1. 热敏电阻温度计仪器常数测量结果

测定热敏电阻温度计的仪器常数的数据见表2.8(原始曲线请见附录中所附记录纸)。

表2.8 热敏电阻仪器常数测定数据记录

实验次数	起始温度/℃	终止温度/℃	温度变化/℃	记录笔移动格数	仪器常数(℃/格)
1					
2					

取两次测量的平均值为仪器常数，得到仪器常数是℃/格。

2. 以时间为横坐标，温度为纵坐标作图，分析实验结果，见表2.9。

表2.9

时间/min	0	1	2	3	4	5	6	7	8	9	10	11	12	13
温度/℃														

表 2.10　恒温槽的装配和性能测试操作考核评分表

项目	评分要素	配分	评分标注	扣分	得分	备注
接点温度计(20 分)	温度的设定	6	正确			
	温度的调节	8	正确			
	使用后放置	6	调至常温以上			
恒温槽的使用与安装(30 分)	各部件的准备	5	齐全			
	恒温槽的安装	10	正确			
	恒温槽温度的控制	10	在规定值			
	精确温度计的读数	5	正确			
恒温槽的使用与安装(15 分)	数据的记录	5	及时、规范			
	灵敏度曲线的绘制	5	正确			
	使用后放置	5	倒出,擦干,盖防尘罩			
结束工作(15 分)	整理实验台	5	摆放整齐,擦拭干净			
	仪器清洗与放置	5	洗净,有序放置于柜中			
	完成时间	5	规定时间内完成			
实验素质(20 分)	实验中的创新	10	有			
	实验中问题的解决	10	能正确处理与解决			

六、实验习题

①恒温槽中水的温度、加热电压是否有特别要求？为什么？

②简要说明恒温槽由哪些部件组成。你在哪些物理、化学实验中用了恒温技巧？试举出3个实验实例。

③影响恒温槽灵敏度的因素主要有哪些？作简要分析。

④欲提高恒温浴的控温精度(或灵敏度),应采取哪些措施？

第3章 物理化学量的测定技术

【技能训练八】 沸点的测定

一、实验目的

①掌握蒸馏的原理和实验方法。

②了解测定沸点的意义。

③掌握常量法(即蒸馏法)测定沸点的原理和方法。

二、实验原理

液体的蒸汽压随液体的温度升高而加大，当液体本身蒸汽压与外界大气压相等时，液体呈沸腾状态。此时的温度就是该液体的沸点。通常的沸点是指在 760 mmHg 压力下液体的沸腾温度。

蒸馏就是将液态物质加热到沸腾变为蒸汽，又将蒸汽冷却为液体这两个过程的联合操作。纯液态有机物在蒸馏过程中沸点范围很小(0.5 ~1 ℃)，所以可以利用蒸馏来测定沸点。

在通常情况下，纯粹的液态有机物在大气压下有一定的沸点。所以测定沸点可以鉴别液体有机物或确定其纯度。某些有机物往往能和其他组分形成二元或三元恒沸混合物，它们也有一定的沸点。因此，不能认为沸点一定的物质都是纯物质。

用蒸馏法测定沸点称为常量法。此法用量较大，要求预测物质在 10 mL 以上，若量太小，可用微量法测定。

三、实验装置

蒸馏装置如图 3.1 所示。

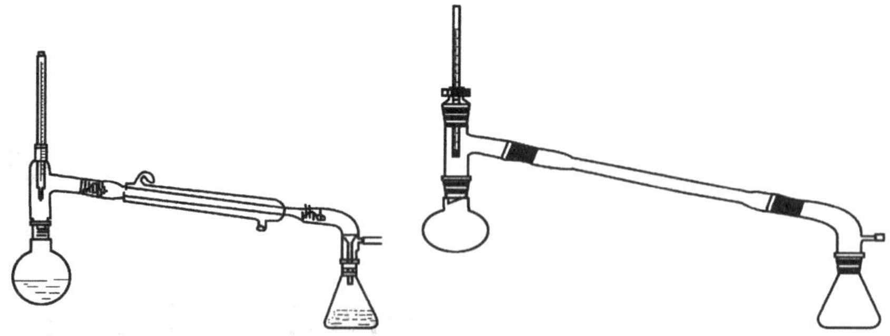

图 3.1　蒸馏装置

四、实验仪器、器材名称及药品

250 mL 圆底烧瓶、蒸馏头、200 ℃温度计、14#温度计套管、直形冷凝管、接液管、100 mL 三角烧瓶、50 mL 量筒、玻璃漏斗、调温电热套、升降台、铁架台、万用夹、双口夹、乳胶管、高锰酸钾水溶液、40 ~60 目人造沸石。

五、实验步骤

1. 安装

按蒸馏装置(见图 3.1)安装蒸馏装置(蒸馏装置的装配顺序一般是先从热源开始,然后由下而上,由左至右)。

2. 加料

通过玻璃漏斗向 250 mL 圆底烧瓶里加入 150 mL 高锰酸钾水溶液,不要使液体从支管流出。并加入几粒人造沸石(量为 2 ~3 个小米粒大小体积即可)。

3. 加热

应先向冷凝管中缓慢通入冷凝水后,再开始加热,使之沸腾进行蒸馏,控制加热程度,使蒸馏速度以每秒滴出 1 ~2 滴馏出液为宜。

4. 馏出液的收集

在蒸馏过程中,应使温度计水银球常有被冷凝的液滴润湿,此时的温度计读数就是馏出液的沸点。收集所需温度范围的馏出液。本实验当收集大约 50 mL 溜出液即可停止蒸馏,实验结束,并记录第一滴馏出液进入三角烧瓶时的温度与最后一滴馏出液进入三角烧瓶时的温度。

5. 仪器的拆卸

蒸馏完毕,先应拔下电源插头,再移走电热套,然后停止通水,最后拆除蒸馏装置(与安装顺序相反)。

六、注意事项

①安装装置时,要求从下至上、从左到右的顺序安装。装置要正确、稳妥。实验结束后,拆卸装置与此次序刚好相反。

②蒸馏操作：

a. 加料。

b. 沸石。

c. 通冷凝水。

d. 加热。

e. 蒸馏完毕先撤火，再停止通水。

蒸馏过程中请思考以下问题：

①加热使欲蒸馏的液体刚好沸腾时，温度计的读数可能是多少？能否为100 ℃？为什么？

②蒸馏时温度计水银球上是否应有液滴存在？为什么？若没有液滴，将会产生什么影响？

③蒸馏实验中，理论的蒸馏速度为1～2滴/s，你在实验的时候若观察到的蒸馏速度过快或过慢，请分析可能存在哪些影响因素。

④蒸馏前后，蒸馏烧瓶内的高锰酸钾水溶液的颜色是变深了还是变浅了？若颜色变浅了，该如何解释？

⑤用蒸馏进行分离和提纯液体有机化合物时，能否可将蒸馏烧瓶内的液体蒸干？

七、实验记录

待蒸馏液体的体积：________毫升　　颜色：________色

收集到的馏出液（产品）体积：________毫升　　颜色：________色

第一滴馏出液进入三角烧瓶时的温度：________℃

最后一滴馏出液进入三角烧瓶时的温度：________℃

收集到的馏出液的沸程：________℃

八、实验习题

①普通蒸馏的原理和目的是什么？

②蒸馏时为何要加入止暴剂？加热后发现忘了加入止暴剂，应怎么操作？

③欲蒸馏60 mL丙酮（沸点56.5 ℃），你如何选择仪器和热源？

④如果某液体有恒定的沸点，是否可确定其为单纯的物质？

⑤在蒸馏装置中，温度计水银球的位置不符合要求会带来什么结果？

⑥蒸馏时加热的快慢，对实验结果有何影响？为什么？

⑦冷凝管通水方向是由下而上，反过来行吗？为什么？

沸点的测定操作考核评分见表3.1。

表3.1　沸点的测定操作考核评分表

项目	评分要素	配分	评分标准	扣分	得分	备注
沸点测定装置的安装（15分）	物件的准备	3	齐全、洁净			
	塞子的打孔	3	孔径合适，有侧孔			
	温度计插入塞子的方式	3	旋入			
	温度计位置	3	按规定位置放置			
	装置安装效果	3	整齐划一、规范			

续表

项目	评分要素	配分	评分标准	扣分	得分	备注
沸点的测定（50分）	试样的准备	5	按要求准备到位			
	温度计位置	2	处于正确位置			
	试样液加入	3	方法正确			
	浴液的量	2	符合规定的量			
	装置的安装	3	准确、规范、稳固			
	加热操作	10	加热速度控制适当			
	现象的观察	10	仔细、准确			
	沸点值的读取	5	正确			
	测定结果的准确性	5	准确			
	沸点值的校正	5	进行			
结束工作（15分）	整理实验台	5	摆放整齐，擦拭干净			
	仪器清洗与放置	5	洗净，有序放置于柜中			
	完成时间	5	规定时间内完成			
实验素质（20分）	实验中的创新	10	有			
	实验中问题的解决	5	正确处理与解决			
	废液处理	5	及时倒入指定的地方			

【技能训练九】 旋光度的测定

一、实验目的

①了解旋光仪的构造。

②掌握使用旋光仪测定物质的旋光度。

③学习比旋光度的计算。

二、实验原理

1. 旋光现象和旋光度

一般光源发出的光，其光波在垂直于传播方向的一切方向上振动，这种光称为自然光，或称非偏振光；而只在一个方向上有振动的光称为平面偏振光。当一束平面偏振光通过某些物质时，其振动方向会发生改变，此时光的振动面旋转一定的角度，这种现象称为物质的旋光现象，这种物质称为旋光物质。尼柯尔（Nicol）棱镜就是利用旋光物质的旋光性而设计的。

从钠光源发出的光，通过一个固定的 Nicol 棱镜——起偏镜变成平面偏振光。平面偏振光通过装有旋光物质的盛液管时，偏振光的振动平面会向左或向右旋转一定的角度。只有将检偏棱镜向左或向右旋转同样的角度才能使偏振光通过到达目镜。向左或向右旋转的角度可从旋光仪刻度盘上读出，即为该物质的旋光度。

2. 旋光仪和旋光度的测定

旋光仪就是利用检偏镜来测定旋光度的。如调节检偏镜使其透光的轴向角度与起偏镜的透光轴向角度互相垂直，则在检偏镜前观察到的视场呈黑暗，再在起偏镜与检偏镜之间放入一个盛满旋光物质的样品管，由于物质的旋光作用，使原来由起偏镜出来的偏振光转过一个角度 α，所以视野不呈黑暗。必须将检偏镜也相应地转过一个 α 角度，这样视野才能重新恢复黑暗。因此，检偏镜由第一次黑暗到第二次黑暗的角度差，即为被测物质的旋光度。

如果没有比较，要判断视场的黑暗程度是困难的，因此设计了一种三分视界（也可设计成二分视界），以提高测量的准确度。三分视野的装置和原理如下：在起偏镜后的中部装一块狭长的石英片（见图3.2），其宽度约为视野的1/3。由于石英片具有旋光性，从石英片透过的那一部分偏振光被旋转了一个角度 α。如图3.3(a)所示，视野中间一条是黑暗的，两边较亮。如图3.3(b)所示，视野中3个区内的明暗相等，此时三分视野消失。如图3.3(c)所示，视野中间一条较亮，两边是黑暗的。

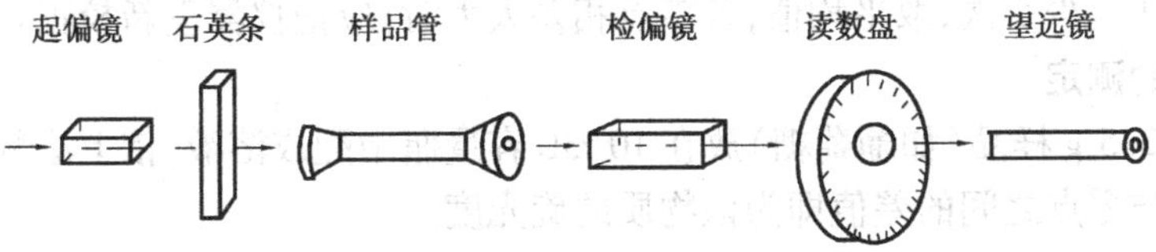

图3.2　旋光仪的构造及测定原理

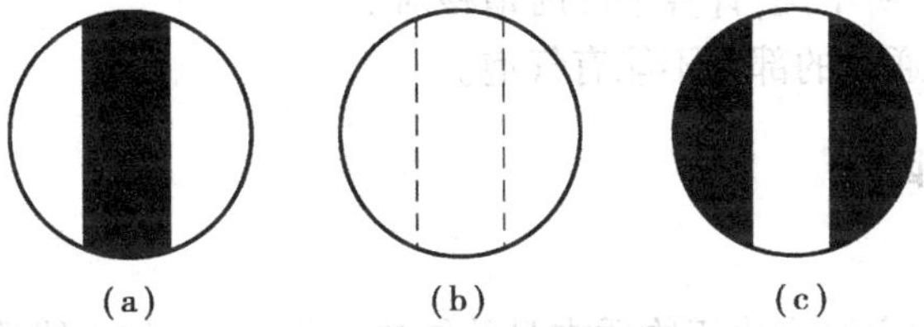

图3.3　三分视野示意图

具体办法是：首先打开钠光灯，稍等几分钟，待光源稳定后，从目镜中观察视野，如不清楚可调节目镜焦距。选用合适的样品管并洗净，充满无旋光性的蒸馏水（应无气泡），放入旋光仪的样品管槽中，调节检偏镜的角度使三分视野消失，读出刻度盘上的刻度并将此角度作为旋光仪的零点。零点确定后，将样品管中蒸馏水换为待测溶液，按同样方法测定，此时刻度盘上的读数与零点时读数之差即为该样品的旋光度。

三、计算公式

比旋光度是物质特性常数之一。测定旋光度，可检验旋光性物质的纯度和含量，即

$$\text{纯液体的比旋光度} = [a]_t^\lambda = \alpha / l\rho$$

$$\text{溶液的比旋光度} = [a]_t^\lambda = \alpha / l\rho_{\text{样品}} \times 100$$

式中　$[a]_t^\lambda$——表示旋光性物质在 t ℃，光源的波长为 λ 时的比旋光度；

α——标尺盘转动的角度读数（即旋光度），用旋光仪测定；

λ——光源的光波长；

l——样品管的长度,dm;

ρ——纯液体的密度,g/cm^3;

$\rho_{样品}$——样品的密度,g/cm^3。

四、仪器及药品

葡萄糖、容量瓶、旋光仪。

五、实验步骤

1. 旋光仪零点的校正

在测定样品前,需要先校正旋光仪的零点。

①将放样管洗好,左手拿住管子把它竖立,装上蒸馏水,使液面凸出管口。

②将玻璃盖沿管口边缘轻轻平推盖好,不能带入气泡,旋上螺丝帽盖,使之不漏水,不要拧得过紧。

③将样品管擦干,放入旋光仪内罩上盖子,开启钠光灯,将标尺盘调至零点左右,旋转粗动、微动手轮,使视场内Ⅰ和Ⅱ部分的亮度均一,记下读数。

④重复操作至少5次,取平均值,若零点相差太大时,应把仪器重新校正。

2. 旋光度的测定

准确称取2.5 g样品(如葡萄糖)放在10 mL容量瓶中配成溶液,依上法测定其旋光度,这时所得的读数与零点之间的差值即为该物质的旋光度。

注意:

①样品管的长度有所不同,计算浓度时请核对。

②样品管中,光路通过的部分不能有气泡。

六、影响旋光度的因素

1. 溶剂的影响

旋光物质的旋光度主要取决于物质本身的结构。另外,还与光线透过物质的厚度、测量时所用光的波长和温度有关。如果被测物质是溶液,影响因素还包括物质的浓度,溶剂也有一定的影响。因此旋光物质的旋光度,在不同的条件下,测定结果通常不一样。因此一般用比旋光度作为量度物质旋光能力的标准,其定义式为

$$[a]_t^D = \frac{10\alpha}{lc}$$

式中 D——光源,通常为钠光D线;

t——实验温度;

α——旋光度;

l——液层厚度,cm;

c——被测物质的浓度(以每毫升溶液中含有样品的克数表示)。

在测定比旋光度$|a|_t^D$值时,应说明使用什么溶剂。如不说明,一般指水为溶剂。

2. 温度的影响

温度升高会使旋光管膨胀而长度加长,从而导致待测液体的密度降低。另外,温度变化还

会使待测物质分子间发生缔合或离解,使旋光度发生改变。为此在实验测定时必须恒温,旋光管上装有恒温夹套,与超级恒温槽连接。

3. 浓度和旋光管长度对比旋光度的影响

在一定的实验条件下,常将旋光物质的旋光度与浓度视为成正比,因为将比旋光度作为常数。而旋光度和溶液浓度之间并不是严格地呈线性关系,因此严格讲比旋光度并非常数,在精密的测定中,比旋光度和浓度间的关系可用下面的 3 个方程之一表示,即

$$[a]_t^\lambda = A + Bq$$

$$[a]_t^\lambda = A + Bq + Cq^2$$

$$[a]_t^\lambda = A + Bq/(C + q)$$

式中　q——溶液的百分浓度;

A,B,C——常数,可通过不同浓度的几次测量来确定。

旋光度与旋光管的长度成正比。旋光管通常有 10,20,22 cm 3 种规格。经常使用的有 10 cm 长度的。但对旋光能力较弱或者较稀的溶液,为提高准确度,降低读数的相对误差,需用 20 cm 或 22 cm 长度的旋光管。

七、注意事项

旋光仪在使用时,需通电预热几分钟,但钠光灯使用时间不宜过长。旋光仪是比较精密的光学仪器。使用时,仪器金属部分切忌沾污酸碱,防止腐蚀。光学镜片部分不能与硬物接触,以免损坏镜片。不能随便拆卸仪器,以免影响精度。

八、自动指示旋光仪结构及测试原理

目前国内生产的旋光仪,其三分视野检测、检偏镜角度的调整,采用光电检测器。通过电子放大及机械反馈系统自动进行,最后数字显示。该旋光仪具有体积小、灵敏度高、读数方便、减少人为的观察三分视野明暗度相同时产生的误差,对弱旋光性物质同样适应。

旋光仪的测定操作考核评分见表 3.2。

表 3.2　旋光仪的测定操作考核评分表

	评分要素	配分	评分标准	扣分	得分	备注
旋光仪的调零(30 分)	旋光仪各部件及其功能	2	清楚,熟悉			
	仪器的准备	5	按要求检查完好			
	预热	2	预热 5 min			
	旋光管中装入蒸馏水	3	无气泡			
	旋光管放入位置	3	正确,突出端朝上			
	旋光仪的调节至读数	5	有三分视野出现			
	读数	5	正确、准确			
	记录	5	及时、规范			

续表

	评分要素	配分	评分标准	扣分	得分	备注
比旋光度的测定(35 分)	旋光管的准备	5	洁净、润洗			
	装入葡萄糖溶液	2	无气泡			
	旋光管放入位置	3	正确,突出端朝上			
	旋光仪的调节至读数	5	有三分视野出现			
比旋光度的测定(35 分)	读数	5	正确、准确			
	记录	5	及时、规范			
	数据处理	5	正确			
	测定结果的准确性	5	准确			
结束工作(15 分)	整理实验台	5	摆放整齐,擦拭干净			
	仪器清洗与放置	5	洗净,有序放置于柜中			
	完成时间	5	规定时间内完成			
实验素质(20 分)	实验中的创新	10	有			
	实验中问题的解决	5	能正确处理与解决			
	废物处理	5	及时倒入指定的地方			

现以 WZZ-2 型自动数字显示旋光仪说明其工作原理。该仪器用 20 W 钠光灯为光源,光线通过聚光镜、小孔光柱和物镜后形成一束平行光,然后经过起偏镜后产生平行偏振光,这束偏振光经过有法拉第效应的磁旋线圈时,其振动面产生 50 Hz 的一定角度的往复振动,该偏振光线通过检偏镜透射到光电倍增管上,产生交变的光电信号。当检偏镜的透光面与偏振光的振动面正交时,即为仪器的光学零点,此时出现平衡指示。而当偏振光通过一定旋光度的测试样品时,偏振光的振动面转过一个角度 α,此时光电信号就能驱动工作频率为 50 Hz 的伺服电机,并通过蜗轮杆带动检偏镜转动 α 角而使仪器回到光学零点。此时,读数盘上的示值即为所测物质的旋光度。

【技能训练十】 熔点的测定(一)

一、实验目的

①了解熔点测定的意义。
②掌握测定熔点的操作。

二、实验原理

每一个晶体都具有一定的熔点,熔点就是化合物熔化时固液两态在大气压下成平衡的温度。一个纯化合物从始熔到全熔的温度范围称为熔距(熔点范围或熔程),一般为0.5~1 ℃。若含有杂质则熔点下降,熔距增大。大多数有机化合物的熔点都在300 ℃以下,较易测定。

三、仪器及药品

b形管、酒精灯、温度计、浓硫酸、尿素、肉桂酸、尿素和肉桂酸的混合物(质量比1∶1)。

四、实验内容

1. 熔点管的拉制

用内径为1 mm、长60~70 mm、一端封闭的毛细管作为熔点管。拉制方法见“第1章[技能训练三]玻璃管(棒)的加工和塞子的钻孔”。

2. 样品的填装

将待测样品从干燥器中取出,在研钵中迅速研磨成很细的粉末,堆积在一起。将熔点管开口端向下插入粉末中,反复2~3次,然后将熔点管开口端朝上,封口端轻轻在桌面上敲击,使样品聚集于管内封口端。或取一支长30~40 cm的干净的长玻璃管,垂直于桌面上,将熔点管开口端朝上从玻璃管上端自由落下,以便使粉末试样装填紧密结实,受热时才均匀。装入的试样如有空隙则传热不均匀,影响测定结果。上述操作要重复数次,直至样品高度与所用温度计水银球高度相当时为止。操作要迅速,防止样品吸潮。沾在毛细管外的粉末必须擦干净,以免污染加热浴液(本实验为浓硫酸)。

注意:

①样品要研得很细。

②装样品要迅速。

③样品结实均匀无空隙。

3. 测定熔点的装置

毛细管法测定熔点的装置很多,本实验采用最常用的装置,如图3.4(b)所示。此装置主要仪器是提勒氏管(又称b形管、熔点测定管)。将b形管夹在铁架台上,侧管向左。将浓硫酸装入b形管中至高出上侧管约0.5 cm为宜。b形管管口配一单孔缺口软木塞,将温度计插

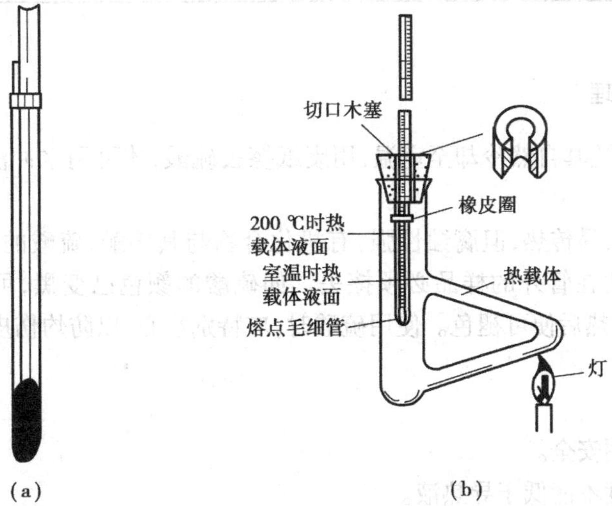

图3.4　熔点测定管

入孔中,刻度应向软木塞缺口且都对着观察者,以便读数。用橡皮圈把毛细管附着在温度计旁,使样品高度与温度计水银球高度重合,如图 3.4(a)所示。温度计在 b 形管中的位置以水银球中心恰在 b 形管的两侧管连接部分的中部为准。

4. 熔点测定方法

熔点测定的关键操作之一就是控制加热速度,使热能透过毛细管,样品受热熔化,令熔化温度与温度计所示温度一致。一般方法是先快速加热一下,粗测化合物的熔点,再作第二次测定。测定前,先待热浴温度降至熔点约 30 ℃以下,换一根样品管慢慢加热,一开始 5 ℃/min 的速度升温,当达到熔点下约 15 ℃时,以 1 ~2 ℃/min 的速度升温,接近熔点时,以 0.2 ~0.3 ℃/min 的速度升温,当毛细管中样品开始塌落和有湿润现象,出现下滴液体时,表明样品已开始熔化,为始熔,记下温度,继续微热,至成透明液体,记下温度为全熔温度。

熔点测定,至少有两次重复的数据,每一次测定都必须更换新的熔点管。

本实验测定的数据见表 3.3。

表 3.3　尿素、肉桂酸及其混合物的熔点测定数据纪录

试样	测定值/℃		平均值/℃	
	初熔	全熔	初熔	全熔
尿酸				
肉桂酸				
尿酸 + 肉桂酸（质量比 1:1）				

五、实验结束处理

把温度计放好,让其自然冷却至室温,用废纸擦去硫酸,才可用水冲洗,浓硫酸冷却后,方可倒回瓶中。

注:浓硫酸价廉,易传热,但腐蚀性强,有机化合物与其接触,硫酸的颜色会变黑,妨碍观察,故装填样品时,沾在管外的样品必须擦去。如硫酸的颜色已变黑,可酌情加少许硝酸钠(或硝酸钾)晶体,加热后便可褪色。使用硫酸时,应特别小心,以防灼伤皮肤。

六、注意事项

①酒精灯的使用安全。

②熔点管的高度不能低于导热液。

③第二次测定时导热液要冷却,测完后导热液要回收。

④测定熔点时升温的速度要控制好。

七、实验习题

①若样品研磨得不细，对装样品有什么影响？对测定有机物的熔点数据是否可靠？

②加热的快慢为什么会影响熔点？

③是否可以使用第一次测定熔点时已经熔化了的有机化合物再作第二次测定呢？为什么？

【技能训练十一】　熔点的测定(二)(显微熔点仪测定高聚物的熔点)

物质的熔点是指该物质由固态变为液态时的温度。不同的物质及不同的纯度有不同的熔点。所以熔点的测定是辨认物质及其纯度的重要方法之一，熔点的测定在化学工业、医药工业等行业中占有很重要的地位。

显微熔点测定仪广泛应用于医药、化工、纺织、橡胶等方面的生产化验、检验，也广泛应用于高等院校、科研院所等单位，对单晶或共晶等有机物质的分析、工程材料和固体物质的研究、观察物体在加热状态下的形变、色变及物体的三态转化等物理变化的过程提供了有利的熔点测定装置。

一、实验目的

结晶聚合物如尼龙、聚烯烃、聚酯等材料，是晶相与非晶相共同存在的聚合物，它们不像低分子物质那样有一个明显的熔点，而是一个熔融范围。通过本实验，应达到下列目的：

①了解熔点测定的意义。

②熟悉熔点测定仪的结构和使用方法。

③学会用显微熔点测定仪测定结晶聚合物的熔点，并观察聚合物的熔融过程。

二、实验原理

显微熔点测定仪，其光学元件是由目镜、棱镜、物镜、反射镜、热台组光学元件及滤色片、偏光元件等组成。其光学原理是：利用反光镜元件引进光源，照亮被测物体，经过显微物镜放大，在目镜线视场里可清晰地看到从固态→液态熔融时的全过程。

利用偏光元件可观察各晶体物质的熔融状况。

热台组光学元件主要功能是隔绝外界干涉，尽可能防止热台腔内散热及存放被测物质。棱镜元件使目镜光路相对于物镜光路旋转 135°，这使操作者可以坐着使用仪器。例如，用白炽灯照明时红光太强，用蓝滤色片减少红光的透过，让蓝光透过多为好，用日光灯照明时，可不用滤色片，因为日光灯的光谱近似于太阳光谱。

显微熔点测定仪总备率为 100× =16× +6.3×，目镜为 16×，线视场为 11.5 mm，物镜为 6.3×，有效工作距离为 18.28 mm(热台上隔热片的上端面至物镜负片下端面)，物镜视场 1.9 mm。因此，要测物质的温度时，只要在两片玻璃片之间放入被测物质，一起放在热台腔内。使被测物质放在热台孔之间，再盖上隔热片，旋转反光镜，使光线照亮热台小孔，上下移动工作台。约在 18 mm 处时慢慢移动,从目镜视野里能清晰地看到被测物质为止。然后插上电源,观察显微镜下物质的状态。(盖玻片用 22 mm×22 mm×0.17 mm,载玻片用21 mm×26 mm×0.5 mm)这样就能测出物质熔融时的温度。显微熔点仪如图 3.5 所示。

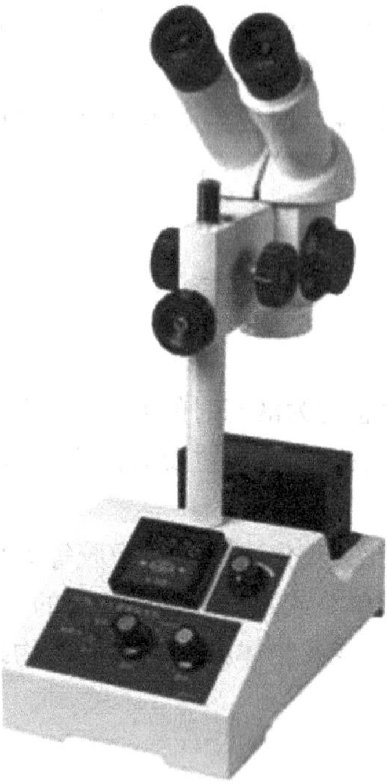

图 3.5 显微熔点仪

三、仪器、药品

①结晶高聚物样品。
②显微熔点测定仪(附载玻片盖玻片)。
③无水乙醇、剪刀、镊子、脱脂棉。

四、实验步骤

①对新购仪器电源接通,开关打到加热位置,从显微镜中观察热台中心光孔是否处于视场中,若左右偏,可左右调节显微镜来解决。前后不居中,可松动热台两旁的两只螺钉,注意不要拿下来,只要松动就可以了,然后前后推动热台上下居中即可,锁紧两只螺钉。在做推动热台时,为了防止热台烫伤手指,把波段开关和电位器扳到编号最小位置,即逆时针旋到底。

②进行升温速率调整,这可用秒表式手表来调整。在秒表某一值时,记录下这时的温度值,然后秒表转一圈(1 min)时再记录下温度值。这样连续记录下去,直到你所要求测量的熔点值时,其升温速率为 1 ℃/min。太快或太慢可通过粗调和微调旋钮来调节。注意即使粗调和微调旋钮不动,但随着温度的升高,其升温速率会变慢。

③测温仪的传感器上,把其插入热台孔到底即可,若其位置不对,将影响测量准确度。

④要得到准确的熔点值,先用熔点标准物质进行测量标定。求出修正值(修正值 = 标准值 - 所测熔点值),作为测量时的修正依据。注意:标准样品的熔点值应和你所需的样品熔点

值越接近越好。这时，样品的熔点值 = 该样品实测值 + 修正值。

⑤对待测样品要进行干燥处理，或放在干燥缸内进行干燥，粉末要进行研细。

⑥一般采用两片载玻片中间放置样品。当采用载-盖玻片测量时，建议将盖玻片（薄的一块）放在热台上，放上药粉，再放上载玻片测量。

⑦盖上隔热玻璃。

⑧松开显微镜的升降手轮，参考显微镜的工作距离，上下调节显微镜，直到从目镜中能看到熔点热台中央的待测物品轮廓时锁紧该手轮；然后调节调焦手轮，直到能清晰地看到待测物品的像为止。

⑨打开调压测温仪的电源开关。

⑩根据被测物品的熔点温度值，控制调温手钮1或2，以其在达到被测物品熔点前的升温过程中，前段（距熔点40 ℃左右）升温迅速（全部最高电压加热）、中段（距熔点10 ℃左右）升温减慢，后段（距熔点10 ℃以下）升温平稳（约每分钟升温1 ℃）。

⑪观察被测物品的熔化过程，记录初熔和全熔时的温度值，用镊子取下隔热玻璃和载玻片，完成一次测量。在数字温度显示最小一位（如8和7之间跳动时）应读为8.5 ℃。

⑫在重复测量时，开关处于中间关的状态，这时加热停止。将散热器放在热台上，使温度降至熔点值40 ℃以下时放入样品，开关打到加热时，即可进行重复测量。

⑬测试完毕，应切断电源，当热台冷却到室温时，方可将仪器装入包箱内。

⑭用过的载玻片可用乙醚擦拭干净，以备下次使用。

五、实验习题

①为什么测熔点过程中不同的阶段要进行升温速度的调节？

②待测样品为什么要进行干燥处理？

【技能训练十二】　熔点的测定（三）（数字熔点仪测定聚合物的熔点）

根据物理化学的定义，物质的熔点是指该物质由固态变为液态时的温度。不同的物质及不同的纯度有不同的熔点。在有机化学领域中，熔点测定是辨认物质本性的基本手段，也是纯度测定的重要方法之一。因此，熔点的测定在化学工业、医药工业等行业中占有很重要的地位。数字熔点仪采用光电检测、数字温度显示等技术，具有初熔、终熔自动显示等功能。温度系统应用了线性校正的铂电阻作检测元件，并用集成化的电子线路实现快速“起始温度”设定及8挡可供选择的线性升温速率自动控制。初熔读数可自动贮存，具有无需人监视的功能。

一、实验目的

①了解熔点测定的意义。

②熟悉数字熔点仪的结构和使用方法。

③学会用数字熔点测定仪测定结晶聚合物的熔点。

二、实验原理

数字熔点仪的工作原理基于以下事实：物质在结晶状态时反射光线，在熔融状态时透射光线。因此，物质在熔化过程中随着温度的升高会产生透光度的跃变。本仪器采用光电方式自动检测熔化曲线的变化。当温度达到初熔点和终熔点时，显示初熔温度及终熔温度，并保存至检测下一样品。

三、仪器的原理

自白炽灯源发生的光，经光纤穿过电热炉和毛细管座的透光孔会聚在毛细管中，透过熔融样品的光，由硅光电池接收。当温度上升时，样品在熔解的过程中，光通量变大，经微机记录，显示熔化曲线及初熔和终熔温度。温度检测采用直接插入毛细管座底部的铂电阻作探头，所得的测温信号经电压放大送至 A/D 转换器，由软件计算温度并显示。通过键盘输入可得到相应的升温速率。输入的起始温度经 D/A 转换器与测温单元所得的温度模拟电压一同送入加法器，其输出的偏差信号经调节器驱动加热执行。当电热炉实际温度高于 D/A 转换的模拟温度时，电热炉降温。当实际温度低于 D/A 转换的模拟温度时或未达到设定的起始温度时，加热电流加大。通过这样一个闭环系统及软件对温度的自动校正实现电热炉的跟随功能，同时也消除了季节温差对预置温度的影响。

四、仪器及药品

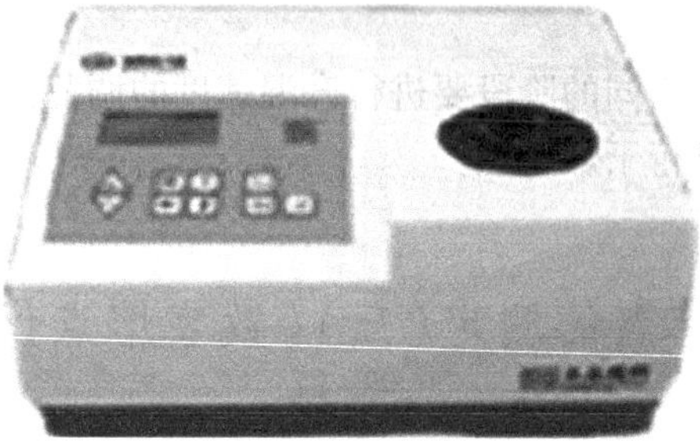

图 3.6　数显熔点测定仪

①粉末状待测样品。

②数显熔点测定仪。

③标准毛细管(外径 1.4 mm，内径 1.0 mm)。

五、试验步骤

①开启电源开关，稳定 20 min，此时，保温灯、初熔灯亮，电表偏向右方，初始温度为 50 ℃左右。

②通过拨盘设定起始温度，通过起始温度按钮输入此温度，此时预置灯亮。

③选择升温速率，将波段开关调至需要位置。

④预置灯熄灭时，起始温度设定完毕，可插入样品毛细管。此时电表基本指零，初熔灯熄灭。

⑤调零，使电表完全指零。

⑥按下升温钮，升温指示灯亮（注意！忘记插入带有样品的毛细管按升温钮，读数屏将出现随机数提示纠正操作）。

⑦数分钟后，初熔灯先闪亮，然后出现终熔读数显示，欲知初熔读数，按初熔钮即得。

⑧只要电源未切断，上述读数值将一直保留至测下一个样品。

六、注意事项

①样品按要求焙干，在干燥和洁净的研钵中碾碎，用自由落体法敲击毛细管，使样品填结实，样品填装高度应不小于3 mm。同一批号样品高度应一致，以确保测量结果一致性。

②仪器开机后自动预置到50 ℃，炉子温度高于或低于此温度都可用拨盘快速设定。

③达到起始温度附近时，预置灯交替发光，此乃炉温缓冲过程，平衡后两灯熄灭。

④设定起始温度切勿超过仪器使用范围，否则仪器将会损坏。

⑤某些样品起始温度高低对熔点测定结果是有影响的，应确定一定的操作规范。建议提前3~5 min插入毛细管，如线性升温速率选1 ℃/min，起始温度应比熔点低3~5 ℃，速率选3 ℃/min，起始温度应比熔点低9~15 ℃，一般应以实验确定最佳测试条件。

⑥线性升温速率不同，测定结果也不一致，要求制订一定规范。一般速率越大，读数值越高。各挡速率的熔点读数值可用实验修正值加以统一。未知熔点值的样品可先用快速升温或大的速率，等到初步熔点范围后再精测。

⑦有参比样品时，可先测参比样品，根据要求选择一定的起始温度和升温速率进行比较测量，用参比样品的初终熔读数作考核的依据。有熔点标准温度传递标准的单位可根据邻近标准品读数对结果加以修正。

⑧被测样品最好一次填装5根毛细管，分别测定后去除最大最小值，取用中间3个读数的平均值作为测定结果，以消除毛细管及样品制备填装带来的偶然误差。

⑨测完较高熔点样品后再测较低熔点样品，可直接用起始温度设定拨盘及按钮，实现快速降温。

⑩有些样品的熔化曲线中会有缺口出现，指零电表会产生摆动，终熔读数会变动两次，这是由于固态结晶在熔化过程中进入半透明视场所致，易影响终熔测定结果。为此，读取终熔数时，需在显示后待电表示值到最大时读数。如因装样不良而造成上述情况，应再次装样测定。

⑪毛细管插入仪器前用干净软布将外面的沾污物质清除，否则日久插座下面会积垢，导致无法检测。

【技能训练十三】　氧化还原反应和电化学

一、实验目的

①试验并掌握电极电势与氧化还原反应方向的关系以及介质和反应物浓度对氧化还原反应的影响。

②定性观察并了解化学电池的电动势、氧化态或还原态浓度对电极电势的影响。

③通过实验观察，对氧化还原反应的可逆性有进一步的理解。

二、仪器及药品

仪器：铜锌原电池组成：(负极)Zn｜($ZnSO_4$(0.5 mol/L)‖$CuSO_4$(0.5 mol/L)｜Cu(正极)、伏特计、导线两根、小烧杯两个、盐桥(琼脂、KCl、U形管)、量筒、滴管、浓氨水、砂纸。

气室法检验 NH_4^+ 用品：大小两块表面皿、40% NaOH、pH试纸、水浴装置(简称"水浴")、燃气灯、三脚架(铁架台+双顶丝夹+铁圈)、石棉网、火柴、烧杯、试管、试管架。

药品：锌粒、锌片、铅粒、酚酞、CCl_4、浓 HNO_3、浓 HCl、溴水、碘水、40% NaOH、10% NH_4F、6 mol/L NaOH，6 mol/L HAc，3 mol/L H_2SO_4，2 mol/L HNO_3，H_2SO_4，0.5 mol/L $Pb(NO_3)_2$，0.5 mol/L $ZnSO_4$ 0.5 mol/L $CuSO_4$，0.1 mol/L KI，0.1 mol/L KBr，6 mol/L $FeCl_3$，0.1 mol/L $FeSO_4$，0.1 mol/L Na_2SO_3，Na_3AsO_4，0.1 mol/L$(NH_4)_2SO_4 \cdot FeSO_4$，0.01 mol/L $KMnO_4$，浓氨水。

三、实验内容

1. 电极电势与氧化还原反应关系

①比较锌、铅、铜在电位序中位置。取两支小试管中分别注入0.5 mol/L的 $Pb(NO_3)_2$ 溶液和0.5 mol/L的 $CuSO_4$ 溶液，各放入一块表面擦净的锌片放置片刻，观察锌片表面有何变化。

用表面擦净的铅粒代替锌片，分别与0.5 mol/L $ZnSO_4$ 溶液和0.5 mol/L $CuSO_4$ 溶液起反应，观察铅粒表面有何变化。写出反应式，确定锌、铜、铅在电位序中的相对位置。

②往试管中加入0.5 mL 0.1 mol/L KI溶液和两滴0.1 mol/L $FeCl_3$ 溶液，摇匀后注入0.5 mLCCl_4充分振荡，观察 CCl_4 层颜色有无变化。

用0.1 mol/L KBr溶液代替KI溶液进行相同的实验，反应能否发生？为什么？根据实验结果，定性地比较 Br_2/Br^-，I_2/I^-，Fe^{3+}/Fe^{2+} 3个电对电极电势的相对高低，并指出它们中哪个物质是最强的氧化剂，哪个是最强的还原剂。

③分别用1滴碘水和溴水同0.1 mol/L $FeSO_4$ 溶液反应，观察 CCl_4 层有无变化。根据上面3个实验的结果说明电极电势与氧化还原反应方向的关系。

2. 浓度和酸度对电极电势的影响

①浓度的影响

在两只50 mL的小烧杯中，分别注入30 mL 0.5 mol/L $ZnSO_4$ 溶液和0.5 mol/L $CuSO_4$ 溶液。在 $ZnSO_4$ 溶液中插入锌片，$CuSO_4$ 溶液中插入铜片，组成两个电极，中间以盐桥相通。用导线将锌片和铜片分别与伏特计的负极和正极相接。测量两电极之间的电压，并用电池符号表示该原电池。

在 $CuSO_4$ 溶液中注入浓氨水至生成的沉淀溶解为止，形成深蓝色的溶液，观察原电池的电压有何变化？

在 $ZnSO_4$ 溶液中加浓氨水至生成的沉淀完全溶解为止。观察电压有何变化。解释上面的现象。

②酸度的影响

在两个各盛0.5 mL 0.1 mol/L KBr溶液的试管中，分别加入0.5 mL 3mol/L H_2SO_4 溶液和6 mol/L HAc溶液，然后往两个试管中各加入两滴0.01 mol/L $KMnO_4$ 溶液。观察并比较两个试管中的紫色溶液退色的快慢。写出反应式，并解释所观察到的现象。

3. 浓度和酸度对氧化还原产物的影响

①往两个各盛一粒锌粒的试管中，分别注入2 mL浓硝酸和2 mol/L HNO_3 溶液，观察所发生的现象。

它们的反应产物有无不同？浓 HNO_3 被还原后的主要产物可通过观察气体产物的颜色来判断。稀 HNO_3 的还原产物可通过检验溶液中是否有 NH_4^+ 离子生成的办法来确定。

②在3支试管中，各注入0.5 mL 0.1 mol/L Na_2SO_3 溶液，在第一支试管中注入0.5 mL 2 mol/L H_2SO_4 溶液，第二支试管中加0.5 mL水，第三支试管中注入0.5 mL 6 mol/L NaOH溶液，然后往3支试管中各滴几滴0.01 mol/L $KMnO_4$ 溶液，观察反应产物有何不同？写出各自的离子方程式。

4. 浓度和酸度对氧化还原反应方向的影响

(1)浓度的影响

Fe^{3+} 与 I^- 发生反应为

$$2Fe^{3+} + 2I^- \longrightarrow 2Fe^{2+} + I_2$$

a. 往盛有2 mL水和1 mLCCl_4 的试管中，注入2 mL 0.1 mol/ L $FeCl_3$ 溶液，即 Fe^{3+} 溶液，再注入2 mL 0.1 mol/L KI溶液，振荡后观察 CCl_4 层的颜色。如在 Fe^{3+} 溶液中先加2 mL 10% NH_4F 溶液，再作这种实验，结果如何？

b. 往盛有2 mL 0.1 mol/L $(NH_4)_2SO_4 \cdot FeSO_4$ 溶液和1 mLCCl_4 的试管中，注入2 mL 0.1 mol/L $FeCl_3$ 溶液，再注入2 mL 0.1 mol/L KI溶液，振荡后观察 CCl_4 层的颜色与上面实验中的 CCl_4 层颜色。

用化学平衡移动的观点解释上面的实验现象。

(2)酸度的影响

AsO_4^{3-} 与 I^- 发生反应为

$$AsO_4^{3-} + 2I^- + 2H^+ \longrightarrow AsO_3^{3-} + I_2 + H_2O$$

往盛有2 mL 0.1 mol/L Na_3AsO_4 溶液中加入1 mL 0.1 mol/L KI溶液，逐滴加入浓盐酸，振荡试管观察现象。再逐滴加入40% NaOH溶液(pH不得大于9，为什么?)观察现象。讨论各步现象出现的原因。

附：

气室法检验 NH_4^+ 离子

气室是两块小表面皿合在一起构成的。将5滴被检验液滴入一表面皿中心，再加3滴40% NaOH溶液混匀。在另一块较小的表面皿中心黏附一小条湿的红色石蕊试纸(或酚酞试纸)，把它盖在大的表面皿上做成气室。将此气室放在水浴上微热2 min，若石蕊试纸为蓝色(或酚酞试纸变红色)，则表示有 NH_4^+ 离子存在。

四、实验习题

①如何通过实验比较下列物质的氧化性或还原性的相对强弱：

a. Br_2，I_2，Fe^{3+}。

b. Br^-，I^-，Fe^{2+}。

②在不同介质中 $KMnO_4$ 的还原产物是什么？在何种介质中 $KMnO_4$ 的氧化性最强？

【技能训练十四】 阿佛伽德罗数的测定(电解铜法)

一、实验目的

①进一步了解阿佛伽德罗常数的意义。

②理解电解法测定阿佛伽德罗数的原理和方法,并练习电解操作。

二、实验原理

阿佛伽德罗数(NA)是化学中一个十分重要的物理数据,测定阿佛伽德罗数的方法很多。本实验是用电解的方法进行测定。

如果用两块已知质量的铜片分别作阴极和阳极,以 $CuSO_4$ 溶液作电解液进行电解,则在阴极上 Cu^{2+} 获得电子后析出金属铜,沉积在铜片上,使其质量增加;在阳极上等量的金属铜溶解,生成 Cu^{2+} 进入溶液,因而铜片的质量减少。

阴极反应:

$$Cu^{2+} + 2e \rightarrow Cu$$

阳极反应

$$Cu \rightarrow Cu^{2+} + 2e$$

电解时,当电流强度为 I(A),则在时间 t(s)内,通过的总电量 Q(C 或 A · s)为

$$Q = It$$

设在阴极上铜片的增加质量为 m(g)。则每增加 1 g 质量所要的电量为 $I\ t/m$(C/g)。因为铜的摩尔质量为 63.5 g/mol,所以电解得到 1 mol 铜所需的电量为 63.5 $I\ t/m$ (C)。

已知一个一价离子所带的电量(即一个电子带的电量)是 1.60×10^{19} C,一个二价离子(Cu^{2+})所带的电量是 $2 \times 1.60 \times 10^{19}$ C,则 1 mol 铜所含的原子数为

$$NA = \frac{It \times 63.5}{m \times 2 \times 1.60 \times 10^{19}}$$

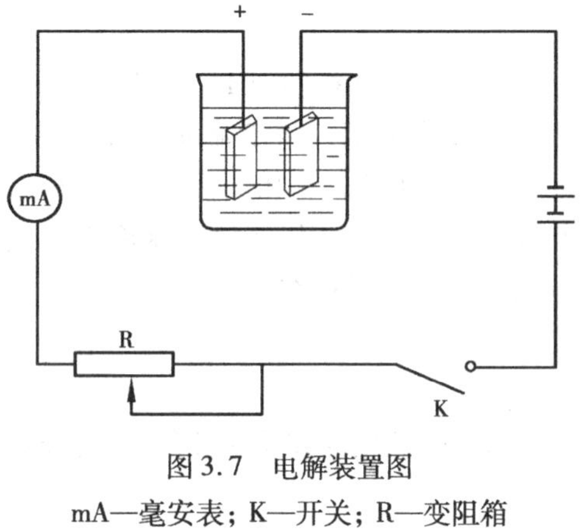

图 3.7 电解装置图

mA—毫安表; K—开关; R—变阻箱

同理,在阳极上铜片的减重为 m'g,则每耗去 1 g 质量所需要的电量为 It/m'(C/g),同样也可导出 1 mol 铜所含的原子数目为

$$NA = \frac{It \times 63.5}{m' \times 2 \times 1.60 \times 10^{19}}$$

从理论上讲，阴极上 Cu^{2+} 离子得到的电子数和阳极上 Cu 失去的电子数应该相等。因此在无副反应的情况下，阴极增加的质量应该等于阳极减少的质量。但往往因铜片不纯，从阳极失去的质量一般比阴极增加的质量偏高，所以从阳极失重算得的结果有一定误差，一般从阴极增重算得的结果较为准确。

三、仪器及药品

电解装置：直流电源（10 V）、开关、变阻箱、毫安表、带夹导线、100 mL 烧杯、$CuSO_4$ 溶液（每升含 $CuSO_4 \cdot 5H_2O$125 g 和浓硫酸 25 mL）、铜片（3 cm×5 cm）、砂纸、酒精、棉花、电吹风（凉风）、分析天平、称量纸。

四、实验步骤

取 3 cm×5 cm 薄的纯紫铜片两块，分别用 0 号和 000 号砂纸擦去表面氧化物，用蒸馏水洗净，再用蘸有酒精的棉花擦净、晾干。待完全干后，在分析天平上称重（精确至 0.1 mg）。一片作阴极，另一片作阳极（最好在称重前用小刀刻画一个记号以免弄错）。

在 100 mL 烧杯中加入 80 mL $CuSO_4$ 溶液。将每个铜片高度的 2/3 左右浸没在 $CuSO_4$ 溶液中。两极的距离保持 1.5 cm。然后按装置图连接好。直流电源的电压控制为 10 V。

实验开始时，电阻控制在 70 Ω 左右。按下开关，迅速调节电阻使毫安表指针在 100 mA 处，同时准确记下时间。通电 60 min，拉开开关，停止电解。在整个电解期间，电流应保持稳定，如有变动可调节电阻箱上的电阻以维持电流的恒定。

取下阴、阳极铜片，放进水中漂洗，再用棉花蘸取酒精轻轻擦净铜片表面，晾干。待完全干后，在分析天平上称重。

五、数据处理

数据处理公式为

$$NA = \frac{It \times 63.5}{m \times 2 \times 1.60 \times 10^{19}}$$

六、实验习题

①采取哪些措施，可以减少实验误差？
②测定阿佛伽德罗常数还有什么方法？

【技能训练十五】　二氧化碳相对分子质量的测定

一、实验目的

①掌握用密度法测分子量的原理，加深理解理想气体状态方程式。
②掌握 CO_2 分子量测定和计算方法。
③练习使用启普发生器和气体净化装置。

④学习气压计的使用。

二、实验原理

根据阿佛伽德罗定律，同温同压下同体积的任何气体所含摩尔数相同，所以只要在相同温度和压力下，测定相同体积的两种气体的质量。其中一种气体的质量已知，即可求得另一种气体的分子量，则

$$M_{CO_2}=\frac{m_{CO_2}}{m_{空气}}\times 29.0$$

式中 29.0——空气的平均相对分子质量。

式中体积为 V 的二氧化碳质量 m_{CO_2} 可直接从分析天平上称出。同体积空气的质量可根据实验时测得的大气压 p 和温度 T，利用理想气体状态方程式计算得到。

三、仪器及药品

分析天平、台秤、启普发生器、净化干燥装置、磨口锥形瓶、玻璃棉、$CaCO_3$、6 mol/L HCl、1 mol/L $NaHCO_3$、H_2SO_4。

四、实验步骤

①安装装置(启普发生器及气体净化、干燥装置)见图 3.8。

a. 装配。在球形漏斗颈部及活塞处均应涂上凡士林，插好球形漏斗和玻璃旋塞，转动几次，使装配严密。

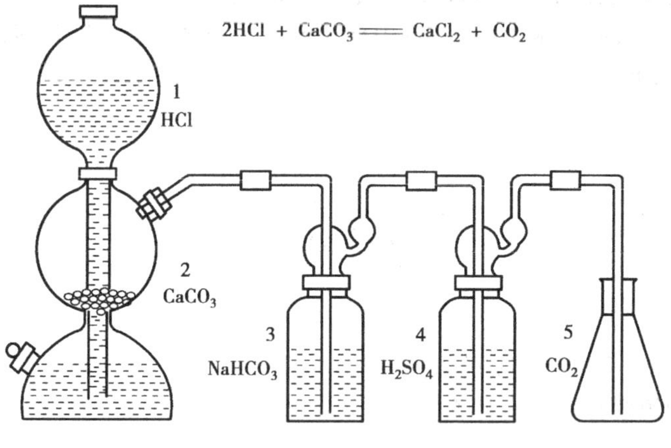

图 3.8 实验装置图

b. 查气密性。开启旋塞，从球形漏斗口注水至充满半球体时，关闭旋塞。继续加水，待水从漏斗管上升到漏斗球体内，停止加水。在水面处作一记号，静置片刻。如水面不下降，证明不漏气，可以使用。

c. 加试剂。在葫芦状容器的狭窄处垫一些玻璃棉，再加入块状或较大颗粒的固体试剂后，装上气体逸出管。固体量不可太多，以不超过中间球体容积的 1/3 为宜。液体从球形漏斗中加入，通过调节气体逸出导管上的活塞，可控制气体流速。

d. 产生气体。使用时，打开活塞即可。停止使用时，关闭气体逸出导管的活塞，气体的压

力使液体与固体分离及时反应停止；打开活塞，气体又重新产生。

e. 添加或更换试剂。发生器中的酸液长久使用会变稀。换酸液时，可先用塞子将球型漏斗上口紧塞并关上气体导管口，然后把液体出口的塞子拔下，让废液流出，再塞紧塞子，向球型漏斗中加入酸液。需要更换或添加固体时，可把导气管旋塞关好，让酸液压入半球体后，用塞子将球型漏斗上口塞紧，再把装有玻璃旋塞的橡皮塞取下，更换或添加固体。

气体的净化和干燥。

为了得到较纯净的气体，酸雾可用水或玻璃棉除去；水汽可用浓硫酸、无水氯化钙或硅胶吸收(也可用硫酸铜溶液和碳酸氢钠溶液分别代替水和浓硫酸)。一般情况下使用洗气瓶、干燥塔、U形管或干燥管等仪器进行净化或干燥。液体装在洗气瓶内，无水氯化钙和硅胶装在干燥塔或U形管或干燥管内。该装置中3，4中的试剂可进行更换。

②实验步骤

a. 取一洁净而干燥的磨口锥形瓶，并在分析天平上称量(空气+瓶+瓶塞)的质量。

b. 排气集气法收集二氧化碳与称量。

在启普气体发生器中产生二氧化碳气体，经过净化、干燥后导入锥形瓶中。由于二氧化碳气体略重于空气，所以必须把导管插入瓶底。等4~5 min后，轻轻取出导气管，用塞子塞住瓶口在分析天平上称量二氧化碳、瓶、塞的总质量。重复通二氧化碳气体和称量的操作，直到前后两次称量的质量相符为止(两次质量可相差1~2 mg)。

c. 在锥形瓶内装满水、塞好塞子，在台秤上准确称量。

d. 记下室温和大气压。

五、注意事项

①保证锥形瓶的洁净和干燥。

②通 CO_2 气体时，导管一定要伸入锥形瓶底，保证 CO_2 气体充满锥形瓶，抽出时应缓慢向上移动，并在管口处停留片刻。检验气体是否充满时，火柴应放在管口处。

③每次塞子塞入瓶口的位置相同。

④测量数据的相对误差不允许太大(0.5%)并进行误差讨论。

六、实验数据记录

①室温 t/℃________；

②气压 p/Pa ________；

③空气、瓶、塞的总质量 m_1(g) =________；

④第一次时，CO_2、瓶、塞的总质量 m_2(g) =________；

⑤第二次时，CO_2、瓶、塞的总质量 m_3(g) =________；

⑥CO_2、瓶、塞的平均总质量 m_4(g) =________；

⑦水、瓶、塞的总质量 m_5(g) =________；

⑧瓶的容积 $V = \dfrac{m_5 - m_1}{1.0}$________；

⑨瓶内空气的质量 $m_{空气}$(g) =________；

⑩瓶和塞的质量 $m_6 = m_1 - m_{空气}$________；

⑪CO_2 气质的质量 $m_{CO_2} = m_5 - m_6$ ________;

⑫CO_2 气体的相对分子质量 M_{CO_2} ________;

⑬误差________。

七、实验讨论

在测定(CO_2 + 瓶 + 塞子)的质量 m_2,m_3 时,有时相差很大,原因是瓶中的 CO_2 未充满。因此,本实验的关键就是正确测出(CO_2 + 瓶 + 塞子)的质量。

八、实验习题

①为什么当(CO_2 + 瓶 + 塞子)达到恒重时,即可认为锥形瓶中已充满 CO_2 气体?

②为什么(CO_2 + 瓶 + 塞子)的质量要在分析天平上称量,而(水 + 瓶 + 塞子)的质量可以在台秤称量?

③为什么在计算锥形瓶的容量时不考虑空气的质量,而在计算 CO_2 的质量时,却要考虑空气的质量?

④讨论 CO_2 净化干燥的原理。

【技能训练十六】 摩尔气体常数的测定

一、实验目的

①加深理解理想气体状态方程和分压定律。

②练习测定摩尔气体常数的微型实验操作。

③进一步学习使用分析天平。

④了解气压计,掌握正确的使用方法。

二、实验原理

①用镁与过量的稀盐酸反应生成 H_2,在一定温度和压力下,测出生成 H_2 的体积 V_{H_2},代入 $PV = nRT$,求 R。反应式为

$$Mg(s) + 2HCl(aq) = MgCl_2(aq) + H_2(g)$$

②在一定的温度和压力下,测出放出气体的体积(V)。

③由于收集到的 H_2 中含有水蒸气,则需查此温度下水的饱和蒸汽压 P_{H_2O}。根据分压定律 $P = P_{H_2} + P_{H_2O}$,即 $P_{H_2} = P - P_{H_2O}$,则

$$R = \frac{(P - P_{H_2O})V_{H_2}}{nT} \qquad (V_{H_2} = V - 0.2)$$

三、仪器及药品

分析天平、气压计、精密温度计、量筒(10 mL)、产生和测定氢气体积的装置、稀 H_2SO_4、

镁条。

四、实验步骤

1. 称镁条质量

用砂纸清洁镁条，除去表面的氧化物与脏物，直至金属表面光亮无黑点。准确称取镁条质量，并控制在80～105 mg。将上面称的镁条用剪刀等分成3份，分别称准其质量。每根镁条用小称量纸包好，写上质量后保存。

2. 安装测定装置

洗净漏斗、试管，洗液洗涤量气管；按图3.9装配仪器，赶出气泡。

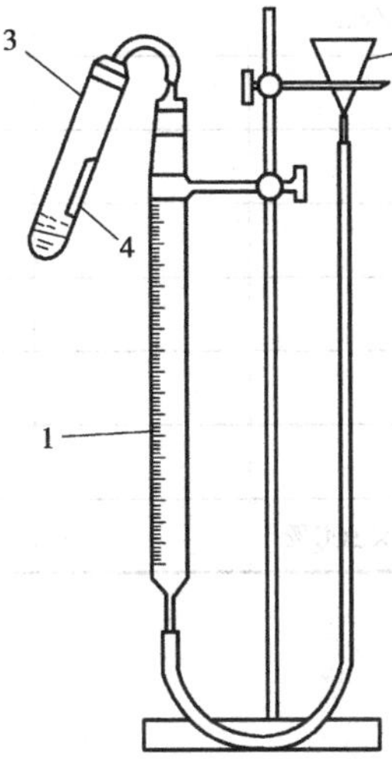

图3.9　实验装置图

1—量气管；2—漏斗；3—试管；4—镁条

3. 检漏

把漏斗下移一段距离，并固定。如量气管中液面稍稍下降后（3～5 min）即恒定，说明装置不漏气。如装置漏气，检查原因，并改进装置，重复试验，直至不漏气为止。

4. 测定

用漏斗加5 mL稀 H_2SO_4 到试管内（切勿使酸沾在试管壁上），用少量水沾镁条于试管上部壁上。调整漏斗高度，使量气管液面保持在略低于刻度“0”的位置，塞紧磨口塞，检查是否漏气。使量气管和漏斗内液面保持同一水平，读量气管液面的位置，记录。抬高试管底部，使镁条与酸接触。同时降低漏斗位置，使两液面大体水平。待试管冷却至室温，保持两液面同一水平，记下液面位置。稍等1～2 min再记录液面位置，记下室温和大气压力。用另两份已称量的镁条重复实验。

五、实验数据处理与误差讨论

实验数据处理与误差讨论见表3.4。

表3.4 实验数据处理与误差讨论

实验序号	1	2	3
镁条质量 $m(Mg)/g$			
反应后量器管液面位置/mL			
反应前量器管液面位置/mL			
氢气体积 $V(H_2)/mL$			
室温 T/K			
大气压 p/Pa			
T时的饱和水蒸气压 $p(H_2O)/Pa$			
氢气分压 $p(H_2)/Pa$			
摩尔气体常数 R			
R 平均(舍前)			
S			
T			
R 平均(舍后)			
准确度(R 测 $-$ R 理)/R 理 ×100%			

六、注意事项

①镁条的质量应为0.008 0～0.010 5 g,否则误差太大或导致实验失败。

②用多用滴管加盐酸时,不能沿试管壁流下,应伸到底部加。反应后静置5 min,把气泡赶到上层空间。

③读数时($V_{H_2}=V-0.2$)mL。

④水的饱和蒸汽压 P_{H_2O} 数据可查阅有关参考书。

⑤温度应在水溶液中测量。

七、实验讨论

镁和铜丝的处理;实验前镁条先要擦干净,以除掉表面的氧化膜。事先将铜丝放在盐酸中浸泡一天。铜丝钩缝不宜太大,否则镁条会在溶液中浮动;钩缝太小,则镁条反应会不完全。

八、实验习题

①这个实验的关键是什么?造成误差的主要原因有哪些?

②读取液面位置时,为何要使量筒和漏斗中的水面保持同一水平面?

③为什么 H_2 的体积 $V_{氢气}$ = 体积读数 -0.20 mL?

【技能训练十七】　化学反应速率与活化能

一、实验目的

①了解浓度、温度与催化剂对化学反应速率的影响。

②测定过二硫酸铵与碘化钾反应的速率，并计算反应级数、反应速率常数及反应的活化能。

二、实验原理

在水溶液中，$(NH_4)_2S_2O_8$（过二硫酸铵）和 KI 发生反应为

$$S_2O_8^{2-} + 3I^- = 2SO_4^{2-} + I_3^- \qquad (1)$$

这个反应的平均反应速率可表示为

$$v = -\Delta[S_2O_8^{2-}]/\Delta t = k[S_2O_8^{2-}]^m[I^-]^n$$

式中　v——平均反应速率；

$\Delta[S_2O_8^{2-}]$——Δt 时间内 $S_2O_8^{2-}$ 的浓度变化；

$[S_2O_8^{2-}]$，$[I^-]$——$S_2O_8^{2-}$ 与 I^- 的起始浓度；

k——反应速率常数；

m，n——反应物 $S_2O_8^{2-}$、I^- 的反应级数，$(m+n)$ 为该反应的总级数。

一个反应的级数必须由实验测定，一般不能从化学方程式的系数推断。

为了测定 Δt 时间内 $S_2O_8^{2-}$ 的浓度变化，在将 $(NH_4)_2S_2O_8$ 溶液和 KI 溶液混合的同时，加入一定体积的已知浓度 $Na_2S_2O_3$ 溶液和淀粉溶液。这样在反应(1)进行的同时，还发生反应为

$$2S_2O_3^{2-} + I_3^- = S_4O_6^{2-} + 3I^- \qquad (2)$$

反应(2)的速度比反应(1)快得多，所以由反应(1)生成的 I_3^- 立即与 $S_2O_3^{2-}$ 作用，生成了无色的 $S_4O_6^{2-}$ 和 I^-。但是一旦 $S_2O_3^{2-}$ 耗尽，反应(1)生成的微量 I_3^- 就立即与淀粉溶液作用，使溶液显蓝色。

由反应式(1)和反应式(2)可知，$S_2O_8^{2-}$ 减少 1 mol 时，$S_2O_3^{2-}$ 则减少 2 mol，即：

$$\Delta[S_2O_8^{2-}] = \Delta[S_2O_3^{2-}]/2$$

记录从反应开始到溶液出现蓝色所需要的时间 Δt。由于在 Δt 时间内 $S_2O_3^{2-}$ 全部耗尽，所以由 $Na_2S_2O_3$ 的起始浓度可求 $\Delta[S_2O_8^{2-}]$，进而可计算反应速率 $-\Delta[S_2O_8^{2-}]/\Delta t$。

对反应速率表示式 $v = k[S_2O_8^{2-}]^m[I^-]^n$ 的两边取对数，得

$$\lg v = m\lg[S_2O_8^{2-}] + n\lg[I^-] + \lg k$$

当 $[I^-]$ 不变时，以 $\lg v$ 对 $\lg[S_2O_8^{2-}]$ 作图，可得一直线，斜率即为 m。同理，当 $[S_2O_8^{2-}]$ 不变时，以 $\lg v$ 对 $\lg[I^-]$ 作图，可求得 n。

求出 m 和 n 后，再由 $k = v/([S_2O_8^{2-}]^m[I^-]^n)$，求得反应速率常数 k。

反应速率常数 k 与反应温度 T 一般关系为

$$\lg\{k\}=\lg A-\frac{Ea}{2.303RT} \tag{3}$$

式中 Ea——反应的活化能；

R——摩尔气体常数；

T——绝对温度。

测出不同温度时的 k 值后，以 $\lg k$ 对 $1/T$ 作图，可得一直线。由直线斜率（等于 $-\frac{Ea}{2.303R}$）可求得反应的活化能 Ea。

三、仪器及药品

温度计（0～100 ℃）、计时器（秒表）、恒温水浴、冰水浴（装置）（面盆、烧杯、冰块）、量筒（20 mL，10 mL，5 mL）、烧杯（150 mL 5 个）、玻棒、0.20 mol/L KI、0.20 mol/L $(NH_4)_2S_2O_8$、0.20 mol/L KNO_3、0.20 mol/L $(NH_4)_2SO_4$、$Na_2S_2O_3$（0.010 mol/L）、$Cu(NO_3)_2$（0.02 mol/L）、淀粉溶液（0.2%）。

四、实验步骤

1. 浓度对化学反应速率的影响

在室温下，用 3 个量筒分别量取 20 mL 0.20 mol/L KI 溶液，8.0 mL 0.010 mol/L $Na_2S_2O_3$ 溶液和 4.0 mL 0.2% 淀粉溶液，都加到 150 mL 烧杯中混合均匀。再用另一个量筒量取 20 mL 0.20 mol/L $(NH_4)_2S_2O_8$ 溶液，快速加到烧杯中，同时开动秒表，并不断搅拌。当溶液刚出现蓝色时，立即停止秒表。记下时间及室温。

用同样的方法按照下表中的用量进行另外四次实验。为了使每次实验中的溶液的离子强度和总体积保持不变，不足的量分别用 0.2 mol/L KNO_3 溶液和 0.20 mol/L $(NH_4)_2SO_4$ 溶液补足。试剂用量见表 3.5。

表 3.5　试剂用量表

	实验序号	Ⅰ	Ⅱ	Ⅲ	Ⅳ	Ⅴ
试剂用量/mL	0.20 mol/L $(NH_4)_2S_2O_8$(aq)	20	10	5	20	20
	0.20 mol/L KI (aq)	20	20	20	10	5
	0.010 mol/L $Na_2S_2O_3$(aq)	8	8	8	8	8
	0.2% 淀粉溶液	4	4	4	4	4
	0.20 mol/L KNO_3(aq)	0	0	0	10	15
	0.20 mol/L $(NH_4)_2SO_4$(aq)	0	10	15	0	0

算出各实验中的反应速率 v，并填入实验报告的表中。

用表 3.5 中实验Ⅰ，Ⅱ，Ⅲ的数据作 $\lg v \sim \lg[S_2O_8^{2-}]$ 图，求出 m；用实验Ⅰ，Ⅳ，Ⅴ的数据作 $\lg v \sim \lg[I^-]$ 图，求出 n。

求出 m 和 n 后，再算出各实验的反应速率常数 k，把数据与计算结果填入实验报告中。

2. 温度对化学反应速率的影响

按表3.5 实验Ⅳ中的用量，把 KI，$Na_2S_2O_3$，KNO_3 和淀粉溶液加到 150 mL 烧杯中，把$(NH_4)_2S_2O_8$ 溶液加在另一个烧杯中，并把它们同时放在冰水浴中冷却。等烧杯中的溶液都冷却到比室温低10 ℃时，把$(NH_4)_2S_2O_8$ 加到KI 混合溶液中，同时开动秒表，并不断搅拌。当溶液刚出现蓝色时，立即停止秒表。记下反应时间。

比室温高10 ℃和20 ℃的条件下，重复以上实验。这样就可得到4 个温度下的反应时间。算出4 个温度[$(t-10)$℃、室温 t ℃、$(t+10)$℃、$(t+20)$℃]下的反应速率及速率常数，把数据及计算结果填入实验报告中。

用各次实验的 $\lg k$ 对 $1/T$ 作图，求出反应(1)的活化能。

3. 催化剂对反应速率的影响

$Cu(NO_3)_2$ 可使$(NH_4)_2S_2O_8$ 氧化 KI 的反应加快。

按表3.5 中实验 IV 的用量把 KI，$Na_2S_2O_3$，KNO_3 和淀粉溶液加到150 cm^3 烧杯中，再加入1 滴0.02 mol/L $Cu(NO_3)_2$ 溶液搅匀，然后迅速加入$(NH_4)_2S_2O_8$ 溶液，搅拌、计时。将1 滴$Cu(NO_3)_2$溶液改成两滴和3 滴，分别重复上述试验。把结果填入实验报告的表中，把实验的反应速率与试验2 中室温下的反应速率进行比较，得出结论。

五、实验习题

①反应中定量加入 $Na_2S_2O_3$ 的作用是什么？$Na_2S_2O_3$ 溶液的用量过多或过少，对实验结果有何影响？

②实验中为什么可以用反应出现蓝色的时间长短来计算反应速率？溶液出现蓝色后，反应是否就终止了？

【技能训练十八】　燃烧焓的测定

一、实验目的

①用氧弹热量计测定萘的摩尔燃烧焓。

②明确燃烧焓的定义，了解恒压燃烧焓与恒容燃烧焓的差别。

③了解热量计中主要部分的作用，掌握氧弹热量计的实验技术。

④学会雷诺图解法校正温度改变值。

二、实验原理

摩尔燃烧焓(ΔcHm)是热化学中重要的基本数据。它是指单位物质的量的物质与氧气完全燃烧生成规定的燃烧产物时的反应焓(变)。所谓规定的燃烧产物，是指C 变成CO_2(气)、H 变成H_2O(液)、S 变成SO_2(气)、N 变成N_2(气)、Cl 变成HCl 水溶液等。例如，甲烷在298 K时的标准摩尔燃烧焓为

$$CH_4(g)+2O_2(g)=\!=\!=CO_2(g)+2H_2O(l)-890.31\ kJ/mol$$

对于燃烧焓 ΔcHm 的测定来源于量热实验，在恒容或恒压条件下可以分别测得恒容燃烧

热(Q_v)和恒压燃烧热(Q_p)。由热力学第一定律可知,Q_v 等于体积内能的变化 ΔU,Q_p 等于其焓变 ΔH,即

$$\Delta H = \Delta U + \Delta(pv)$$

若把参加反应的气体和反应生成的气体都作为理想气体处理,则它们之间的关系为

$$Q_p = Q_v + \Delta nRT$$

式中 Δn——反应前后反应物和生成物中气体的物质的量之差;

R——摩尔气体常数;

T——反应时的热力学温度。

本实验是利用量热计来测定萘($C_{10}H_8$)的燃烧热,所测得的是恒容热。

量热计测量的原理是将一定量的待测物质在氧弹中完全燃烧,燃烧时放出的热量使量热计的温度升高,通过测量燃烧反应前后此温度的变化值,就可计算出该样品的燃烧热。

其计算式为

$$mQ_v = C\Delta T - Q_{点火丝} m_{点火丝}$$

式中 m——待测物质的质量;

Q_v——待测物质的恒容热;

$Q_{点火丝}$——点火丝的恒容热(本实验使用的是镍铬合金丝,其恒容热 =3 240 J/g);

$m_{点火丝}$——点火丝的质量;

ΔT——样品燃烧前后量热计温度的变化值;

C——量热计的热容量,它是指量热计(包括量热计中的水)温度升高单位温度时所吸收的热量。

通常用已知 Q_v 的物质标定量热计热容量 C,一般采用高纯度的苯甲酸作为标准物质(其恒容热 =26 460 J/g)。当已知量热计热容量 C 之后,就可利用上式通过实验测定其他物质的恒容热。

燃烧过程中量热计温度随时间变化的曲线如图 3.10 所示的曲线 $abcd$。其中,ab 段表示实验前期,b 点相当于开始燃烧之点;bc 段相当于燃烧反应期;cd 段则为后期。由于量热计与周围环境之间有热量交换,所以曲线 ab 和 cd 常常发生倾斜,在量热实验中所测得的温度变化值,可按以下方法确定(雷诺温差校正法):取 b 点所对应的温度 T_1,c 点所对应的温度 T_2,其平均温度 $\frac{T_1 + T_2}{2}$ 为 T;经过 T 点作横坐标的平行线 TO 与曲线 $abcd$ 相交于 O 点;然后通过 O 点作垂线 AB,该垂线与 ab 线和 cd 线的延长线分别交于 E,F 两点,则 E,F 两点所表示的温度差即为所求的燃烧前后温度的变化值 ΔT。图 3.10 中 EE' 表示由环境辐射进来的热量所造成的温度升高,这部分是必须扣除的;而 FF' 表示因量热计向环境辐射出去的热量所造成的温度降低,这部分是必须加上的。经过上述温度校正所得的温度差 EF 表示了由于样品燃烧使量热计温度升高的数值。

如果燃烧前量热计的水温稍低或量热计绝热性能较好,则反应后期的温度升高,在这种情况下的 ΔT 仍然按着上述方法进行校正。

热量计的种类很多,本实验所用氧弹热量计是一种环境恒温式的热量计。

氧弹热量计的安装如图 3.11 所示。

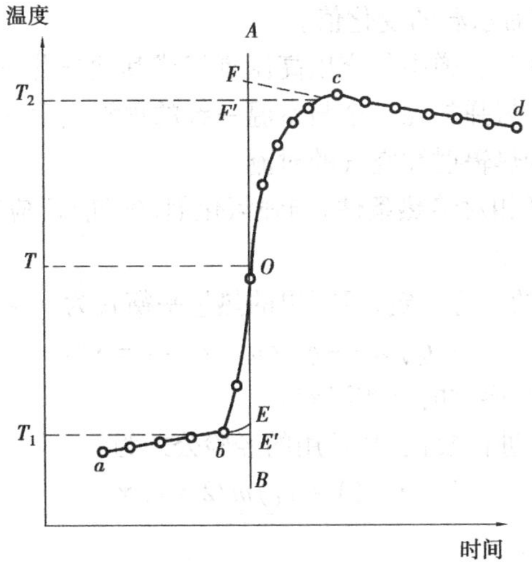

图3.10　绝热较差时温差校正图

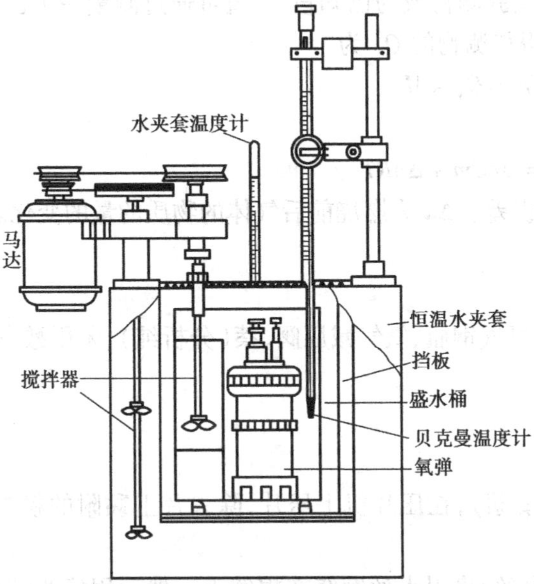

图3.11　氧弹热量计安装示意图

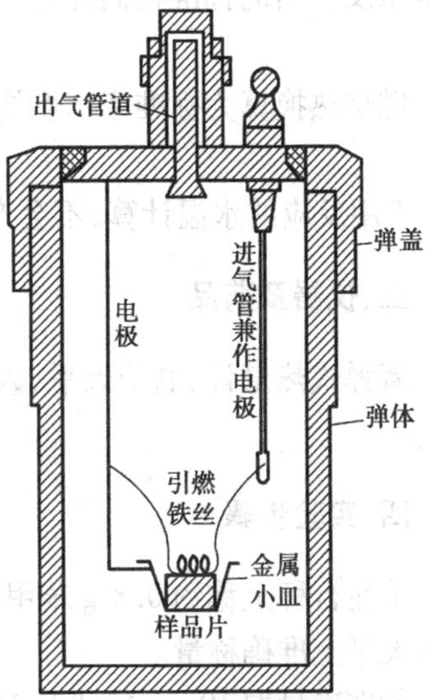

图3.12　氧弹剖面图

氧弹热量计的基本原理是能量守恒定律。样品完全燃烧所释放的能量使氧弹本身及其周围的介质的热量计有关附件的温度升高。测量介质在燃烧前后温度的变化值,就可求算该样品的恒容燃烧热。其关系式为

$$-\frac{W_2}{M}Q_V - l \cdot Q_1 = (W_{水}\ C_{水} + C_{计})\Delta T \tag{1}$$

式中　W_2, M——样品的质量和摩尔质量;

Q_V——样品的恒容燃烧热;

l, Q_1——引燃用铁丝的长度和单位长度燃烧热;

$W_{水}, C_{水}$——以水作为测量介质时水的质量和比热容;

$C_{计}$——热量计的水当量,即除水之外,热量计升高1 ℃所需的热量;

ΔT——样品燃烧前后水温的变化值。

为了保证样品完全燃烧，氧弹中须充以高压氧气或其他氧化剂。因此氧弹应有很好的密封性能，耐高压且耐腐蚀。氧弹放在一个与室温一致的恒温套壳中。盛水桶与套壳之间有一个高度抛光的挡板，以减少热辐射和空气的对流。

当有机物在氧弹室内（相对绝热条件）与强氧化剂（氧气）反应时，释放出来的热量可使周围的物质的温度升高。

保持标准物与待测物的反应一定，可写出的热量平衡式为

$$-Q_V \times a - q_1 \times b + q_2 \times c = K\Delta t \tag{2}$$

式中 Δt——与环境无热交换时的真实温差。

必须对读得的温差 Δt 进行校正，其常用的经验公式为

$$\Delta t = (V + V_1)m/2 + V_1 \times r \tag{3}$$

真实温差 Δt 应为

$$\Delta t = t_{高} - t_{低} + \Delta t_{校正}$$

而式(1)中的 a,b,c,q_1 和 q_2 均可通过实验测得或为已知量，K 值可通过测量一个已知标准摩尔反应焓的标准物而计算。这样可求得待测物的 Q_V 为

$$\Delta cUm = Q_V \times M \tag{4}$$

燃烧热换算为标准摩尔燃烧热为

$$\Delta cH^\theta m = \Delta cUm + \Delta nRT \tag{5}$$

T 用反应的水温计算，不会产生较大的误差。Δn 为燃烧前后气体的物质的量的变化。

三、仪器及药品

氧弹式热量计、电子天平、数显万用表、氧气钢瓶、氧气减压阀、萘（分析纯），苯甲酸（分析纯）。

四、实验步骤

①在台秤上称约 0.8 g 苯甲酸（或 0.6 g 萘），在压片机上压片，除去片上黏附的粉末，在分析天平上准确称量。

②准确量取 10 cm 棉线和 15 cm 的引火丝，将引火丝缠绕在棉线上。然后用棉线绑住苯甲酸片。

③用手拧开氧弹盖，将盖放在专用架上，将引火丝两端在引火电极上缠紧，使药片悬在坩埚上方。

④用万用表检查二电极是否通路，拧紧氧弹。

⑤关好出口，拧下进气管上的螺钉，导气管的另一端与氧气钢瓶上的氧气减压阀连接，打开钢瓶阀门及减压阀缓缓进气，达 1.2 MPa 左右后，关上阀门及减压阀，拧下氧弹上的导气管螺钉，再次检查电极是否通路。

⑥量热计水夹中装入自来水。用量筒量取 3 L 自来水装入干净的铜水桶中，水温较夹套水温低 0.5 ℃左右。在两极上接上点火线，装上已调好的贝克曼温度计，盖好盖子开动搅拌器。

⑦待温度变化基本稳定后，开始读点火前最初阶段的温度，每隔 0.5 min 读一次，共 10

次，读数完毕，立即按电钮点火。

⑧继续每 0.5 min 读数，至温度开始下降后，再读取最后阶段的 10 次读数，停止实验。

⑨实验完毕，清洗仪器，关闭电源，整理实验台。

五、数据处理

①列出温度读数记录表格（见表 3.6），在直角坐标纸上作图，用外推法计算 $\Delta t_{校正}$，计算量热计常数。

②计算苯甲酸或萘的标准摩尔燃烧热，并与文献值比较，计算其误差。

表 3.6　苯甲酸的氧化升温表

序号	温差	序号	温差
1		17	
2		18	
3		19	
4		20	
5		21	
6		22	
7		23	
8		24	
9		25	
10		26	
11（点火）		27	
12		28	
13		29	
14		30	
15		31	
16		32	

①计算萘的标准摩尔燃烧热 ΔcHm，并与文献值比较，计算其误差。

②苯甲酸的恒压燃烧热为 −26 460 J/g；引燃铁丝的燃烧热值为 −2.9 J/cm（注意单位）。

③文献值（见表 3.7）。

表 3.7　文献值

恒压燃烧焓	kcal/mol	kJ/mol	J/g	测定条件
苯甲酸	−771.24	−3 226.9	−26 410	P^*，20 ℃
萘	−1 231.8	−5 153.8	−40 205	P^*，25 ℃

六、注意事项

①压片时，应注意压片机的标签不能混淆。

②样品应悬在坩埚上面，应防止引火丝与坩埚相碰。

③实验时，应注意水桶中的水温与环境的温度。如果水温比环境温度低，应在夹套中加入比水桶温度低 1.5 ℃左右的水。

④测温时，应先按零，然后按锁定键，否则实验过程中温度可能会从温差跳回温度，造成实验失败。

七、实验习题

①在本实验装置中哪些是体系？哪些是环境？体系与环境通过哪些方式进行热交换？如何进行校正？

②使用氧气要注意哪些问题？

③搅拌太慢或太快有何影响？

④在燃烧焓测定实验中，哪些因素容易造成误差？

【技能训练十九】 液体饱和蒸汽压的测定

一、实验目的

①了解用静态法测定乙醇在不同温度下蒸汽压的原理，进一步理解纯液体饱和蒸汽压与温度的关系。

②掌握真空泵、恒温槽及气压计的使用。

③学会用图解法求乙醇所测实验温度范围内的平均摩尔汽化热。

二、实验原理

在一定温度下，与纯液体处于平衡状态时的气体压力，称为该温度下的饱和蒸汽压。这里的平衡状态是指动态平衡。纯液体的饱和蒸汽压是随温度变化而改变的。

设蒸汽为理想气体，在实验温度范围内摩尔汽化焓 $\Delta vapHm$ 为常数，忽略液体体积，对上式积分可得克劳修斯-克拉贝龙方程式(克-克方程式)，即

$$\ln(p/\text{KPa}) = -\frac{\Delta vapHm}{RT} + C$$

式中 p——液体在温度 T 时的饱和蒸汽压；

C——积分常数。

根据克-克方程，以 $\lg p$ 对 $1/T$ 作图得一直线，其斜率 $m = -\Delta vapHm/R$，由此可求得 $\Delta vapHm$。

测定液体饱和蒸汽压的方法如下：

①静态法。

②动态法。

③饱和气流法。

本实验采用静态法以等压计在不同温度下测定乙醇的饱和蒸汽压。其原理图如图3.13所示。

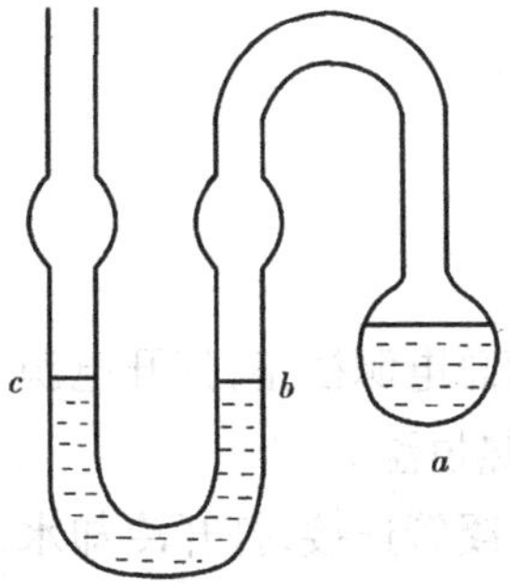

图3.13　等压计示意图

球 a 中盛有被测液体，故 a 称为样品池，U 形管 bc 部分以被测液体作为封闭液，这一部分称为等压计。

测定时，先将 a 与 b 之间的空气抽净，然后从 c 的上方缓慢放入空气，使等压计 b，c 两端的液面平齐，且不再发生变化时，则 ab 之间的蒸汽压即为此温度下被测液体的饱和蒸汽压，因为此饱和蒸汽压与 c 上方的压力相等，而 c 上方的压力可由压力计直接读出。温度则由恒温槽内的温度计直接读出，这样可得到一个温度下的饱和蒸汽压数据。当升高温度时，因饱和蒸汽压增大，故等压计内 b 液面逐渐下降，c 液面逐渐上升。同样从 c 的上方再缓慢放入空气，以保持 bc 两液面的平齐。当恒温槽达到设定的温度且在 bc 两液面平齐时，即可读出该温度下的饱和蒸汽压。用同样的方法，可测定其他温度下的饱和蒸汽压。

三、实验装置

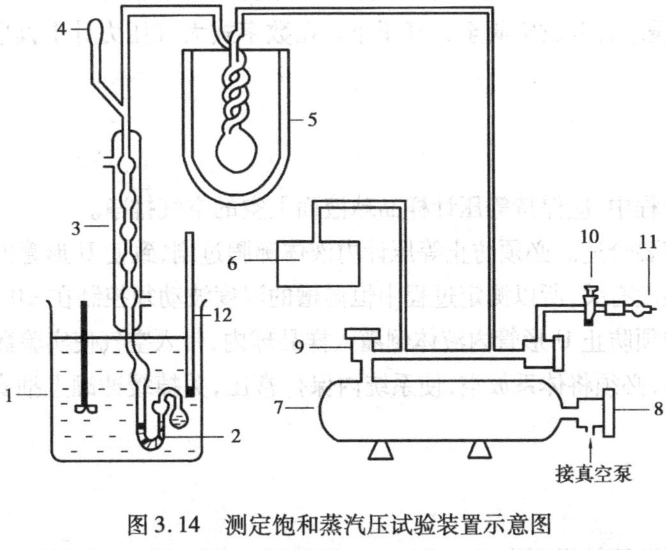

图3.14　测定饱和蒸汽压试验装置示意图

1—恒温槽；2—等压计；3—冷凝管；4—加料口；5—冷阱；6—压力计；7—缓冲瓶；8，9，10—二通活塞；11—毛细管；12—温度计

四、实验仪器及药品

仪器:饱和蒸汽压测定组合装置(饱和蒸汽压计、缓冲瓶、冷阱及管路连接盒)1套,恒温槽1套,精密数字压力计(低真空压力计)1台,精密数字压力计(绝压气压计)1台,真空泵1台,吸耳球1个。

药品:无水乙醇。

五、实验步骤

①恒温调节。首先插上恒温槽总电源插座,打开电源开关,打开搅拌器开关,按下温度设定开关,设定目标温度如20 ℃,加热恒温。

②检漏。将烘干的等压计与冷凝管连接,打开冷却水,关闭放空管,打开真空泵及抽真空阀1,2,使低真空测压仪上显示压差为4 000 ~ 5 300 Pa。关闭抽真空阀1,2,注意观察压力测量仪的数字变化。如果系统漏气,则压力测量仪的显示数值逐渐变小。此时,应细致分段检查,寻找漏气部位,设法消除。

③装样。取下等压计,将盛样球烤热,赶出样品球内的空气,再从上口加入乙醇,样品管冷时,即可将乙醇吸入,再烤,再装,装至2/3球的体积。在U形管中加乙醇作液封。

④体系抽真空、测定饱和蒸汽压。等压计与冷凝管接好并用橡皮筋固定牢,置20 ℃恒温槽中,开动真空泵,开启抽气阀1,缓缓开启抽真空阀2,使等压计中液体缓缓沸腾,排尽其中的空气,关闭抽气阀2和1,缓缓开启放空阀,调节U形管两侧液面等高,从压力测量仪上读出ΔP及恒温槽中的T值,同法再抽气,再调节等压管双臂液面等高,重读压力差,直至两次的压力差读数相差无几,则表示样品球液面上的空间一全部被乙醇充满,记下压力测量仪上的读数。

⑤同法测定25,30,35,40 ℃时乙醇的蒸汽压(注意:升温过程中应经常开启放空阀,缓缓放入空气,使U形管两臂液面接近相等,如放入空气过多,可缓缓打开抽气阀2抽气)。

⑥实验完后,缓缓打开放空阀至大气压止。在数字式大气压力计上读取当时的室温和大气压,并记录。

六、注意事项

①整个实验过程中,应保持等压计样品球液面上空的空气排净。

②抽气的速度要合适。必须防止等压计内液体沸腾过剧,致使U形管内液封被抽尽。

③蒸汽压与温度有关,所以测定过程中恒温槽的温度波动须控制在±0.1 ℃。

④实验过程中须防止U形管内液体倒灌入样品球内,带入空气使实验数据偏大。

⑤实验结束时,必须将体系放空,使系统内保持常压,关掉缓冲罐上抽真空开关及所有电源开关和冷却水。

七、数据处理

①将测得数据计算结果列表3.8。

表3.8　实验数据记录表

项目 温度	ΔP/Pa	$P=P_0-\Delta P$/Pa	lg P	$1/T$/K^{-1}	备注

注意：P_0 为大气压，气压计读出后，加以校正之值，ΔP 为压力测量仪上读数。

②根据实验数据作出 lg P-$1/T$ 图。

③从直线 lg P-$1/T$ 上求出乙醇在实验温度范围内的平均摩尔汽化焓，将计算结果与文献值进行比较，讨论其误差来源。

④以最小二乘法求出乙醇蒸汽压和温度关系式：lg $P = -B/T + C$ 中的 B，C 值。

八、实验习题

①如果测定乙醇水溶液的蒸汽压，本实验的方法是否适用。

②在本实验中，如果空气未被抽净，所测定的蒸汽压与标准值相比，是偏大还是偏小？

③能否在加热的情况下检查是否漏气？

【技能训练二十】　凝固点下降法测定摩尔质量

一、实验目的

①用凝固点降低法测定萘的摩尔质量。

②掌握溶液凝固点的测定技术。

③ 通过实验加深对稀溶液依数性的理解。

二、实验原理

固体溶剂与溶液成平衡的温度称为该溶液的凝固点。含非挥发性溶质的双组分稀溶液的凝固点低于纯溶剂的凝固点。凝固点降低是稀溶液依数性质的一种表现。

1.凝固点降低法测分子量的原理

当稀溶液凝固析出纯固体溶剂时，则溶液的凝固点低于纯溶剂的凝固点，其降低值与溶液的质量摩尔浓度成正比，即

$$\Delta T = T_{f*} - T_f = K_f b_B \tag{1}$$

式中　T_{f*}——纯溶剂的凝固点；

T_f——溶液的凝固点；

b_B——溶液中溶质 B 的质量摩尔浓度；

K_f——溶剂的质量摩尔凝固点降低常数，它的数值仅与溶剂的性质有关。

若称取一定量的溶质 m_B(g)和溶剂 m_A(g)，配成稀溶液，则此溶液的质量摩尔浓度为

$$b_B = 1\,000\ m_B/M_B m_A \tag{2}$$

式中　M_B——溶质的分子量。

将式(2)代入式(1),整理得

$$M_B = 1\ 000\ K_f m_B / \Delta T_f m_A \quad \text{g/mol} \tag{3}$$

若已知某溶剂的凝固点降低常数 K_f 值,通过实验测定此溶液的凝固点降低值 ΔT,即可计算溶质的分子量 M_B。

2. 凝固点测量原理

通常测凝固点的方法是将溶液逐渐冷却,但冷却到凝固点,并不析出晶体,往往成为过冷溶液。然后由于搅拌或加入晶种促使溶剂结晶,由结晶放出的凝固热,使体系温度回升,当放热与散热达到平衡时,温度不再改变。此固液两相共存的平衡温度即为溶液的凝固点。但过冷太厉害或寒剂温度过低,则凝固热抵偿不了散热,此时温度不能回升到凝固点,在温度低于凝固点时完全凝固,就得不到正确的凝固点。溶剂与溶液的冷却曲线形状不同。对纯溶剂两相共存时,冷却曲线出现水平线段,其形状如图 3.15 所示的曲线 1。对溶液两相共存时,温度仍可下降,但由于溶剂凝固时放出凝固热,使温度回升,但回升到最高点又开始下降,所以冷却曲线不出现水平线段,而斜率发生变化,如图 3.15 所示的曲线 2。当将溶液逐步冷却时,其步冷曲线与纯溶液不同,如图 3.15 所示的曲线 3,4。由于溶剂析出后,剩余溶液浓度变大,显然回升的最高温度不是原浓度溶液的凝固点。出现如图 3.15 所示曲线 3 的形状。通常发生稍过冷现象,则出现如图 3.15 中曲线 4 的形状。严格的做法应作冷却曲线,并按图 3.15 中的方法加以校正。但如果溶液过冷程度不大,析出固体溶剂的量很少,对原始溶液浓度影响不大,则以过冷回升的最高温度作为溶液的凝固点。

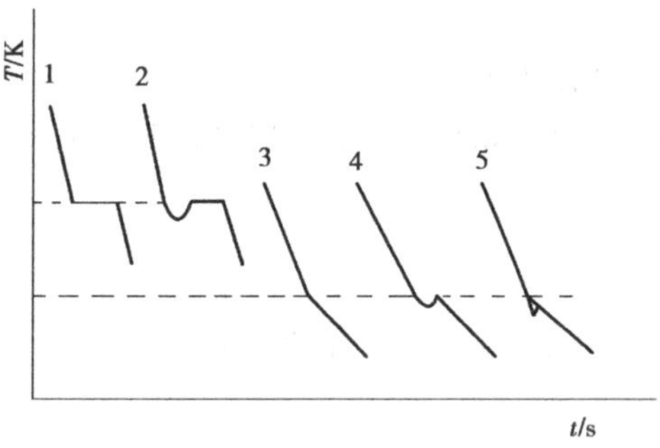

图 3.15　纯溶剂和溶液的冷却曲线

三、实验装置

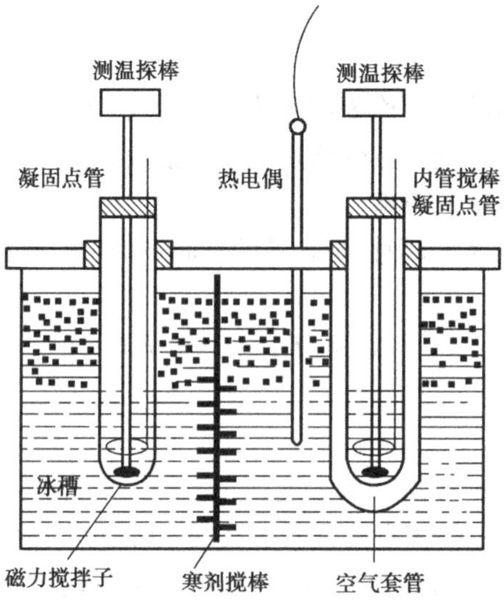

图 3.16　实验装置图

四、仪器及药品

仪器:凝固点测定仪、电子温差仪、电子分析天平、25 mL 移液管、洗耳球、滤纸、毛巾。

药品:环己烷、萘、冰块。

五、实验步骤

①凝固点测定仪按如图3.16所示进行安装。

②调节寒剂的温度。取适量冰与水混合,使寒剂温度控制在3~3.5 ℃,在实验过程中不断搅拌并不断补充碎冰,使寒剂保持此温度。

③溶剂凝固点的测定。用移液管向清洁、干燥的凝固点管内加入25 mL 环己烷,并记下环己烷的温度。

先将盛环己烷的凝固点管直接插入寒剂中,平稳搅拌使之冷却。当开始有晶体析出时放在空气套管中冷却,观察样品管的降温过程。当温度达到最低点后,又开始回升,回升到最高点后又开始下降。记录最高点和最低点温度,此最高点温度即为环己烷的近似凝固点。

取出凝固点管,用手捂住管壁片刻,同时不断搅拌,使管中固体全部熔化,将凝固点管直接插入寒剂中使之冷却至比近似凝固点略高0.5 ℃时,将凝固点管放在空气套管中,缓慢搅拌,使温度逐渐降低,当温度降至比近似凝固点低0.2 ℃时,快速搅拌,待温度回升后,再改为缓慢搅拌。直到温度回升到稳定为止,记录最高及最低点温度,重复测定3次,3次平均值作为纯环己烷的凝固点。

④溶液凝固点的测定。取出凝固点管,如前将管中环己烷溶化,用分析天平精确称取萘(约0.15 g)加入凝固点管中,待全部溶解后,测定溶液的凝固点。测定方法与环己烷的相同,先测近似的凝固点,再精确测定,重复3次,取平均值。

⑤实验完成后,洗净样品管,关闭电源,弃取冰水浴中的冷却水,擦干搅拌器,整理实验台。

六、实验数据记录与处理

①将实验数据填入表3.9中。

表3.9　数据记录表

物质	凝固点			凝固点降低值 ΔT	萘的分子量
	测量值		平均值		
环己烷	1		$T_f^* =$	$\Delta T = T_f^* - T_f$ $=$	$M_B = \dfrac{1\,000\ k_f m_B}{\Delta T m_A}$ $=$
	2				
	3				
环己烷+萘	1		$T_f =$		
	2				
	3				

②由所得数据计算萘的分子量,并计算与理论值的相对误差。

七、注意事项

①搅拌速度的控制是做好本实验的关键，每次测定应按要求的速度搅拌，并且测溶剂与溶液凝固点时搅拌条件要完全一致。准确读取温度也是实验的关键所在，应读准至小数点后第三位。

②寒剂温度对实验结果也有很大影响，过高会导致冷却太慢，过低则测不出正确的凝固点。

③在测量过程中，析出的固体越少越好，以减少溶液浓度的变化，才能准确测定溶液的凝固点。若过冷太甚，溶剂凝固越多，溶液的浓度变化太大，使测量值偏低。在过程中，可通过加速搅拌、控制过冷温度、加入晶种等控制过冷。

【技能训练二十一】 二元液系相图

一、实验目的

①用沸点仪测定在常压下环己烷-乙醇的气液平衡相图。

②了解沸点的测定方法。

③掌握阿贝折射仪的测量原理及使用方法。

二、实验原理

在常温下，任意两种液体混合组成的体系称为双液体系。若两液体能按任意比例相互溶解，则称完全互溶双液体系；若只能部分互溶，则称部分互溶双液体系。

液体的沸点是指液体的蒸汽压与外界大气压相等时的温度。在一定的外压下，纯液体有确定的沸点。但双液体系的沸点不仅与外压有关，还与双液体系的组成有关。图 3.17(a)是一种最简单的完全互溶双液系的 *T-X* 图，是与拉乌尔定律偏差不大的情况。其中，纵轴是温度（沸点）T，横轴是液体 B 的摩尔分数 x_B（或质量百分组成），上面一条是气相线，下面一条是液相线，对应于同一沸点温度的二曲线上的两个点，就是互相成平衡的气相点和液相点，其相应的组成可从横轴上获得。溶液的沸点介于 A，B 二纯液体的沸点之间。

实际溶液由于 A，B 二组分的相互影响，常与拉乌尔定律有较大偏差，如果液体与拉乌尔定律存在正偏差时，在 *T-X* 图上会有最低点出现（见图 3.17(b)，此点称为恒沸点，其相应的溶

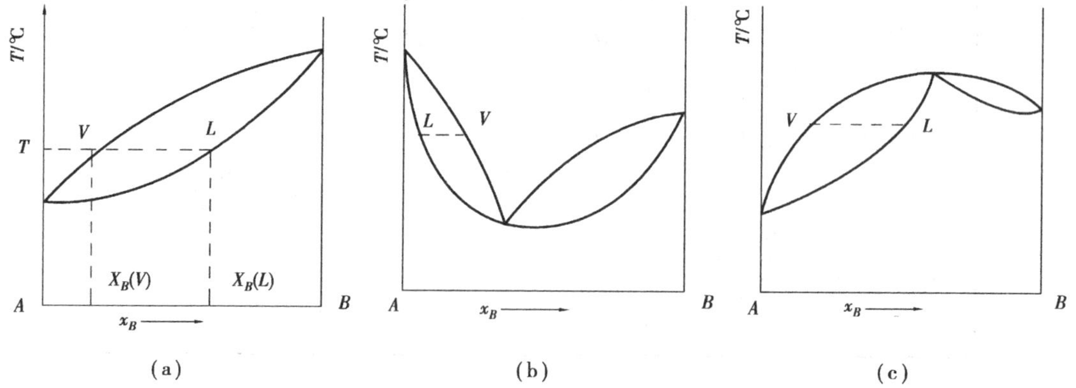

图 3.17 双液系 *T-X* 图

液称为恒沸点混合物。恒沸点混合物蒸馏时,所得的气相与液相组成相同,靠蒸馏无法改变其组成。如苯与乙醇的体系则具有最低恒沸点。如果液体与拉乌尔定律存在负偏差时(见图 3.17(c)),*T-X* 图上会有最高点出现,如 HCl 与水的体系具有最高恒沸点。

由于气相、液相的组成较难测定,通过引入中间量折射率来间接获取组成。本实验是用回流冷凝法测定环己烷-乙醇体系的沸点——组成图。其方法是用阿贝折射仪测定不同组成的体系,在沸点温度时气、液相的折射率,再从折射率——组成工作曲线上查得相应的组成,然后绘制沸点——组成图。

三、实验装置

实验装置如图 3.18 所示。

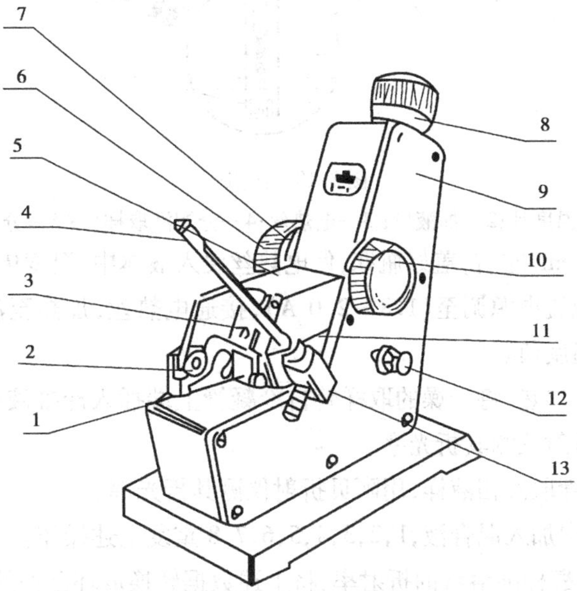

图 3.18　阿贝折射仪

1—反光镜;2—棱镜座转轴;3—遮光板;4—温度计;5—进光棱镜座;6—色散调节手轮;7—色散刻度图;8—目镜;9—盖板;10—手轮;11—折射棱镜;12—照明刻度盘聚光镜;13—温度计座

四、仪器及药品

仪器:阿贝折射仪(附带超级恒温水槽)、沸点仪、取样管,移液管(1 mL)两支,量筒 3 支,长毛细滴管两支,小试管 9 支。

药品:无水乙醇(A. R.)、环己烷(A. R.)。实验室预先配制环己烷-乙醇系列溶液,以环己烷摩尔分数计大约为 0.05,0.15,0.30,0.45,0.55,0.65,0.80 和 0.95。

五、实验步骤

①安装好干燥的沸点仪。

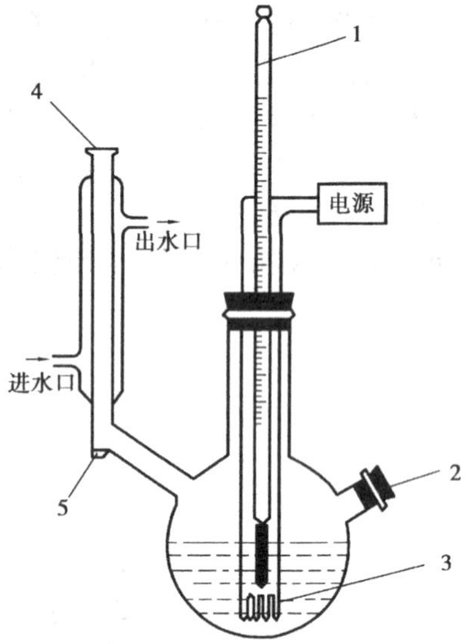

图 3.19　沸点仪

1—温度计;2—加液口; 3—电热丝;4—分馏液取样口; 5—分馏液

②加入纯乙醇 30 mL 左右,盖好瓶塞,使电热丝浸入液体中,温度传感器与液面接触。

③开冷凝水,将稳流电源调至(1.8 ~ 2.0 A),接通电热丝,加热至沸腾,待数字温度计上读数恒定后,读下该温度值。

④关闭电源,停止加热,将干燥的取样管自冷凝管上端插入冷凝液收集小槽中,取气相冷凝液样,迅速用阿贝折射仪测其折光率。

⑤用干燥的小滴管取液相液样,用阿贝折射仪测其折光率。

⑥分别在沸点仪中加入混合液,1,2,3,4,5,6,7,8 重复上述操作。

⑦根据环己烷-乙醇标准溶液的折射率,将上述数据转换成环己烷的摩尔分数,绘制相图。

⑧实验完毕后,关闭冷凝水,关闭电源,整理实验台。

六、数据处理

将实验数据填入表 3.10 中。

表 3.10　数据记录表

样品	沸点	气相组成		液相组成	
		$n_{样品}^{25\ ℃}$	$y_{C_6H_{12}}$	$n_{样品}^{25\ ℃}$	$x_{C_6H_{12}}$
1					
2					
3					
4					
5					
6					

七、注意事项

①在测定纯液体样品时，沸点仪必须是干燥的。

②在整个实验中，取样管必须是干燥的。

③本实验使用超级恒温槽，其温度必须调至 25 ℃（本实验环己烷-乙醇标准溶液的折射率是在 25 ℃时测定的）。

④取样至阿贝折射仪测定时，取样管应该垂直向下。

⑤取样时，应该先关闭电源，停止加热。

⑥在使用阿贝折射仪读取数据时，特别要注意在气相冷凝液样与液相液样之间一定要用擦镜纸将镜面擦干。

⑦注意线路的连接，加热时，应缓慢将稳流电源调至(1.8 ~2.0 A)

⑧如电热丝未接通，则关闭电源，先检查线路，然后检查电热丝的接触情况，进行适当调整。

八、实验习题

①回流时如冷却效果不好，对相图绘制有什么影响？

②由所得的相图讨论此溶液简单蒸馏的分离情况。

③在本实验中，若冷凝管下方的凹形贮槽体积过大，对测量有何影响？

④在加入不同数量的各组分时，如发生了微小的偏差，对相图的绘制有无影响？为什么？

⑤折射率的测定为什么要在恒温下进行？

⑥影响实验精度的因素之一是回流的好坏。如何使回流效果好？它的标志是什么？

附：

阿贝折射仪的使用方法

折射率是物质的重要物理常数之一，许多纯物质都具有一定的折射率，如果其中含有杂质则折射率将发生变化，出现偏差，杂质越多，偏差越大。因此，通过折射率的测定可测定物质的浓度。

1. 阿贝折射仪的构造原理

阿贝折射仪的外形图如图 3.18 所示。图 3.20 是另外一种型号的阿贝折射仪。

2. 使用方法

(1)仪器安装

将阿贝折射仪安放在光亮处，但应避免阳光的直接照射，以免液体试样受热迅速蒸发。用超级恒温槽将恒温水通入棱镜夹套内，检查棱镜上温度计的读数是否符合要求（一般选用 20.0 ±0.1 ℃或 25.0 ±0.1 ℃）。

(2)加样

旋开测量棱镜和辅助棱镜的闭合旋钮，使辅助棱镜的磨砂斜面处于水平位置。若棱镜表面不清洁，可滴加少量丙酮，用擦镜纸顺单一方向轻擦镜面（不可来回擦）。待镜面洗净干燥后，用滴管滴加数滴试样于辅助棱镜的毛镜面上，迅速合上辅助棱镜，旋紧闭合旋钮。若液体易挥发，动作要迅速，或先将两棱镜闭合，然后用滴管从加液孔中注入试样（注意切勿将滴管

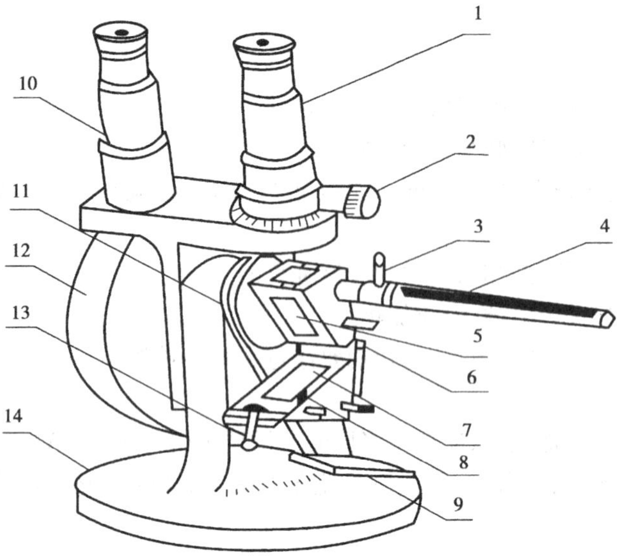

图 3.20 阿贝折光仪结构

1—测量望远镜;2—消散手柄;3—恒温水入口;4—温度计;5—测量棱镜;6—铰链;7—辅助棱镜;8—加液槽;9—反射镜;10—读数望远镜;11—转轴;12—刻度盘罩;13—闭合旋钮;14—底座

折断在孔内)。

(3)调光

转动镜筒使之垂直,调节反射镜使入射光进入棱镜,同时调节目镜的焦距,使目镜中十字线清晰明亮。调节消色散补偿器使目镜中彩色光带消失。再调节读数螺旋,使明暗的界面恰好同十字线交叉处重合。

(4)读数

从读数望远镜中读出刻度盘上的折射率数值。常用的阿贝折射仪可读至小数点后的第四位,为了使读数准确,一般应将试样重复测量3次,每次相差不能超过0.000 2,然后取平均值。

3. 阿贝折光仪的使用步骤

①用擦镜纸将镜面擦干,取样管垂直向下将样品滴加在镜面上,注意不要有气泡,然后将上棱镜合上,关上旋钮。

②打开遮光板,合上反射镜。

③轻轻旋转目镜,使视野最清晰。

④旋转刻度调节手轮(下手轮),使目镜中出现明暗面(中间有色散面)(见图3.21(a))。

⑤旋转色散调节手轮(上手轮),使目镜中色散面消失,出现半明半暗面(见图3.21(b)、(c))。

⑥再旋转刻度调节手轮(下手轮),使分界线处在十字相交点(见图3.21(d))。

⑦在下标尺上读取样品的折光率。

⑧阿贝折光仪的校正。

4. 阿贝折射仪的使用注意事项

阿贝折射仪是一种精密的光学仪器,使用时应注意以下5点:

①使用时要注意保护棱镜,清洗时只能用擦镜纸而不能用滤纸等。加试样时,不能将滴管

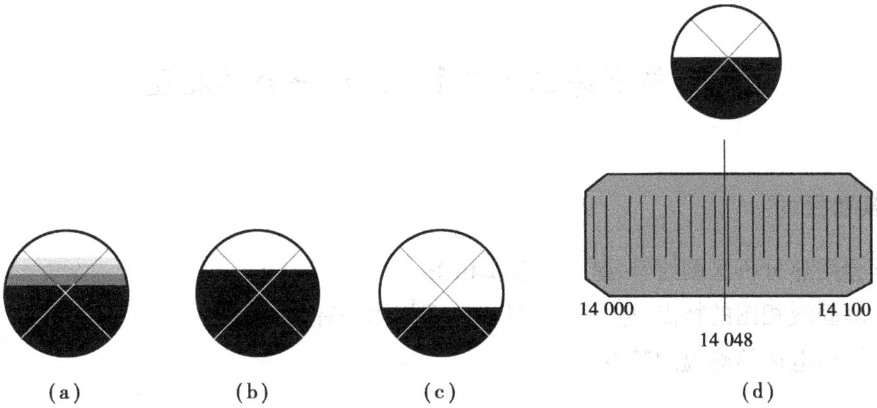

图3.21　阿贝折光仪读数系统示意图

口触及镜面。对于酸碱等腐蚀性液体不得使用阿贝折射仪。

②每次测定时,试样不可加得太多,一般只需加2~3滴即可。

③要注意保持仪器清洁,保护刻度盘。每次实验完毕,要在镜面上加几滴丙酮,并用擦镜纸擦干。最后用两层擦镜纸夹在两棱镜镜面之间,以免镜面损坏。

④读数时,有时在目镜中观察不到清晰的明暗分界线,而是畸形的,这是由于棱镜间未充满液体;若出现弧形光环,则可能是由于光线未经过棱镜而直接照射到聚光透镜上。

⑤若待测试样折射率不为1.3~1.7,则阿贝折射仪不能测定,也看不到明暗分界线。

5. 阿贝折射仪的校正和保养

阿贝折射仪的刻度盘的标尺零点有时会发生移动,须加以校正。校正的方法一般是用已知折射率的标准液体,常用纯水。通过仪器测定纯水的折光率,读取数值。如同该条件下纯水的标准折光率不符,调整刻度盘上的数值,直至相符为止。也可用仪器出厂时配备的折光玻璃来校正,具体方法一般在仪器说明书中有详细介绍。

阿贝折射仪使用完毕后,要注意保养。应清洁仪器,如果光学零件表面有灰尘,可用高级鹿皮或脱脂棉轻擦后,再用洗耳球吹去。如有油污,可用脱脂棉蘸少许汽油轻擦后再用乙醚擦干净。用毕后将仪器放入有干燥剂的箱内,放置于干燥、空气流通的室内,防止仪器受潮。搬动仪器时应避免强烈振动和撞击,防止光学零件损伤而影响精度。

①仪器校正。在开始测定前,用纯水校正阿贝折光仪。将超级恒温槽的温度调至25 ℃,将阿贝折光仪的数据调至1.332 5,然后观察明暗分界线是否在十字线中间。若有偏差,则用螺丝刀微量旋转小孔内的螺钉,使分界线位移至十字线中间。

②如未进行仪器校正,则必须进行数据校正,即

$$n_{H_2O}^{25\ ℃} = 1.332\ 5$$

$$\Delta N = n_{H_2O}^{实验} - n_{H_2O}^{25\ ℃} = n_{H_2O}^{实验} - 1.332\ 5$$

$$n_{样品}^{25\ ℃} = n_{样品}^{实验} - \Delta N$$

【技能训练二十二】 二组分金属相图

一、实验目的

①学会用热分析法测绘锌-锡二元金属相图。

②了解固液相图的特点，进一步学习和巩固相律等有关知识。

③掌握热电偶的测温的基本方法。

二、基本原理

物质在不同的温度、压力和组成下，可处于不同的状态，其变化关系可用几何图形表示出来，相图就是用几何方法表示体系相平衡状态的图形。二组分体系的相图可分为二组分气-液体系和二组分固-液体系两大类。后者属于凝聚体系，受压力的影响较小，其相图用温度-组成的平面图表示。

对二组分固-液合金体系，常用“热分析法”绘制体系的相图。所谓热分析法，是对所研究的二组分体系，配成一系列不同组成的样品，加热使之完全熔化，然后再均匀降温，记录温度随时间的变化曲线，称为“步冷曲线”。体系若有相变，必然产生相变热，使降温速率减慢，则在步冷曲线上会出现“拐点”或“平阶”，从而可确定出相变温度。以横轴表示混合物的组成，纵轴表示温度，即可绘制出被测体系的相图，如图 3.22 所示。

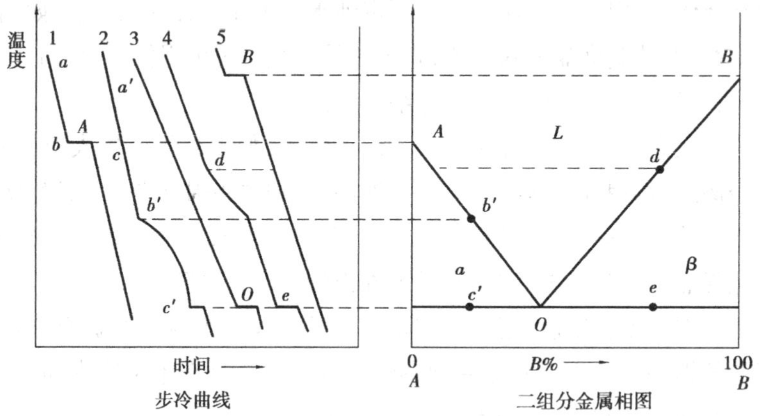

图 3.22 热分析法绘制相图

以 A 和 B 二组分体系为例，纯组分 A 的步冷曲线如图 3.22 所示的曲线 1，高温液体从 a 点开始降温，从 a 到 b 的降温过程中没有发生相变，降温速率较快。当冷却到组分 A 的熔点时，固体 A 开始析出，体系处于固-液两相平衡，此时温度保持不变，故步冷曲线上出现 bc 段的“平阶”。当液体 A 全部凝固成固体 A 后，温度又继续下降。根据“平阶”所对应的温度，可确定相图中的 A 点，即纯 A 的熔点。

混合物的步冷曲线与纯组分的步冷曲线有所不同，如图 3.22 所示的步冷曲线 2，从 a' 到

b'是熔液单纯的降温过程,降温速率较快。当温度达到b'点所对应的温度时,开始有固体A析出,体系呈两相平衡(熔液和固体A),但此时温度仍可下降,由于固体A析出时产生了相变热,故降温速率减慢,步冷曲线上出现了b'点所对应的"拐点",由此可确定相图中的b'点。随着固体A逐渐析出,熔液的组成不断改变。当温度达到c'点时,又有固体B析出,此时体系处于三相平衡(熔液、固体A和固体B),根据相律可知,$f^* = 2 - 3 + 1 = 0$,所以温度不变,步冷曲线上出现了"平阶",根据此"平阶"温度,确定相图中的c'点。当熔液全部凝固后,温度又继续下降,这是固体A和固体B的单纯降温过程。

步冷曲线3的特点是高温熔液在降温到O点所对应的温度以前没有任何固体析出。在达到O点所对应的温度时,固体A和固体B同时析出,此时体系呈三相平衡,由此确定了相图中的O点,O点以下是固体A和固体B的降温过程。

步冷曲线4与2类似,所不同的是在"拐点"d处析出的是固体B,在"平阶"e处又析出固体A,同样处于三相平衡,由此确定相图中的d点和e点。

步冷曲线5与1类似,其"平阶"对应纯组分B的熔点。

将各样品刚开始发生相变的各点A,b',O,d,B用线连接起来;c',O,e各点所对应的温度一样,用直线将它们连接起来;这样A-B二组分体系相图便绘制出来了。整个相图分为4个区域:AOB以上的区域为液相区L;AO线以下为固体A和液相两相共存区;BO线以下为固体B和液相两相共存区;c',O,e线以下的区域为固体A和固体B的两相共存区。c',O,e线为三相线,处于该线上的体系是固体A、固体B与组成为O的熔液三相平衡共存;$Ab'O$线是固体A与熔液呈两相平衡时,熔液组成与温度关系的曲线,称为液相线;OdB线与$Ab'O$线相似,是固体B与熔液呈两相平衡时的液相线。O点称为简单低共熔点,该点对应的熔液所析出的混合物称为简单低共熔混合物。因此,此类相图被称为简单低共熔体系相图。

本实验是利用"热分析法"测定一系列不同组成的Pb-Sn混合物的步冷曲线,从而绘制出此二组分体系的金属相图。利用程序升降温仪控制电炉的加热和降温,可人为设定降温速率,通过热电偶采集温度数据使步冷曲线直接显示在微机屏幕上,同时在程序升降温控制仪上配有温度数值显示和定时报鸣时间,因此也可手工记录画出步冷曲线。

热分析法是根据样品在加热或冷却过程中,温度随时间的变化关系来判断被测样品是否发生相变化。对于简单的低共熔二元系,当均匀冷却时,如无相变化其温度将连续均匀下降,得到一条平滑的曲线;如在冷却过程中发生了相变,由于放出相变热,使热损失有所抵偿,冷却曲线就会出现转折或水平线段,转折点所对应的温度,即为该组成合金的相变温度。

通过测定一系列组成不同的样品温度随时间的变化曲线(步冷曲线),绘制出二组分金属相图。

三、实验装置

实验装置如图3.23所示。

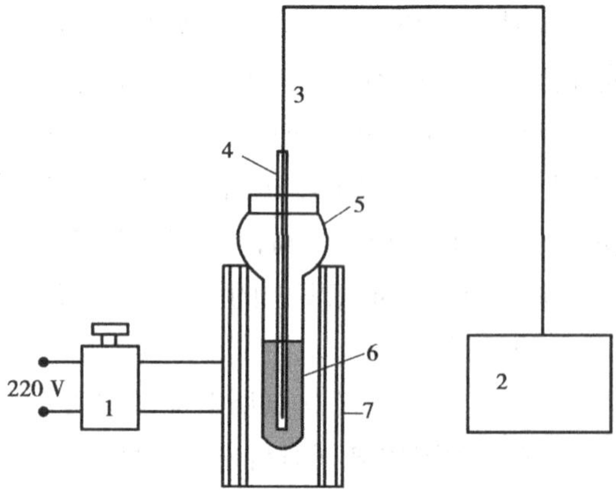

图 3.23 步冷曲线测定装置示意图
1—调压器;2—电子温度计;3—热电偶;
4—细玻璃管;5—样品管;6—样品;7—电炉

四、仪器及药品

仪器:金属相图实验装置(EF-07):温控仪 1 个、加热炉 1 个、冷却炉 1 个、热电偶两只。

药品:100% Zn,100% Sn,70% Zn + 30% Sn,25% Zn + 75% Sn,8.8% Zn + 91.2% Sn 样品管。为防止金属氧化,样品表面覆盖上石墨粉。

五、实验步骤

①在温度控制仪上先设置好加热炉温度和冷却炉温度。

②将样品放入加热炉内,插入热电偶,打开加热开关,将温度加热到设定温度。

③将装有已经熔化的样品管,从加热炉取出放入冷却炉内。

④记录单位时间内温度。每隔 0.5 min 记一个数据。

⑤将另一个样品管再放入加热炉,重复以上实验,至少做 5 个样品。

⑥实验完成后,取出样品管,关闭电源,整理实验台。

六、数据处理

①以时间为横坐标,温度为纵坐标做时间—温度曲线,即步冷曲线。

②以二组分金属的组成(%)为横坐标,温度为纵坐标,作金属相图。找出步冷曲线上的折点和平台所对应的温度和组成,在相图上找出二相点和三相点,连接各点作出二组分金属相图。

实验数据填入表 3.11 中。

表 3.11　数据记录表

时间\组成/%	纯锌	纯锡	70% Zn + 30% Sn	25% Zn + 75% Sn	8.8% Zn + 91.2% Sn

七、注意事项

①被测样品依次按高熔点到低熔点进行测定（纯锌的熔点：419.58 ℃，纯锡的熔点：232 ℃）。

②为使步冷曲线上有明显的相变点，必须将热电偶结点放在熔融体的中间偏下处，同时将熔体搅匀。冷却时，将金属样品管放在冷却炉中，控制温度下降打开风扇。

③实验过程中，样品管要小心轻放，插换热电偶时，要格外小心，防止碰破样品管。

④不要用手触摸被加热的样品管底部，更换热电偶时不要碰到手臂，以免烫伤。

八、实验习题

①金属熔融系统冷却时，冷却曲线为什么出现折点？纯金属、低共熔金属及合金等转折点各有几个？折线和平台各几个？

②有时在出现固相的冷却记录曲线转折处出现凹陷的小弯，是什么原因造成的？此时，应如何读相图转折温度？

③对所作相图中进行相律分析，指出最低共熔点、曲线、各区的相数和自由度数。

【技能训练二十三】　氨基甲酸铵的分解平衡

一、实验目的

①测定氨基甲酸铵的分解压力，并求得反应的标准平衡常数和有关热力学函数。

②掌握空气恒温箱的结构原理及其使用。

二、实验原理

氨基甲酸铵的分解可表示为

$$NH_2COONH_4(\text{固}) \rightleftharpoons 2\,NH_3(\text{气}) + CO_2(\text{气})$$

设反应中气体为理想气体，则其标准平衡常数 $K^{\ominus}$ 可表示为

$$K^{\ominus} = \left[\frac{P_{NH_3}}{P^{\theta}}\right]^2 \cdot \left[\frac{P_{CO_2}}{P^{\theta}}\right] \quad (1)$$

式中　P_{NH3},P_{CO2}——反应温度下 NH_3 和 CO_2 的平衡分压；

$P^{\ominus}$——100 kPa。

设平衡总压为 P,则

$$P_{NH_3} = \frac{2}{3}P; P_{CO_2} = \frac{1}{3}P$$

代入式(1),得

$$K^{\ominus} = \left(\frac{2}{3}\frac{P}{P^{\ominus}}\right)^2\left(\frac{1}{3}\frac{P}{P^{\ominus}}\right) = \frac{4}{27}\left(\frac{P}{P^{\ominus}}\right)^3 \tag{2}$$

因此,测得一定温度下的平衡总压后,即可按式(2)算出此温度的反应平衡常数 $K^{\ominus}$。氨基甲酸铵分解是一个热效应很大的吸热反应,温度对平衡常数的影响比较灵敏。但当温度变化范围不大时,按平衡常数与温度的关系式,可得

$$\ln K^{\ominus} = \frac{-\Delta rHm^{\ominus}}{RT} + C \tag{3}$$

式中　$\Delta rHm^{\ominus}$——该反应的标准摩尔反应热；

R——摩尔气体常数；

C——积分常数。

根据式(3),只要测出几个不同温度下的 $K^{\ominus}$,以 $\ln K^{\ominus}$ 对 $1/T$ 作图,由所得直线的斜率即可求得实验温度范围内的 $\Delta rHm^{\ominus}$。

利用如下热力学关系式还可计算反应的标准摩尔吉氏函数变化 $\Delta rGm^{\ominus}$ 和标准摩尔熵变 $\Delta rSm^{\ominus}$ 为

$$\Delta rGm^{\ominus} = -RT\ln K^{\ominus} \tag{4}$$

$$\Delta rGm^{\ominus} = \Delta rHm^{\ominus} - T\Delta rSm^{\ominus} \tag{5}$$

本实验用静态法测定氨基甲酸铵的分解压力。参看如图 3.23 所示的实验装置。样品瓶 A 和等压计 B 均装在空气恒温箱 D 中。

三、仪器与试剂

试剂:氨基甲酸铵(固体粉末)、硅油。

仪器:恒温箱、样品瓶、数字式大气压力计、硅油零压计、机械真空泵、活塞等。

四、实验步骤

①按如图 3.24 所示的装置接好管路,并在样品瓶 2 中装入少量氨基甲酸铵粉末。

②向恒温槽中加水至没过样品管和等压计,调节恒温槽水温为 25 ℃。

③打开真空泵,待泵运行正常后,关闭玻璃放空活塞,观察低真空数字测压仪的读数,等读数为 -90 kPa 以下时,关闭玻璃活塞,打开玻璃放空活塞后,关闭真空泵,关闭进气阀。

④ 慢慢旋转与空气相连的活塞,缓慢放入空气进入体系,使 U 形等压计液面水平,若 5 min内保持液面水平不变,记下低真空测压仪的读数,然后关闭空气相连的活塞,再重复一次,如果两次结果相差在 0.1 kPa 之内,则继续进行实验,若偏差较大,则第一次空气没抽净,应在重复一次。

⑤用同样的方法测 30 ℃,35 ℃,40 ℃,45 ℃的分解压力。

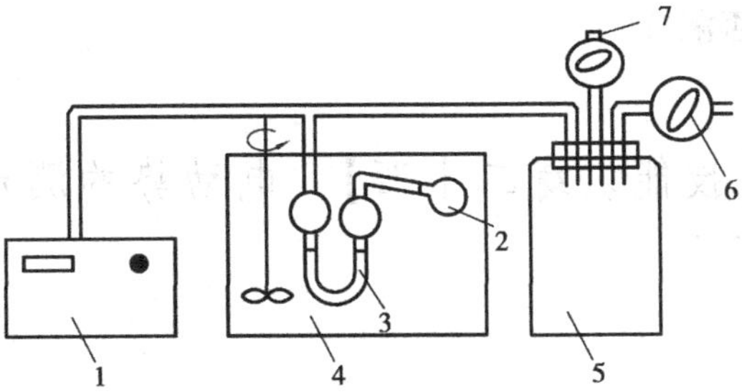

图 3.24　分解压测定装置

1—数字压力计;2—氨基甲酸铵瓶;3—等压计;4—恒温槽;

5—缓冲瓶;6—旋塞(通真空泵);7—旋塞(通大气)

⑥整理实验数据,收拾实验仪器和药品。

五、数据处理

室温:________　大气压:________ Pa

表 3.12　数据记录表

t/℃	$1/T(10^{-3}\mathrm{K})$	分解压 P/kPa	$K^{\ominus}$	$\ln K^{\ominus}$
25				
30				
35				
40				
45				

①将测得的数据填入表 3.12 中,计算氨基甲酸铵在不同温度下的分解压,并按式(2)计算氨基甲酸铵分解反映的标准平衡常数 $K^{\ominus}$。

②作 $\ln K^{\ominus}$—$1/T$ 图,由式(3)的斜率计算氨基甲酸铵分解反应的平均摩尔反应焓($\Delta rHm^{\ominus}$)。

③分别用式(4)、(5)计算各分解温度下的 $\Delta rGm^{\ominus}$ 和 $\Delta rSm^{\ominus}$。

④用计算机处理上述数据。

六、注意事项

①体系必须达到平衡后,才能读取数字压力计的压力差。

②恒温槽温度控制到 ±0.1 ℃。

③玻璃等压计中的封印液一定要选用黏度小、密度小、蒸汽压低,并且与反应体系不发生作用的液体。

七、实验习题

①温度下,氨基甲酸铵的用量多少对分解压力有何影响?

②为什么要用零压计?零压计中液体为什么选用硅油?

③怎样检查系统是否漏气？

【技能训练二十四】 电动势的测定

一、实验目的

①掌握电位差计的测量原理和测定电池电动势的方法。
②了解可逆电池、可逆电极、盐桥等概念。

二、实验原理

电池的书写习惯是左方为负极，右方为正极。负极进行氧化反应，正极进行还原反应。如果电池反应是自发的，则电池电动势为正。符号“|”表示两相界面，“||”表示盐桥。

例如，用电动势法求 AgCl 的 K_{SP}，则需设计成以下电池：

(－)Ag(固)|AgCl(固)|KCl(0.1 mol/L)||$AgNO_3$(0.01 mol/L)|Ag(固)(＋)

电池组成如图 3.25 所示。

电池的电极反应如下：

负极

$Ag + Cl^-(0.1\ mol/L) \longrightarrow AgCl + e \qquad E_{左} = E^{\theta}_{左} - RT/F \times \ln 1/a^-_{Cl}$

正极

$Ag^+(0.01\ mol/L) + e \longrightarrow Ag \qquad E_{右} = E^{\theta}_{右} - RT/F \ln 1/a^+_{Ag}$

电池反应

$Ag^+(0.01\ mol/L) + Cl^-(0.1\ mol/L) \longrightarrow AgCl$

$E = E^{\theta} - RT/F \times \ln 1/a^+_{Ag} \times a^-_{Cl}$

$E^{\theta} = E + RT/F \times \ln 1/a^+_{Ag} \times a^-_{Cl}$

因为

$$\Delta rGm^{\theta} = -nFE^{\theta} = -RT \ln \frac{1}{K_{SP}}$$

式中，$n=1$，在纯水中 AgCl 溶解度极小，因此活度积就等于溶度积。因此，代入上式化简后有

$$\lg K_{SP} = \lg a^+_{Ag} + \lg a^-_{Cl} - EF/2.303RT$$

测得电池动势 E，即可求 K_{SP}。

只要测得该电池的电动势，就可通过上式求得 AgCl 的 K_{SP}。

又如，通过电动势的测定，求未知溶液的 pH，可设计以下电池：

(－)Hg(液)|Hg_2Cl_2(固)|KCl(饱和)|| 饱和醌氢醌的未知 pH 溶液|Pt(＋)

正极反应为

$$C_6H_4O_2 + 2H^+ + 2e \longrightarrow C_6H_4(OH)_2$$

电极电势为

$$E_{右} = E^{\theta}_{醌氢醌} - RT/2F \ln a_{氢醌}/a_{醌}\ a^2_{H^+} = E^{\theta}_{醌氢醌} - 2.30RT/F^* \mathrm{pH}$$

因为

$$E=E_{右}-E_{左}=E^{\theta}_{醌氢醌}-2.30RT/F^{*}\,\mathrm{pH}-E_{甘汞}$$

所以

$$\mathrm{pH}=(E^{\theta}_{醌氢醌}-E-E_{甘汞})/(2.303RT/F)$$

只要测得电动势,就可通过上式求得未知溶液的 pH 值。

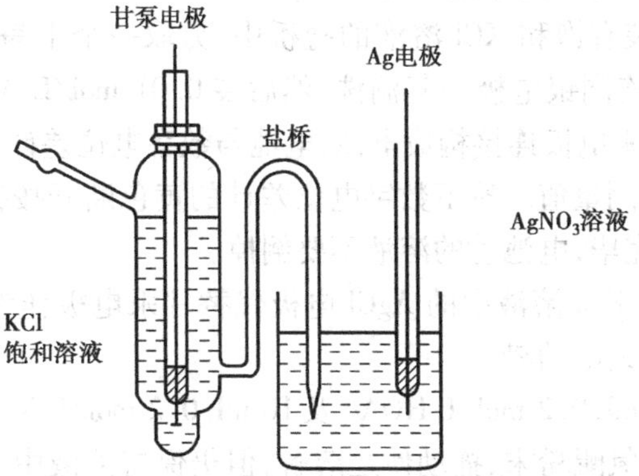

图3.25　电池组成图

三、仪器及药品

仪器:EM-3C 型数字电位差计、甘汞电极、氯化银电极、铂电极、银电极、标准电池,50 mL 烧杯5个,10 mL 移液管两支,洗瓶1个。

药品:饱和 KNO_3 盐桥、0.01 mol/L、$AgNO_3$、0.1 mol/L KCl、饱和 KCl 溶液、氢醌固体粉末、0.2 mol/L HOAc、0.2 mol/L NaOAc、未知溶液。

四、实验步骤

本实验测定下列电池的电动势:

①(－)Hg(液)|Hg_2Cl_2(固)|KCl(饱和)||$AgNO_3$(0.01mol/L)|Ag(固)(＋)

②(－)Ag(固)|AgCl(固)|KCl(0.01 mol/L)||$AgNO_3$(0.01mol/L)|Ag(固)(＋)

③(－)Hg(液)|Hg_2Cl_2(固)|KCl(饱和)||H^+(0.1 mol/L HOAc＋0.1 mol/L NaAcO)Q. QH_2|Pt(＋)

④(－)Hg(液)|Hg_2Cl_2(固)|KCl(饱和)|| 未知样品 Q. QH_2|Pt(＋)

操作步骤如下:

①按室温计算各电池电动势值(注:预习时算好)。

②插上数字电位差计的电源插座,打开电源开关预热5 min。将右侧功能选择开关置于测量挡。

③测定实验时的室温,计算该温度下的标准电池电动势值。其计算公式为

$$E_t=[1.018\,6-4.06\times10^{-5}(t\,℃-20)-9.5\times10^{-7}(t\,℃-20)^2]\,\mathrm{V}$$

式中　t——实验温度,℃。

④分别用红("＋"极)、黑("－"极)测量线的一端插入数字电位差计的外标线路相对应的"＋"极与"－"极,其另一端与标准电池的"＋"极与"－"极相连接,将数字电位差计"功能选择"开关打到"外标"依次调节电位器开关×1 000 mV,×100 mV,×10 mV,×1 mV,×0.1 mV 到 E_t 值,旋转×0.01 mV 电位器,使电动势指示的值与 E_t 完全相符,且平衡指示为0.000 0止,若不为零,则按校准开关。

⑤测量:将测量电池的正、负电极分别与数字电位差计的测量线路“+”极、“-”极连接,将面板右侧的“功能选择”开关拨至“测量”位置,依次调节电位器开关×1 000 mV,×100 mV,×10 mV,×1 mV,×0.1 mV 到理论计算值,旋转×0.01 mV 电位器,使平衡指示为0.000 0止,读出电动势指示值,即为所测电池的电动势。

⑥将甘汞电极插入装有饱和 KCl 溶液的盐桥中;另取一个干净的 100 mL 烧杯用数毫升0.01 mol/L $AgNO_3$ 溶液连同银电极一起淌洗,然后装 0.01 mol/L $AgNO_3$ 溶液 20 mL,插入银电极,用 KNO_3 盐桥与甘汞电极连接构成电池,电池与数字电位差计相连接,注意电极的极性。按步骤⑤进行测量,记下测量值。按下数字电位差计的黄色断开按钮,再进行重复测量,取两次测量的平均值。测定完毕,电池①的溶液不要倒掉。

⑦用浸在 0.1 mol/L KCl 溶液中的 AgCl 电极代替甘汞电极作参考电极,用它与 Ag 电极连成电池②,再按上法测其电动势。

⑧用移液管移取 10 mL 0.2 mol/L HOAc 及 10 mL 0.2 mol/L NaOAc 溶液于洗净的小烧杯中,再于其中加入少量醌氢醌粉末,摇动使之溶解,但仍保持溶液中含少量固体。然后插入铂电极,负极用步骤⑥的甘汞电极和盐桥,连接构成电池③,测其电动势。最后按相同的方法,测未知溶液的 pH 值。

⑨测定完毕后,保留饱和 KCl 溶液及 AgCl 电极的溶液,将 AgCl 电极浸入 0.1 mol/L KCl 溶液的广口瓶中保存。倒去硝酸银及醋酸溶液。洗净广口瓶,装入蒸馏水,将 Pt 电极和 Ag 电极插入其中,盐桥两端淋洗后,浸入硝酸钾溶液中保存,甘汞电极清洗后套上电极保护套,装入电极盒内。

⑩实验完毕,清洗仪器,电位器复零,关闭电源开关,拔下电源插座,整理好电源连接线和标准电池,合上数字电位差计仪器盖,整理实验室。

五、注意事项

①数字电位差计要预热 15 min。

②盐桥使用时要注意不要污染,认准一端装氯化物,用后要及时清洗,并在饱和硝酸钾溶液中保存。

③硝酸银溶液用后要回收到指定的容器中。

④电池电动势测定时不要长时间通电,当稳定后马上读数,然后按下断开开关。

六、数据处理

①计算室温下 1,2,3 号电池的电动势及缓冲溶液 pH 值,实验数据填入表 3.13 中。

室温________℃, E_t = ________V

表 3.13 数据记录表

测定值 / 编号	1/V	2/V	平均值/V	理论值/V	误差
1					
2					
3					
4					

②利用电池②的测定结果计算氯化银的溶度积。
③计算未知溶液 pH 值。
④计算测定值与理论值之间的误差，讨论其误差来源。

【技能训练二十五】 旋光法测定蔗糖转化反应的速率常数

一、实验目的

①了解旋光仪的基本原理，掌握其使用方法。
②测定蔗糖水解转化反应的速率常数和反应的半衰期。

二、实验原理

蔗糖在水中会水解转化为葡萄糖与果糖：

$$\underset{\text{蔗糖}}{C_{12}H_{22}O_{11}} + H_2O \xrightarrow{H^+} \underset{\text{葡萄糖}}{C_6H_{12}O_6} + \underset{\text{果糖}}{C_6H_{12}O_6}$$

这是一个二级反应。在水中此反应进行很慢，通常需在 H^+ 催化下进行。由于反应时水是大量存在的，尽管有部分水分子参加了反应，仍近似地认为反应过程中水的浓度是不变的，而 H^+ 离子只起催化作用，浓度也保持不变，因此蔗糖转化反应可看作一级反应，即所谓准一级反应。

一级反应的反应速率方程为

$$-\frac{dC_A}{dt} = kc_A$$

式中　k——反应速率常数；

c_A——时间 t 时的反应物浓度。

积分上式后，可得

$$\int_{c_A^0}^{c_A} -\frac{dc_A}{c_A} = \int_0^t k dt$$

$$\ln C_A = -kt + \ln C_A^0$$

式中　c_A^0——反应物反应开始时的浓度。

当 $C_A = \frac{1}{2}C_A^0$ 时，t 用 $t_{1/2}$ 表示，称为反应半衰期，即

$$t_{1/2} = \frac{\ln 2}{k} = \frac{0.693}{k}$$

本实验中反应物和生成物均具有旋光性，且旋光能力不同，故可采用体系在反应过程中旋光度变化来量度反应的进程。

量度旋光度所用的仪器称为旋光仪。测得旋光度的大小与溶液中所含的旋光物质的旋光能力、溶剂的性质、溶液的浓度、样品管的长度、光的波长以及温度等均有关。在其他条件均固定时，旋光度 α 与反应物浓度成正比，即

$$\alpha = kc$$

物质的旋光能力用比旋光度来量度，比旋光度可表示为

$$[a]_D^{20} = \frac{\alpha}{Lc}$$

式中　20——实验温度为 20 ℃；

D——所用为钠光源 D 线，波长为 589 nm；

α——测得的旋光度，(°)；

L——样品管长度，m；

c——样品浓度，kg/m^3。

当温度、光源波长及溶剂一定时，各种物质的$[a]_D^{20}$为一定值，如以水为溶剂时，蔗糖的$[a]_D^{20} = +66.6°$，葡萄糖的$[a]_D^{20} = +52.5°$，果糖的$[a]_D^{20} = -91.9°$。

当比旋度、旋光管的长度一定时，溶液的旋光度 a 与物质 B 的浓度 c_B 成正比，即

$$a = k_B c_B$$

式中　k_B——比例常数。

反应开始时，系统的旋光度为正值，随着反应的进行，溶液中葡萄糖和果糖逐渐增多，虽然二者的浓度相等，但由于果糖的左旋性比葡萄糖的右旋光性大，因此系统的旋光度不断变小，且由正值变为负值，即系统旋光性由右旋逐渐变为左旋。

设系统的起始旋光度为 a_0，时间 t 时的旋光度为 a_t，反应终了时的旋光度为 a_∞，依据 $a = kc$，可得

$$a_0 = k_{蔗} c_A^0 a_t = k_{蔗} c_A + (k_{葡} + k_{果})(c_A^0 - c_A)$$

$$a_\infty = (k_{葡} + k_{果}) c_A^0$$

由上面三式联立可解得

$$c_A^0 = \frac{\alpha_0 - \alpha_\infty}{k_{蔗} - (k_{葡} + k_{果})}$$

$$c_A = \frac{\alpha_t - \alpha_\infty}{k_{蔗} - (k_{葡} + k_{果})}$$

将此两式代入 $\ln c_A = -kt + \ln c_A^0$，并整理可得

$$\ln(\alpha_t - \alpha_\infty) = -kt + \ln(\alpha_0 - \alpha_\infty)$$

由 $\ln(\alpha_t - \alpha_\infty)$ 对 t 作图得一直线，由直线斜率可求出反应速率常数 k。

三、仪器及药品

旋光仪、超级恒温槽、秒表、容量瓶（50 mL）、锥形瓶（100 mL）、移液管（25 mL）、吸耳球、台秤（公用）、蔗糖（分析纯）、盐酸溶液（2 mol/L）。

四、实验步骤

①参阅附录中有关旋光仪部分，熟悉旋光仪的构造、原理和使用方法。

②校正旋光仪零点。打开旋光仪电源开关，预热几分钟。然后将已洗净的旋光管的一端的盖子旋紧，由另一端向管内装满蒸馏水，使水形成一凸出的液面，取玻璃盖片从旁边轻轻推入盖好，再旋紧套盖，勿使漏水，管内应尽量避免有水泡存在。若有微小气泡，应设法赶至管的

凸肚部分(玻璃盖子勿在水槽中洗涤,防止丢失)。用纸揩干旋光管外部,再用擦镜纸擦两端玻片。将旋光管置于旋光仪内,凸肚一端位于靠光源方,盖上槽盖,按退零按钮,使显示屏上读数为零。

③测定 α_t 值。称取 10 g 蔗糖,溶于蒸馏水中,待完全溶解后,用 50 mL 容量瓶配制溶液。用移液管移取 25 mL 蔗糖溶液置于 100 mL 的锥形瓶中,用另一支移液管移取 25 mL 浓度为 2 mol/L 的 HCl 溶液加到盛有蔗糖的锥形瓶中混合,并在 HCl 溶液加至一半时,开动秒表作为反应时间的开始。不断振荡摇动锥形瓶,使之均匀后,立即用少量反应液清洗旋光管,然后将反应液注满旋光管(方法同步骤②),揩干净后置于旋光仪中。到 5 min 时,按测量按钮,读取显示屏上读数。同样读取 10,15,20,30,40,60,80,100 min 的 α_t 值。

④测定 α_∞ 值。为了测定反应终了的旋光度 α_t 值即 α_∞ 值,可将步骤③中锥形瓶内剩余的混合液置于 50~60 ℃的水浴中温热 30 min,以加速蔗糖水解转化,然后冷却至室温,测其旋光度即为 α_∞ 值。必须注意,水浴温度不可过高,否则将产生副反应,溶液变黄。

由于反应混合液酸度较大,因此,旋光管外面必须擦干后才能放入旋光仪内测量。旋光管在实验结束后必须洗涤干净。

五、数据处理

实验温度(室温):________℃

大气压:________ Pa

HCl 溶液浓度:________ mol/L

蔗糖溶液浓度:________ mol/L

α_∞ = ________°

表 3.14　数据记录表

反应时间/min	α_t	$\alpha_t-\alpha_\infty$	$\ln(\alpha_t-\alpha_\infty)$

以 $\ln(\alpha_t-\alpha_\infty)$ 对 t 作图得一直线,由直线斜率求反应速率常数 k,并计算半衰期 $t_{1/2}$。

六、实验习题

①在旋光度测量中为什么要对零点进行校正?

②在计算 k 时,是否要先测出 α_0,实验中蔗糖溶液和盐酸混合时反应立即开始,那么如何求 α_0?

③本实验中是将盐酸溶液加到蔗糖溶液中,可否将蔗糖溶液加至盐酸溶液中?为什么?

【技能训练二十六】 乙酸乙酯皂化反应速率系数的测定

一、实验目的

①掌握用电导法测定乙酸乙酯皂化反应速率系数和活化能的方法。
②了解二级反应的特点，学会用图解计算法求出二级反应的速率系数。
③掌握电导率仪的使用方法。

二、实验原理

乙酸乙酯皂化反应为

$$CH_3COOC_2H_5 + NaOH \longrightarrow CH_3COONa + C_2H_5OH$$

它的反应速率可用单位时间内 CH_3COONa 浓度的变化来表示，即

$$\frac{dx}{dt} = k(a-x)(b-x)$$

式中 a,b——反应物酯和碱的初始浓度；
x——经过 t 时间后 CH_3COONa 的浓度；
$k=k_{CH3COONa}$——相应的反应速率系数。

因为反应速率与两个反应物浓度都是一次方的正比关系，故称为二级反应。若反应物初始浓度相同，均为 c_0，即 $a=b=c_0$，则式$\frac{dx}{dt}=k(a-x)(b-x)$变为

$$\frac{dx}{dt} = k(c_0-x)^2$$

当 $t=0$ 时，$x=0$；$t=t$ 时，$x=x$。积分上式得

$$\int_0^x \frac{dx}{c_0-x} = \int_0^t k dt \qquad kt = \frac{x}{c_0(c_0-x)}$$

式中 c——t 时刻的反应物浓度，即 c_0-x。

为了得到在不同时刻的反应物浓度 c，本实验中用电导率仪测定溶液电导率 κ 的变化来表示。这是因为随着皂化反应的进行，溶液中导电能力强的 OH^- 离子逐渐被导电能力弱的 CH_3COO^- 离子所取代，所以溶液的电导率逐渐减小（溶液中 $CH_3COOC_2H_5$ 与 C_2H_5OH 的导电能力都很小，故可忽略不计）。显然溶液的电导率变化是与反应物浓度变化相对应的。

在电解质的稀溶液中，电导率 κ 与浓度 c 有正比关系，即

$$\kappa = Kc$$

式中，比例常数 K 与电解质性质及温度相关。

当 $t=0$ 时，电导率 κ_0 对应于反应物 NaOH 的浓度 c_0，故

$$\kappa_0 = K_{NaOH}c_0$$

当 $t=t$ 时，电导率 κ_t 应该是浓度 (c_0-x) 的 NaOH 及浓度为 x 的 CH_3COONa 的电导率之和，即

$$\kappa_t = K_{NaOH}(c_0-x) + K_{CH_3COONa}x$$

当 $t=\infty$ 时，OH^- 离子完全被 CH_3COO^- 离子代替，因此电导率 κ_∞ 应与产物的浓度 c_0 相对应，则

$$\kappa_\infty = CH_3COONac_0$$

联立以上各 κ 的表达式，可得

$$k_t - k_\infty = (K_{NaOH} - K_{CH_3COONa})(c_0 - x) \quad ①$$

$$k_0 - k_t = (K_{NaOH} - K_{CH_3COONa})x \quad ②$$

$\frac{②}{①}$得：

$$\frac{x}{c_0 - x} = \frac{k_0 - k_t}{k_t - k_\infty} \quad ③$$

由 $kt = \frac{x}{c_0(c_0 - x)}$ 得

$$\frac{k_0 - k_t}{k_t - k_\infty} = c_0 kt \quad ④$$

从直线方程④可知，只要测定出 k_0，k_∞ 以及一组 k_t 值以后，利用 $(k_0 - kt)/(k_t - k_\infty)$ 对 t 作图，应得一直线，由斜率即可求得反应速率常数 k 值。

三、仪器及药品

仪器：DDS-307 型电导率仪、DJS-1 型光亮铂电导电极、大试管、秒表、混合反应器。

试剂：新鲜配制的 0.020 mol/L 乙酸乙酯溶液、0.020 mol/L NaOH 溶液。

四、实验装置

实验装置如图 3.26 所示。

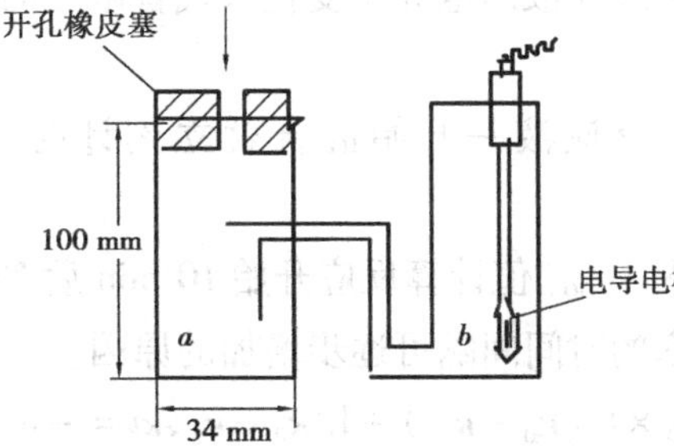

图 3.26　混合反应器

五、实验步骤

①了解电导率仪的原理与使用方法（后附）。

②大试管中，用移液管加入 25 mL 去离子水和 0.020 mol/L 的 NaOH 溶液，置于 25.0 ± 0.1 ℃或 30.0 ±0.1 ℃的恒温槽内。恒温后由该溶液的电导率标定所用光亮铂电极的电导池常数。（已知 0.010 mol/L NaOH 的电导率：25 ℃时 $\kappa = 2.38\times10^3$ μs/cm；30 ℃时 $\kappa = 2.54\times10^3$ μs/cm）

③将光亮铂电极插入混合反应器的 b 管中，并用移液管加入 25 mL 0.020mol/L 的 NaOH 溶液；用另一个移液管吸 25 mL 0.020 mol/L 的乙酸乙酯溶液于 a 管中，并用开孔的橡皮塞塞住，置于恒温槽内。

④恒温后进行混合,即用吸球自 a 管的橡皮塞孔中鼓入空气,把乙酸乙酯压向 b 管,使其与 b 管内的 NaOH 溶液瞬间混合,立刻按下秒表,开始计时。每隔 2 ~ 4 min 测电导率一次,共记录反应时间约为 50 min。随着反应的进行,测定的时间间隔可适当增加。在每次测定前,电导率仪都必须进行满刻度标定。

⑤测定 0.01 mol/L 的 CH_3COONa 溶液的电导率,即为 κ_∞。

六、数据处理

列表表示不同时间 t 的 κ_t,$\kappa_0 - \kappa_t/\kappa_t - \kappa_\infty$。

以 $\kappa_0 - \kappa_t/\kappa_t - \kappa_\infty$ 对 t 作图,由所得直线的斜率计算反应速率系数 K_{CH_3COONa}。

七、注意事项

①温度对反应速率及溶液电导率值影响颇为显著,应尽量使反应系统在恒温下进行反应。

②配置的乙酸乙酯反应液浓度必须与 NaOH 浓度相等。

③用电导率仪进行每一次测量,必须先校正,然后进行数据测量。

④由于空气中的 CO_2 会溶入电导水和配制的 NaOH 溶液中,而使溶液浓度发生改变。由于乙酸乙酯溶液水解缓慢,且水解产物又会部分消耗 NaOH,因此,所用溶液都应新鲜配制。

八、实验习题

①本实验为什么可用测定反应液的电导率变化来代替浓度的变化?为什么要求反应的溶液浓度相当稀?

②为什么本实验要求当反应液一开始混合就立刻计时?此时反应液中的 c_0 应为多少?

③试由实验结果得到的 K_{CH_3COONa}值计算反应开始 10 min 后 NaOH 作用掉的百分数?并由此解释实验过程中测定电导率的时间间隔可逐步增加的原因。

$1/(\kappa_t - \kappa_\infty) = K_{CH_3COONa}\, c_0 \times t/(\kappa_0 - \kappa_\infty) + 1/\kappa_0 - \kappa_8$,$\kappa t = -K_{CH_3COONa} c_0 t(\kappa_0 - \kappa_\infty) + \kappa_0$ 等,均可用以处理得到反应速率系数。

若将电导率仪的输出信号直接输入自动记录仪,即可得到电导率随时间变化的完整曲线。

测定几个不同温度下的 K_{CH_3COONa}值,按阿仑尼乌斯方程可求得反应表现活化能 E_a。

乙酸乙酯皂化反应速率系数的测定操作考核评分见表 3.15。

表 3.15 乙酸乙酯皂化反应速率系数的测定操作考核评分表

项目	评分要素	配分	评分标准	扣分	得分	备注
实验装置的安装及电导率仪的调节(35 分)	电导率仪各部件及功能	3	清楚、熟悉			
	仪器的准备	2	按要求检查完好			
	表头指针的检查与调节	2	在零刻度			
	预热	4	预热 20 min			

续表

项目	评分要素	配分	评分标准	扣分	得分	备注
实验装置的安装及电导率仪的调节（35分）	铂电极的连接	2	正确			
	高调、低调选择	5	正确			
	量程挡选择	5	先最大挡，逐挡减小			
	电极常数挡	2	设定位置正确			
	读数	5	读数正确			
	记录	5	及时、规范			
电导率的测定（30分）	表头指针	2	在零刻度			
	各部件调节位置	5	正确			
	校正/测量挡位置	2	校正挡			
	调节调整螺旋	2	表头指针指满刻度			
	测定操作	6	正确			
	读数	4	正确			
	记录	4	及时、规范			
	测定结果的准确性	5	符合要求			
结束工作（15分）	整理实验台	5	摆放整齐，擦拭干净			
	仪器清洗与放置	5	洗净有序放置于柜中			
	完成时间	5	规定时间内完成			
数据记录及处理(20分）	原始数据记录	5	记录无误			
	实验中问题的解决	5	正确处理			
	数据处理	10	解决			

附：电导率仪使用方法

一、DDS-11A 型电导率仪

DDS-11A 型电导率仪的测量范围广，可测定一般液体和高纯水的电导率，操作简便，可直接从表上读取数据，并有 0 ~ 10 mV 信号输出，可接自动平衡记录仪进行连续记录。

①测量范围：$0\ \mu s \cdot cm^{-1} \sim 105\ \mu s \cdot cm^{-1}$，分12个量程。

②配套电极：DJS-1 型光亮电极；DJS-1 型铂黑电极；DJS-10 型铂黑电极。光亮电极用于测量较小的电导率（$0 \sim 10\ \mu s \cdot cm^{-1}$），而铂黑电极用于测量较大的电导率（$10 \sim 105\ \mu s \cdot cm^{-1}$）。通常用铂黑电极，因为它的表面比较大，这样降低了电流密度，减少或消除了极化。但在测量低电导率溶液时，铂黑对电解质有强烈的吸附作用，出现不稳定的现象，这时宜用光亮铂电极。

③电极选择原则列在表3.16中。

表3.16　电极选择

量程	电导率	测量频率	配套电极
1	0～0.1	低周	DJS-1型光亮电极
2	0～0.3	低周	DJS-1型光亮电极
3	0～1	低周	DJS-1型光亮电极
4	0～3	低周	DJS-1型光亮电极
5	0～10	低周	DJS-1型光亮电极
6	0～30	低周	DJS-1型铂黑电极
7	$0 \sim 10^2$	低周	DJS-1型铂黑电极
8	$0 \sim 3\times10^2$	低周	DJS-1型铂黑电极
9	$0 \sim 10^3$	高周	DJS-1型铂黑电极
10	$0 \sim 3\times10^3$	高周	DJS-1型铂黑电极
11	$0 \sim 10^4$	高周	DJS-1型铂黑电极
12	$0 \sim 10^5$	高周	DJS-10型铂黑电极

1. DDS-11A型电导率仪的面板图

DDS-11A型电导率仪的面板图如图3.27所示。

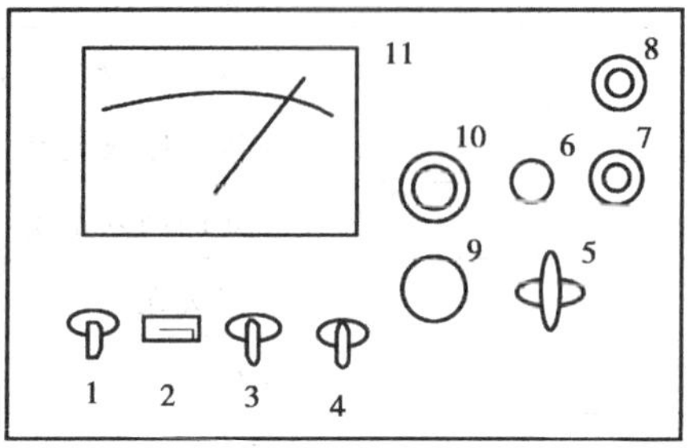

图3.27　DDS-11A型电导率仪的面板图

1—电源开关；2—指示灯；3—高周、低周开关；4—校正测量开关；
5—量程选择开关；6—电容补偿调节器；7—电极插口；8—10 mV输出插口；
9—校正调节器；10—电极常数调节器；11—表头

2. 使用方法

①打开电源开关前，应观察表针是否指零，若不指零，可调节表头的螺丝使表针指零。

②将校正、测量开关拨在"校正"位置。

③插好电源后，再打开电源开关，此时指示灯亮。预热数分钟，待指针完全稳定下来为止。调节校正调节器，使表针指向满刻度。

④根据待测液电导率的大致范围选用低周或高周，并将高周、低周开关拨向所选位置。

⑤将量程选择开关拨到测量所需范围。如预先不知道被测溶液电导率的大小，则由最大挡逐挡下降至合适范围，以防表针打弯。

⑥根据电极选用原则，选好电极并插入电极插口。各类电极要注意调节好配套电极常数，如配套电极常数为0.95（电极上已标明），则将电极常数调节器调节到相应的位置0.95处。

⑦倾去电导池中电导水将电导池和电极用少量待测液洗涤2~3次,再将电极浸入待测液中并恒温。

⑧将校正、测量开关拨向"测量",这时表头上的指示读数乘以量程开关的倍率,即为待测液的实际电导率。

⑨当量程开关指向黑点时,读表头上刻度(0~1 $\mu s \cdot cm^{-1}$)的数;当量程开关指向红点时,读表头下刻度(0~3 $\mu s \cdot cm^{-1}$)的数值。

⑩当用0~0.1 $\mu s \cdot cm^{-1}$或0~0.3 $\mu s \cdot cm^{-1}$这两挡测量高纯水时,在电极未浸入溶液前,调节电容补偿调节器,使表头指示为最小值(此最小值是电极铂片间的漏阻,由于此漏阻的存在,使调节电容补偿调节器时表头指针不能达到零点),然后开始测量。如要想了解在测量过程中电导率的变化情况,将10 mV输出接到自动平衡记录仪即可。

3. 注意事项

①电极的引线不能潮湿,否则测不准。

②高纯水应迅速测量,否则空气中 CO_2 溶入水中变为 CO_3^{2-} 离子,使电导率迅速增加。

③测定一系列浓度待测液的电导率,应注意按浓度由小到大的顺序测定。

④盛待测液的容器必须清洁,没有离子玷污。

⑤电极要轻拿轻放,切勿触碰铂黑。

二、DDS-11型电导仪使用方法

该仪器的测量原理与DDS-11A型电导率仪一样,基于"电阻分压"原理的不平衡测量方法。

1. 面板

DDS-11型电导仪面板如图3.28所示。

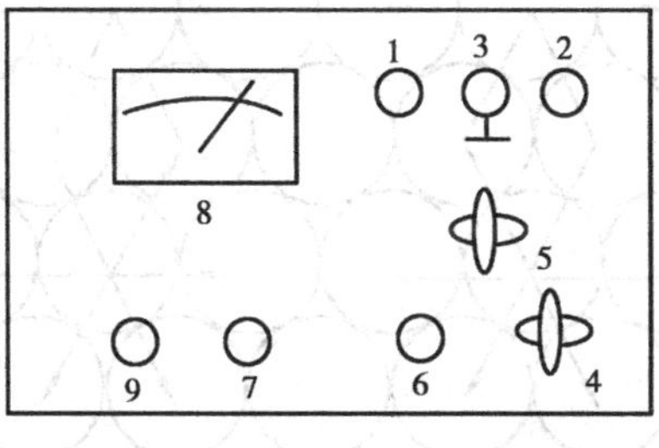

图3.28　DDS-11型电导仪的面板图

2. 使用方法

①接通电源前,先检查表针是否指零,如不指零,可调节表头上校正螺丝,使表针指零。

②接通电源,打开电源开关,指示灯即亮。预热数分钟,即可开始工作。

③将测量范围选择器旋钮拨到所需的范围挡。如不知被测液电导的大小范围,则应将旋钮分置于最大量程挡,然后逐挡减小,以保护表不被损坏。

④选择电极。本仪器附有3种电极,分别适用于下列电导范围:

a. 被测液电导低于5 $\mu s \cdot cm^{-1}$时,用260型光亮电极。

b. 被测液电导在5~150 $\mu s \cdot cm^{-1}$时,用260型铂黑电极。

c. 被测液电导高于150 $\mu s \cdot cm^{-1}$时,用U形电极。

d. 连接电极引线。

使用260型电极时,电极上两根同色引出线分别接在接线柱1,2上,另一根引出线接在电极屏蔽线接线柱3上。使用U形电极时,两根引出线分别接在接线柱1,2上。

⑤用少量待测液洗涤电导池及电极2~3次,然后将电极浸入待测溶液中,并恒温。

⑥将测量校正开关扳向"校正",调节校正调节器,使指针停在红色倒三角处。应注意在电导池接妥的情况下方可进行校正。

⑦将测量校正开关扳向"测量",这时指针指示的读数即为被测液的电导值。当被测液电导很高时,每次测量都应在校正后方可读数,以提高测量精度。

【技能训练二十七】 表面张力的测定

一、实验目的

①用最大气泡法测定不同浓度正丁醇溶液的表面张力。

②利用吉布斯公式计算不同浓度下正丁醇溶液的吸附量。

二、实验原理

在液体的内部任何分子周围的吸引力是平衡的。可是在液体表面层的分子却不相同。因为表面层的分子,一方面受到液体内层的邻近分子的吸引,另一方面受到液面外部气体分子的吸引,而且前者的作用要比后者大。因此在液体表面层中,每个分子都受到垂直于液面并指向液体内部的不平衡力,如图3.29所示。

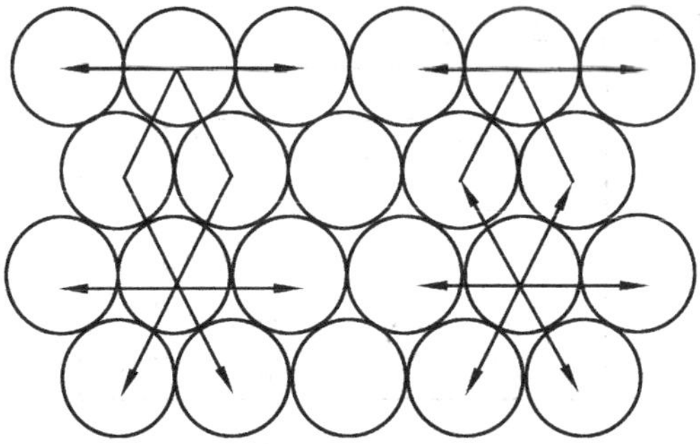

图3.29 分子间力作用

吸引力使表面上的分子向内挤促成液体的最小面积。要使液体的表面积增大就必须要反抗分子的内向力而做功增加分子的位能。因此,分子在表面层比在液体内部有较大的位能,这位能就是表面自由能。通常把增大1 m^2 表面所需的最大功 A 或增大1 m^2 所引起的表面自由能的变化值 ΔG 称为单位表面的表面能其单位为 $J \cdot m^{-3}$。而把液体限制其表面及力图使它收缩的单位直线长度上所作用的力,称为表面张力,其单位是 $N \cdot m^{-1}$。

液体单位表面的表面能和它的表面张力在数值上是相等的。如欲使液体产生新的表面 ΔA,则需要对其做功。功的大小应与 ΔA 成正比,即

$$-W = \sigma \Delta A$$

式中 σ——液体表面自由能。

液体的表面张力与温度有关,温度越高,表面张力越小。到达临界温度时,液体与气体不分,表面张力趋近于零。液体的表面张力也与液体的纯度有关。在纯净的液体(溶剂)中如果掺进杂质(溶质),表面张力就要发生变化,其变化的大小决定于溶质的本性和加入量的多少。当加入溶质后,溶剂的表面张力要发生变化。根据能量最低原理,若溶液质能降低溶剂的表面张力,则表面层溶质的浓度应比溶液内部的浓度大;如果所加溶质能使溶剂的表面张力增加,那么,表面层溶质的浓度应比内部低。这种现象为溶液的表面吸附。可用吉布斯公式(Gibbs)表示为

$$\Gamma = -\frac{c}{RT}\left(\frac{\mathrm{d}\sigma}{\mathrm{d}c}\right)_T \tag{1}$$

式中　Γ——表面吸附量,mol/m^2;

σ——表面张力,J/m^2;

T——绝对温度,K;

c——溶液浓度,mol/L;

$\left(\frac{\mathrm{d}\sigma}{\mathrm{d}c}\right)_T$——在一定温度下表面张力随浓度的改变率。

$\left(\frac{\mathrm{d}\sigma}{\mathrm{d}c}\right)_T<0$,则$\Gamma>0$,溶质能增加溶剂的表面张力,溶液表面层的浓度大于内部的浓度,称为正吸附作用。

$\left(\frac{\mathrm{d}\sigma}{\mathrm{d}c}\right)_T>0$,则$\Gamma<0$,溶质能增加溶剂的表面张力,溶液表面层的浓度小于内部的浓度,称为负吸附作用。

可知,通过测定溶液的浓度随表面张力的变化关系可以求得不同浓度下溶液的表面吸附量。

吸附量与浓度之间的关系可用朗谬尔(Langmuir)等温吸附方程式表示为

$$\Gamma = \Gamma_\infty \frac{Kc}{1+Kc} \tag{2}$$

式中　Γ——吸附量,通常是指单位质量吸附剂上吸附溶质的摩尔数;

Γ_∞——饱和吸附量;

c——吸附平衡时溶液的浓度;

K——常数。

将式(2)取倒数整理,可得

$$\frac{c}{\Gamma} = \frac{1}{\Gamma_\infty K} + \frac{c}{\Gamma_\infty} \tag{3}$$

作c/Γ-c图,可得一直线,由此直线的斜率和截距可求常数Γ_∞和K。

如果以N代表1 m^{2}表面层的分子数,则

$$N = \Gamma_\infty N_A$$

式中　N_A——阿伏加德罗常数。

则每个分子的截面积A_∞为

$$A_\infty = \frac{1}{\Gamma_\infty N_A} \tag{4}$$

若已知溶质的密度，摩尔质量 M 就可计算出吸附层厚度，即分子的长度 δ 为

$$\delta = \frac{\Gamma_\infty}{\rho} \tag{5}$$

待测液体置于支管试管中，使毛细管端面与液面相切，液面随着毛细管上升至一定高度。打开滴液漏斗缓慢抽气。此时，由于毛细管液面所受压力大于支管试管液压力(即有一压力差产生——附加压力 $\Delta P = P_{大气} - P_{系统}$)，当在毛细管端面上产生的作用力稍大于毛细管口液体的表面张力时，毛细管液面不断下降，气泡就从毛细管口脱出，如图 3.31 所示。

毛细管内液面上受到一个比支管试管中液面上大的压力，当此压力差——附加压力($\Delta P = P_{大气} - P_{系统}$)在毛细管端面上产生的作用力稍大于毛细管口液体的表面张力时，气泡就从毛细管口脱出，此附加压力与表面张力成正比，与气泡的曲率半径成反比，其关系式为

$$\Delta P = 2\sigma/R \tag{6}$$

如果毛细管半径很小，则形成的气泡基本上是球形的。当气泡开始形成时，表面几乎是平的，这时曲率半径最大；随着气泡的形成，曲率半径逐渐变小，直到形成半球形，这时曲率半径 R 和毛细管半径 r 相等，曲率半径达最小值，根据式(6)这时附加压力达最大值。气泡进一步长大，R 变大，附加压力则变小，直到气泡逸出。

根据式(6)，$R = r$ 时的最大附加压力为

$$\Delta P_{max} = \Delta P_r = P_0 - P_r = 2\sigma/r \tag{7}$$

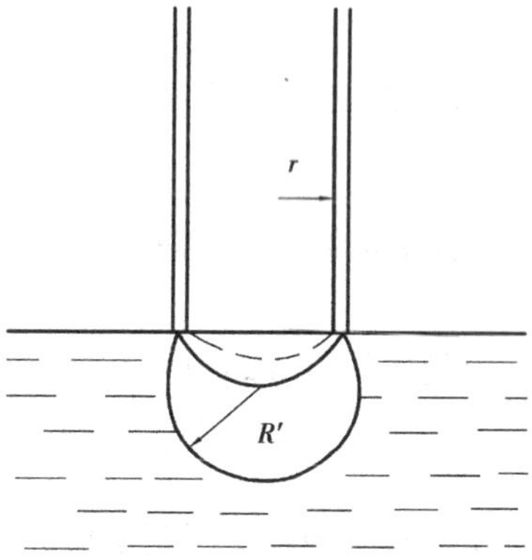

图 3.30　气泡形成过程

实际测量时，使毛细管端刚与液面接触，则可忽略气泡鼓泡所需克服的静压力，这样就可直接用式(7)进行计算。

实验中最大压力差可用微压差计直接读出，即

$$\Delta P_{max} = 2\sigma/r$$

在实验中，使用同一支毛细管和压力计，$r/2$ 为常数(仪器常数)，用 K' 表示，即

$$K' = r/2$$

用已知表面张力的液体(水)作为标准，可测得仪器常数 K' 为

$$K' = \sigma_{水} / \Delta P_{max} \tag{8}$$

从而可测定其他求知液体的表面张力为

$$\sigma = \Delta P K' \tag{9}$$

三、仪器及药品

仪器：AF-02 型数字式微压测量仪，数控恒温槽，5 mL，10 mL 移液管各 1 支，碱式滴定管 1 支，50 mL 容量瓶 9 个，样品管 1 个，毛细管 1 个，抽气瓶 1 个，锥形瓶 1 个，玻璃漏斗 1 个。

药品：正丁醇（分析纯）。

四、实验装置

测定表面张力的方法很多。本实验用最大气泡法测定正丁醇水溶液的表面张力，其实验装置如图 3.31 所示。

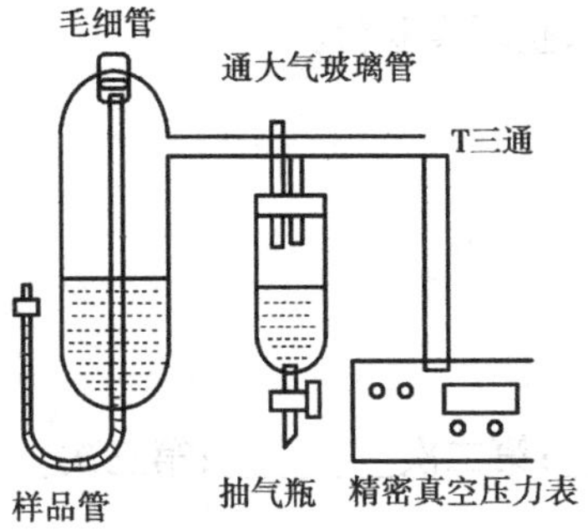

图 3.31　最大气泡法表面张力测定装置

五、实验步骤

①调节恒温槽的温度在 25 ℃，打开 AF-02 型数字式微压式测量仪的电源，预热 20 min。

②0.5 mol/L 正丁醇实验室已配好。

③利用上述溶液，用容量瓶配制成下列浓度的溶液 0.025，0.050，0.075，0.10，0.15，0.20，0.25 mol/L 各 50 mL。

用 250 mL 烧杯取 150 mL 左右 0.5 mol/L 正丁醇，通过移液管和碱式滴定管量取所需的正丁醇至容量瓶，稀释至 50 mL。

表 3.17　试剂用量表

序号	浓度/($mol \cdot L^{-1}$)	所需正丁醇体积/mL
1	0.025	2.5
2	0.050	5.0
3	0.075	7.5
4	0.10	10
5	0.15	15
6	0.20	20
7	0.25	25

④用洗液洗净大试管与毛细管，再用自来水和蒸馏水洗净，在大试管中注入适量蒸馏水，

使毛细管端刚和液面垂直相切。

⑤将大试管安装在恒温水溶液内，用小漏斗给抽气瓶装满自来水。

⑥连接好装置，无漏气。

⑦在体系通大气压的条件下按校零按钮，使显示器值为0.000 kPa。

⑧测定水的 ΔP_{max}。打开抽气瓶的活塞，使瓶内水缓慢滴出，导致大试管逐步减压，待气泡形成速度稳定（5~10 s 出一个气泡）后，此时，AF-02 型数字式微压式测量仪的读数有变动，读出气泡脱出的瞬间时的 ΔP_{max}。连续读3次，取平均值，则可算出仪器常数 K 值。

⑨按照上述方法对测定不同浓度正丁醇溶液的 ΔP_{max} 值，不同溶液测定时必须从低浓度到高浓度依次测定，测定每一样品时只需要用同样浓度的溶液淌洗3次即可。

⑩实验完毕，清洗玻璃仪器，整理实验台。

六、数据记录

将实验数据填入表3.18中。

1. 数据记录

实验温度：________℃

水的 ΔP_{max}：第一次________；第二次________；第三次________。

平均值________； K = ________。

表3.18　实验数据记录表

$C_4H_9OH/(mol\cdot L^{-1})$	0.025	0.050	0.075	0.10	0.15	0.20	0.25
ΔP_{max}第一次							
ΔP_{max}第二次							
ΔP_{max}第三次							
ΔP_{max}平均值							
C_4H_9OH的表面张力 $\gamma/(N\cdot m^{-1})$							

2. 数据处理

①求出各浓度正丁醇水溶液的 σ，并列成表。

②做出 σ-c 图，求出 $\sigma = f(c)$，然后用公式 $\Gamma = -\frac{c}{RT}\left(\frac{d\sigma}{dc}\right)_T$ 计算不同浓度的 Γ 值，作出 Γ-c 图。

七、注意事项

①实验前必须用自来水与蒸馏水洗净容量瓶，才能开始配制溶液。

②配制溶液时必须用0.5 mol/L 的正丁醇溶液将移液管和滴定管淌洗3次。

③每次测定时，必须用被测定溶液将装样品试管淌洗（少量3次）。

④每次测定时，必须将溶液与毛细管调至相切。

⑤打开抽气瓶的活塞，使瓶内水缓慢滴出，使气泡速度稳定（8~10 s 出一个气泡）。

⑥使最大值稳定后，再读数，连续3次，取平均值。
⑦必须从低浓度到高浓度依次测定。

八、实验习题

1. 在测量中，如果抽气速度过快，对测量结果有何影响？
2. 如果毛细管末端插入到溶液内部进行测量行吗？为什么？

【技能训练二十八】　比色法测定碘酸铜的溶度积

一、实验目的

①学习用目视比色法测定 Cu^{2+} 离子浓度，进而求算碘酸铜溶度积的方法与操作。
②进一步练习刻度吸管的使用方法。
③进一步练习分离操作和离心机的使用。

二、实验原理

碘酸铜是一种弱电解质，它的沉淀溶解平衡反应式为

$$Cu(IO_3)_2(s) \rightleftharpoons Cu^{2+}(aq) + 2IO_3^-(aq)$$

$$K_{sp[Cu(IO_3)_2]} = [Cu^{2+}][IO_3^-]^2 = 1.7\times10^{-7}(25\ ^\circ C)$$

以已知浓度和体积的 $CuSO_4$ 和 HIO_3 溶液相混合，离子积 $Q_i > K_{SP}$，就会有 $Cu(IO_3)_2$ 沉淀生成。当沉淀与溶液中的 Cu^{2+} 和 IO_3^- 达到平衡后，固体的量和 $[Cu^{2+}][IO_3^-]^2$ 保持不变。将沉淀和溶液分离，测定溶液中 Cu^{2+} 和 IO_3^- 离子的浓度，就能计算出 $K_{SP}[Cu(IO_3)_2]$ 值。

本实验用比色法测定溶液中 Cu^{2+} 浓度，再根据 Cu^{2+} 和 IO_3^- 的浓度之比确定溶液中 IO_3^- 的浓度。若一定浓度 $CuSO_4$ 和 HIO_3 混合在一起，初始浓度分别为 a，b。沉淀生成达到平衡后，经测定溶液中剩余的 Cu^{2+} 浓度为 c，$(a-c)$ 为生成 $Cu(IO_3)_2$ 沉淀而消耗的 Cu^{2+} 浓度，所以 $[b-2(a-c)]$ 应为平衡后溶液中 IO_3^- 浓度，即

$$K_{SP[Cu(IO_3)_2]} = [Cu^{2+}][IO_3^-]^2 = c[b-2(a-c)]^2$$

目视比色法测定溶液中 Cu^{2+} 浓度的原理是 Cu^{2+} 和 NH_3 反应能生成蓝色的 $[Cu(NH_3)_4]^{2+}$ 离子，蓝色的深浅与 $[Cu(NH_3)_4]^{2+}$ 离子浓度（即 Cu^{2+} 浓度）成正比。如果配制一系列已知 $[Cu(NH_3)_4]^{2+}$ 离子浓度的溶液为色阶，把 $[Cu(NH_3)_4]^{2+}$ 离子浓度未知溶液与色阶作比较，即可根据颜色相近来确定未知溶液的浓度。

三、仪器及药品

分光光度计、容量瓶、吸量管、烧杯、胶头滴管、玻棒、锥形瓶、$CuSO_4$、KIO_3、氨水。

四、实验内容与步骤

1. 碘酸铜饱和溶液的配制

1) $Cu(IO_3)_2$ 固体的制备

用 1 mol/L $CuSO_4$，0.3 mol/L KIO_3 溶液制备 1～2 g 干燥的 $Cu(IO_3)_2$ 固体。其中，$CuSO_4$

溶液稍过量，所得 $Cu(IO_3)_2$ 湿固体需用纯水洗涤至无 SO_4^{2-}，烘干待用。

2）配制 $Cu(IO_3)_2$ 饱和溶液

取上述固体 1.5 g 放入 250 mL 锥形瓶中，加入 150 mL 纯水，在磁力加热搅拌器上，边搅拌、边加热至 343 ~ 353 K，并持续 15 min，冷却，静止 2 ~ 3 h。

2. 溶度积的测定

（1）方法一：工作曲线法

1）用硫酸铜标准溶液准备工作曲线

计算配制 25.00 mL 0.015 0 mol/L，0.010 0 mol/L，0.005 00 mol/L，0.002 00 mol/L Cu^{2+} 溶液所需的 0.1 mol/L $CuSO_4$ 标准溶液的体积。用吸管分别吸取计算量 0.1 mol/L $CuSO_4$ 溶液，分别放到 4 只 50 mL 容量瓶中，各加入 25.00 mL 1 mol/L 氨水溶液，并用纯水稀释至刻度，混合均匀后，用 1 cm 比色皿，在 $\lambda = 610$ nm 的条件下，用 722 型分光分度计测定吸光度。作吸光度 A-Cu^{2+} 浓度图。

2）碘酸铜饱和溶液 Cu^{2+} 浓度的测定

从准备好的 $Cu(IO_3)_2$ 饱和溶液中，分别吸取 10.00 mL 上层清液两份（不能吸入沉淀），各加 10.00 mL 1 mol/L 氨水溶液，混合均匀后，在与测定工作曲线相同的条件下，测定吸光度。

根据测得的 A 值，在工作曲线上找出相应得 Cu^{2+} 浓度。

根据 Cu^{2+} 浓度，计算 K_{sp} 的数值。

（2）方法二：浓度直接测定法

①配制溶液按方法一，在 50 mL 容量瓶中，配制 0.005 00 mol/L $CuSO_4$ 溶液、1 mol/L 氨水的等体积混合液。在干燥烧杯中，配制 $Cu(IO_3)_2$ 饱和液、1 mol/L 氨水等体积混合液两份。

②测定用 722 型（752 型）分光光度计、1 cm 比色皿，在 $\lambda = 610$ nm 的条件下，将配制好的标准铜氨溶液放入光路，调节浓度旋钮使得数字显示值为已知浓度值或其倍数，将待测液放入光路，即可读出被测液的浓度值。根据 $[Cu^{2+}]$ 的平均值，计算 K_{sp}。

五、实验习题

在 $K_{sp}[Cu(IO_3)_2]$ 值的测定中，若在固液分离时，不完全或有固体被吸引到滴管清液中，对 $K_{sp}[Cu(IO_3)_2]$ 的测定有何影响？

【技能训练二十九】 pH 法测定醋酸电离常数（pH 计）

一、实验目的

①了解弱酸电离常数的测定方法。

②掌握酸度计的使用方法。

③加深对电离平衡基本概念的认识。

④加深对活度概念的理解。

二、实验原理

醋酸是弱电解质，在水溶液中存在着下列电离平衡：

$$HAc \rightleftharpoons H^+ + Ac^-$$

其电离常数表达式为

$$K_i = [H^+][Ac^-]/[HAc] \tag{1}$$

设HAc的起始浓度为c,如果忽略水电离所提供H^+离子的量,则达到平衡时溶液中$[H^+] \sim [Ac^-]$,式(1)可改写为

$$K_i = \frac{[H^+]^2}{c - [H^+]} \tag{2}$$

严格来说,离子浓度应该用活度来代替,式(1)应修正为

$$K_a = a_{H^+} \cdot a_{Ac^-}/a_{HAc} \tag{3}$$

或

$$K_a = f_{H^+}[H^+] \cdot f_{Ac^-}[Ac^-]/[HAc] \tag{4}$$

在弱酸的稀溶液中,如果不存在其他强电解质,由于溶液中离子强度(μ)很小,浓度和活度非常接近,此时活度系数$f \sim 1$,则

$$K_i \sim K_a$$

式中,K_i称为浓度电离常数,而K_a称为活度电离常数。K_i不随溶液的浓度而改变,只随温度的不同而变化。

如果配制一系列的已知浓度的醋酸溶液,并用酸度计测定其pH值,再换算成$[H^+]$(实际上酸度计所测的pH值是反映了溶液中H^+离子的有效浓度,即H^+离子的活度值)。利用式(2),可求得一系列K_i值,取其平均值,即为该测定温度下醋酸的电离常数。

电离度α定义为

$$\alpha = [H^+]/c \tag{5}$$

三、仪器及药品

PHS-3B型酸度计1套、复合电极、pH=4.00,pH=6.86缓冲溶液,100 mL塑料烧杯分装、待测醋酸0.2 mol/L标准溶液、0.2 mol/L NaOH标准溶液、酚酞、移液管、吸量管5 mL、碱式滴定管、锥形瓶250 mL、容量瓶50 mL、烧杯250 mL,50 cm^3;镜头纸或宣纸、方块滤纸或纸巾。

四、实验内容

1. 醋酸溶液浓度的测定

在250 mL烧杯中配制150 mL 0.2 mol/L的HAc溶液,其精确浓度按下面方法用标准NaOH溶液进行标定。

用移液管吸取25 mL所配的HAc溶液,置于250 cm^3锥形瓶中,加入两滴酚酞指示剂,用标准NaOH溶液滴定至溶液呈微红色,0.5 min内不褪色即到达终点,记下所用NaOH溶液的体积数。重复进行滴定,要求每次所用的NaOH溶液体积之差不超过±0.05 mL。如此得到3次满意的结果,最后求出所配HAc溶液的平均浓度。

2. 配制不同浓度的醋酸溶液

用移液管分别取25 mL,5 mL和2.5 mL已标定过的HAc溶液,放入3个洗净的50 mL容量瓶中,用蒸馏水稀释至刻度,摇匀,得到0.1,0.02和0.01 mol/L的HAc溶液。

3. **测定** 0.2,0.1,0.02 **和** 0.01 mol/L HAc **溶液的** pH **值**

将上面得到的 4 种精确浓度的 HAc 溶液,由稀到浓倒入烧杯中,分别用 pH 计测定它们的 pH 值,记录室温。测定中,电极不必用蒸馏水冲洗,只需用滤纸吸干电极上残留液或用下一个待测溶液冲洗电极便可进行溶液测定。

将测得的数据及计算结果写入实验报告中。

附:PHS-3B 型精密酸度计

1. 仪器工作原理

仪器使用的 E-201-C9 复合电极是由 pH 玻璃电极与银-氯化银电极组成,玻璃电极作为测量电极,银-氯化银电极作为参比电极,当被测溶液氢离子浓度发生变化时,玻璃电极和银-氯化银电极之间的电动势也随着引起变化,而电动势变化关系符合

$$\Delta E(\text{mV}) = 59.16 \times \frac{273 + t\ ^\circ\text{C}}{298} \times \Delta\text{pH}$$

式中 E(mV)——电动势的变化量;

ΔpH——溶液 pH 值的变化量;

t——被测溶液的温度,℃。

从上式可知,复合电极电动势的变化,比例于被测溶液的 pH 值的变化,仪器经用标准缓冲溶液标准后,即可测量溶液的 pH 值。

2. 仪器结构

仪器结构如图 3.32 所示。

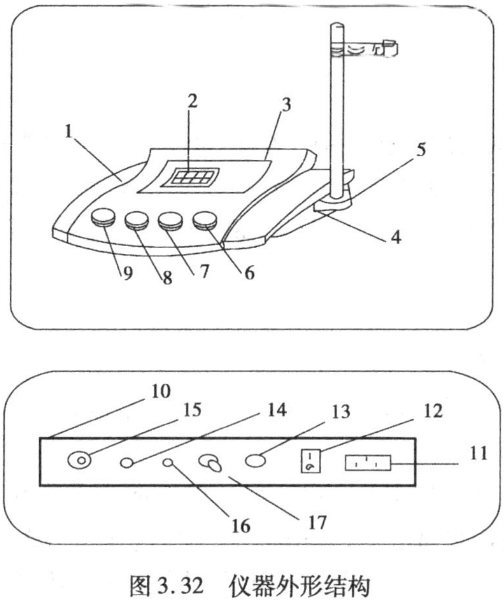

图 3.32 仪器外形结构

1—机箱盖;2—显示屏;3—面板;4—机箱底;5—电极梗插座;6—定位调节旋钮;7—斜率补偿调节旋钮;8—温度调节旋钮;9—选择开关旋钮(pH,℃,mV);10—仪器后面板;11—电源插座;12—电源开关;13—保险丝;14—参比电极接口;15—测量电极插座;16—测温传感器座;17—手动、自动转换开关

复合电极如图3.33所示。

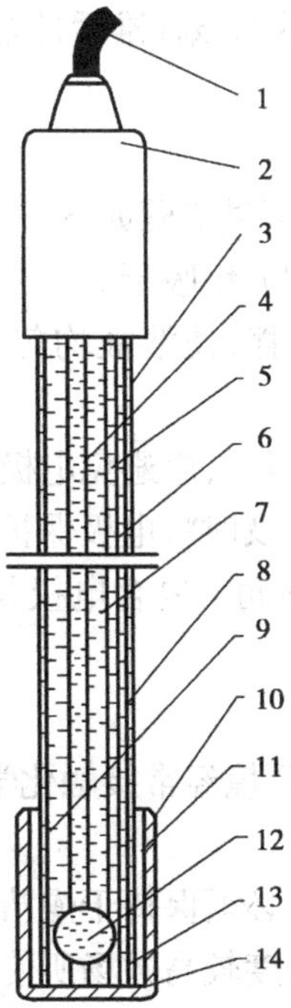

图3.33　复合电极

1—电极导线;2—电极帽;3—电极塑壳;4—内参比电极;5—外参比电极
6—电极支持杆;7—内参比溶液;8—外参比溶液;9—液接面;10—密封圈;
11—硅胶圈;12—电极球泡;13—球泡护罩;14—护套

内参比溶液是零电位等于7的含有 Cl^- 的电介质溶液,为中性磷酸盐和氯化钾的混合溶液。外参比溶液为3~3.3 mol/L的KCl溶液。

3.操作步骤

(1)测试前准备

①按下电源开关,接通电源,预热30 min。

②将电极梗旋入电极梗插座,调节电极夹到适当位置。

③将复合电极挂在电极夹上,拉下电极前端的电极套,并露出复合电极上端小孔,以保持电极内KCl溶液的液压差。

④使用前检查玻璃电极前端的球泡。正常情况下,电极应该透明而无裂纹;球泡内要充满溶液,不能有气泡存在。

(2)测试过程

a.将选择开关拨至℃挡,将温度调至20 ℃或25 ℃。

b.把斜率调节旋钮顺时针旋到底(即调到100%位置)。

c.将选择开关拨到pH挡。

d.先用蒸馏水清洗复合电极,用滤纸吸干。

e.把电极插入pH=6.86的标准缓冲溶液中,并晃动试剂瓶使溶液均匀。

f.调节"定位"调节器,使仪器读数为该标准缓冲液的pH值。

g.用蒸馏水清洗复合电极,用滤纸吸干。再插入pH=4.00(或pH=9.18)的标准缓冲液中。

h. 调节“斜率”调节器,使仪器读数为该标准缓冲溶液的 pH 值。核对一次,误差不应超过 ±0.1。

(3)pH 值的测量

被测溶液与标准溶液温度相同时测量步骤如下:

a. 取出复合电极用蒸馏水冲洗,用滤纸吸干。

b. 把电极浸入被测溶液中轻微搅拌,使溶液均匀,待显示屏上读数稳定后,读出溶液的 pH 值。

c. 取出电极,用蒸馏水冲洗,滤纸吸干,应避免电极的敏感玻璃泡与硬物接触,因为任何破损或擦毛都会使电极失效。测量完后,及时将电极保护套套上,电极套内应放少量外参比补充液(3 mol/L KCl)以保持电极球泡的湿润。复合电极长期不使用时,应拉上复合电极上端小孔,防止补充液干涸。

4. 仪器维护

pH 计具有很高的输入阻抗,使用环境经常接触化学药品,为保证仪器正常使用,所以更需要合理维护。

①仪器的输入端(测量电极插座)必须保持干燥清洁。仪器不用时,将 Q9 短路插头插入插座,防止灰尘及水汽禁入。在环境温度较高的场所使用时,应把电极插头用干净纱布擦干。

②Q9 插头带夹子连线接触器及电极插座转换器均为配用其他电极时使用,平时注意防潮防振。

③测量时,电极的引入导线应保持静止,否则会引起测量不稳定。

④仪器采用了 MOS 集成电路,因此,在检修时应保证电烙铁有良好的接地。

⑤用缓冲溶液标定仪器时,要保证缓冲溶液的可靠性,不能配错缓冲溶液,否则将导致测量结果产生误差。

⑥缓冲溶液用完后可按下列方法自行配制:

a. pH4.00 溶液:用 GR 邻苯二甲酸氢钾 10.21 g,溶解于 1 000 cm^3 的高纯去离子水中。

b. pH6.86 溶液:用 GR 磷酸二氢钾 3.4 g,GR 磷酸氢二钠 3.55 g,溶解于 1 000 cm^3 的高纯去离子水中。

c. pH9.18 溶液:用 GR 硼砂 3.18 g,溶解于 1 000 cm^3 的高纯去离子水中。

⑦测温传感器采用 pt100 线行热敏电阻,使用寿命长,但切勿敲击或摔伤,如遇到温度传感器损坏,可再向厂方购买。在温度传感器损坏的情况下,可使用手动温度补偿进行测量。

5. 电极使用维护的注意事项

①电极在测量前必须用已知 pH 值的标准缓冲溶液进行定位校准,其值越接近被测值越好。

②取下电极套后,应避免电极的敏感玻璃泡与硬物接触,因为任何破损或擦毛都会使电极失效。

③测量后,及时将电极保护套套上,套内应放少量补充液以保持电极球泡的湿润。切忌浸泡在蒸馏水中。

④复合电极的外参比补充溶液为 3 mol/L 氯化钾溶液,补充液可从电极上端小孔加入。

⑤电极的引出端必须保持清洁干燥,绝对防止输出两端短路,否则将导致测量失准或失效。

⑥电极应与输入阻抗较高的酸度计（$=10^{12}\ \Omega$）配套，以使其保持良好的特性。

⑦电极应避免长期浸在蒸馏水、蛋白质溶液和酸性氟化物溶液中。

⑧电极避免与有机硅油接触。

⑨电极经长期使用后，如发现斜率略有降低，则可把电极下端浸泡在 4% HF（氢氟酸）中 3 ~ 5 s，用蒸馏水洗净，然后在 0.1 mol/L 盐酸溶液中浸泡，使之复新。

⑩被测溶液中如含有易污染敏感球泡或堵塞液接界的物质而使电极钝化，会出现斜率降低现象，显示读数不准。如发生该现象，则应根据污染物质的性质，用适当溶液清洗，使电极复新。

注：选用清洗剂时，不能用四氯化碳、三氯乙烯、四氢呋喃等，能溶解聚碳酸树脂的清洗液，因为电极外壳是用聚碳酸树脂制成的，其溶解后极易污染敏感玻璃球泡，从而使电极失效。也不能用复合电极去测上述溶液。

【技能训练三十】　黏度法测定水溶性高聚物相对分子质量

一、实验目的

①测定多糖聚合物—聚乙二醇的平均相对分子质量。

②掌握用乌贝路德（Ubbelohde）黏度计测定黏度的原理和方法。

二、基本原理

黏度是指液体对流动所表现的阻力，这种力反抗液体中邻接部分的相对移动，因此可看成一种内摩擦。图 3.34 是液体流动的示意图，当相距为 ds 的两个液层以不同速度（v 和 $v+\mathrm{d}v$）移动时，产生的流速梯度为 $\frac{\mathrm{d}v}{\mathrm{d}s}$。当建立平稳流动时，维持一定流速所需的力（即液体对流动的阻力）f' 与液层的接触面积 A 以及流速梯度 $\frac{\mathrm{d}v}{\mathrm{d}s}$ 成正比，即

$$f' = \eta \cdot A \cdot \frac{\mathrm{d}v}{\mathrm{d}s} \tag{1}$$

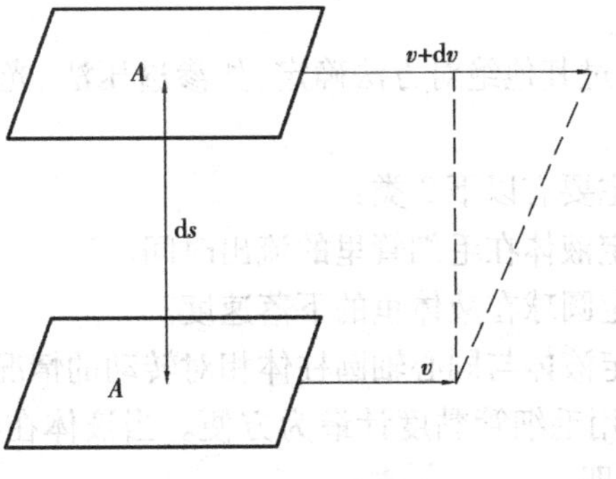

图 3.34　液体流动示意图

若以 f 表示单位面积液体的黏滞阻力，$f=f'/\mathrm{A}$，则

$$f = \eta\left(\frac{dv}{ds}\right) \tag{2}$$

式(2)称为牛顿黏度定律表示式,其比例常数 η 称为黏度系数,简称黏度,单位为 Pa·s。

高聚物在稀溶液中的黏度,主要反映了液体在流动时存在着内摩擦。其中因溶剂分子之间的内摩擦表现出来的黏度称为纯溶剂黏度,记作 η_0;此外,还有高聚物分子之间的内摩擦,以及高分子与溶剂分子之间的内摩擦。三者之总和表现为溶液的黏度 η。在同一温度下,一般来说,$\eta > \eta_0$ 相对于溶剂,其溶液黏度增加的分数,称为增比黏度,记作 η_{sp},即

$$\eta_{sp} = \frac{\eta - \eta_0}{\eta_0} \tag{3}$$

而溶液黏度与纯溶剂黏度的比值称为相对黏度,记作 η_r,即

$$\eta_r = \frac{\eta}{\eta_0} \tag{4}$$

η_r 也是整个溶液的黏度行为,η_{sp}则意味着已扣除了溶剂分子之间的内摩擦效应。两者关系为

$$\eta_{sp} = \frac{\eta}{\eta_0} - 1 = \eta_r - 1 \tag{5}$$

式中,$[\eta]$被称为特性黏度,其值与浓度无关。实验证明,当聚合物、溶剂和温度确定以后,$[\eta]$的数值只与高聚物平均相对分子质量 M 有关,它们之间的半经验关系可用 Mark Houwink 方程式表示:对于高分子溶液,增比黏度 η_{sp}往往随溶液的浓度 c 增加而增加。为了便于比较,将单位浓度下所显示出的增比黏度,即 η_{sp}/c 比浓黏度;而 $\ln\eta_{sp}/c$ 对数黏度。η_r 和 η_{sp}都是无因次的量。

为了进一步消除高聚物分子之间的内摩擦效应,必须将溶液浓度无限稀释,使得每个高聚物分子彼此相隔极远,其相互干扰可忽略不计。这时,溶液所呈现出黏度行为基本上反映了高分子与溶剂分子之间的内摩擦。这一黏度的极限值记为

$$\lim_{c \to 0} \frac{\eta_{sp}}{c} = [\eta] \tag{6}$$

$$[\eta] = K \cdot \overline{M}^{\alpha} \tag{7}$$

式中 K——比例常数;

α——与分子形状有关的经验常数。

它们都与温度、聚合物、溶剂性质有关,在一定的相对分子质量范围内与相对分子质量无关。

K 和 α 的数值,只能通过其他绝对方法确定,如渗透压法、光散射法等。黏度法只能测定$[\eta]$求算出$\overline{M}$。

测定液体黏度的方法主要有以下 3 类:

①用毛细管黏度计测定液体在毛细管里的流出时间。

②用落球式黏度计测定圆球在液体里的下落速度。

③用旋转式黏度计测定液体与同心轴圆柱体相对转动的情况。

测定高分子的$[\eta]$时,用毛细管黏度计最为方便。当液体在毛细管黏度计内因重力作用而流出时遵守泊稷叶定律,即

$$\frac{\eta}{\rho} = \frac{\pi h g r^4 t}{8lV} - m\frac{V}{8\pi l t} \tag{8}$$

式中 ρ——液体的密度；

l——毛细管长度；

r——毛细管半径；

t——流出时间；

h——流经毛细管液体的平均液柱高度；

g——重力加速度；

V——流经毛细管的液体体积；

m——与仪器的几何形状有关的常数，在$\frac{r}{l} \ll 1$时，可取$m=1$。

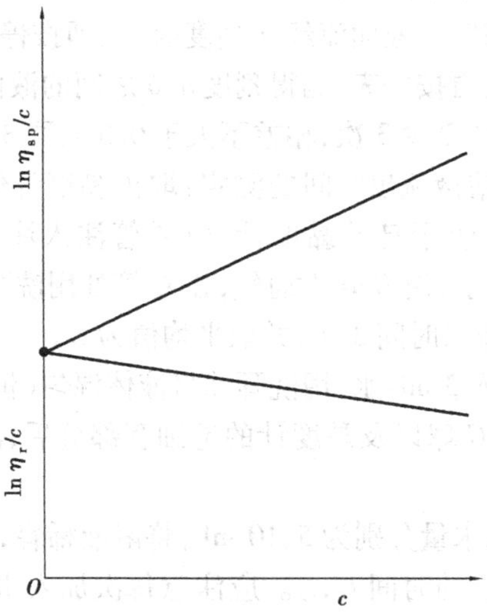

图3.35 外推法求[η]示意图

进而可计算得到η_{sp}和η_{sp}/c和$\ln \eta_t/c$值。配制一系列不同浓度的溶液分别进行测定，以η_{sp}/c和$\ln \eta_r/c$为纵坐标，c为横坐标作图，得两条直线，分别外推到$c=0$处，其截距即为[η]，代入式(7)(K,α已知)，即可得到$\overline{M}$。如图3.35所示。

对某一支指定的黏度计而言，令$\alpha = \frac{\pi hgr^4}{8lV}$，$\beta = m\frac{V}{8\pi l}$，则式(8)可改写为

$$\frac{\eta}{\rho} = \alpha t - \frac{\beta}{t} \tag{9}$$

式中，$\beta<1$，当$t>100$ s时，等式右边第二项可忽略。设溶液的密度ρ与溶剂密度ρ_0近似相等。这样，通过测定溶液和溶剂的流出时间t和t_0，就可求算η_r为

$$\eta_r = \frac{\eta}{\eta_0} = \frac{t}{t_0} \tag{10}$$

三、仪器和试剂

乌氏黏度计1支；秒表；恒温水浴1套；洗耳球；移液管(10 mL) 2支；无水乙醇；聚乙二醇(分析纯)。

四、实验步骤

①将乌氏黏度计(如图3.36所示)用洗液、自来水和蒸馏水洗干净，每次都要注意反复流

洗毛细管部分，用乙醇润洗，然后烘干备用。

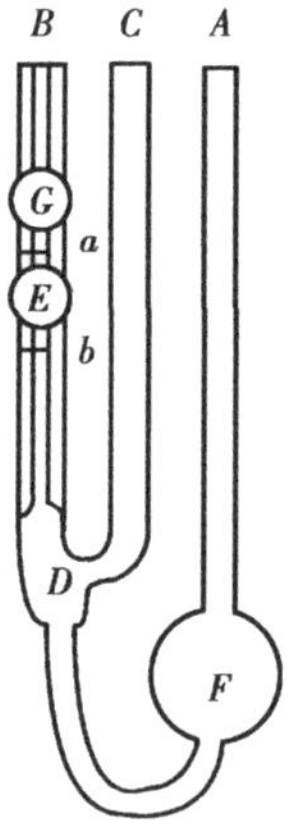

图 3.36　乌氏黏度计

②调节恒温槽温度至 35.0 ± 0.1 ℃，将乌氏黏度计在恒温槽中恒温 10 min（注意要垂直放置）。纯水及标样（聚乙二醇溶液事先配制好，浓度为 1 g/100 mL）于 35 ℃水中恒温。

③溶剂流出时间 t_0 的测定：向黏度计中加入纯水 10 mL，恒温 2 min，进行测定。测定方法如下：在 C 管和 B 管的上端套上干燥清洁橡皮管，并用夹子夹住 C 管上的橡皮管下端，使 C 管不通气。在 B 管处用洗耳球将溶剂从 F 球经 D 球、毛细管、E 球抽至 G 球 2/3 处，让 C 管通大气，此时 D 球内的溶液即回入 F 球，使毛细管以上的液体悬空。毛细管以上的液体下落，当液面流经 a 刻度时，立即按停表开始记时间，当液面降至 b 刻度时，再按停表，测得刻度 a，b 之间的液体流经毛细管所需时间。重复这一操作至少 3 次，相差不大于 0.3 s，取 3 次的平均值为 t_0。

④溶液流出时间的测定：取出黏度计倾去其中的水，连接到水泵上抽气，同时用电热吹风吹干。烘干乌氏黏度计，由 A 管注入注入 10 mL 标样，于 35 ℃恒温 2 min，向黏度计中注入 2 mL 水，使 B 管不通气，在 C 管处用洗耳球打气，使溶液混合均匀，浓度记为 C_1，恒温 2 min，测定流出时间 3 次，并取平均值为 t_1。

⑤接着再向黏度计中注入 3 mL 水，用洗耳球将液体混匀（恒温 2 min），使溶液浓度为 C_2，并多次抽洗黏度计的 E 球和 G 球以及黏度计的毛细管部分后，测定流出时间 3 次，并取平均值为 t_2。

⑥重复⑤的操作，只是加水量分别为 5，10 mL，将溶液稀释，使溶液浓度分别为 C_3，C_4，用同法测定每份溶液流经毛细管的时间 t_3，t_4。应注意每次加入水后，要充分混合均匀，并多次抽洗黏度计的 E 球和 G 球，使黏度计内溶液各处的浓度相等。

⑦实验完毕后，关闭电源，小心地清洗黏度计 3 次。

五、数据记录和处理

①将 c、水加入量以及 t_0 数据记录及计算列表备用，见表 3.19。

原始溶液浓度 c_0 ________（g · cm^{-3}）

恒温温度________℃

表 3.19　数据记录表

水加入量/mL				
浓度/(g · mL^{-1})				
次数	1	2	3	平均值
t_0				

②将 c，η_r，$\ln \eta_r$，η_{sp}，$\frac{\eta_{sp}}{c}$，$\frac{\ln \eta_r}{c}$的数据列表备作图之用，见表 3.20。

表3.20　数据记录表

序号		1	2	3	4
浓度/($g\cdot mL^{-1}$)					
流出时间 t/s	1				
	2				
	3				
平均流出时间 t/s					
η_r					
η_{sp}					
$\ln \eta_r$					
$\frac{\eta_{sp}}{c}$					
$\frac{\ln \eta_r}{c}$					

③以$\frac{\ln \eta_r}{c}$-c及$\frac{\eta_{sp}}{c}$-c在同一坐标纸上作图。并外推到$c=0$求得截距即得[η]。

④计算聚乙二醇的黏均摩尔质量$\overline{M}$。

六、注意事项

①在配制高聚物溶液时,必须保证其完全溶解;否则,会影响溶液起始浓度,而导致结果偏低。

②黏度计必须洁净,高聚物溶液中若有絮状物不能将它移入黏度计中,过滤后方可使用。

③本实验中溶液的稀释是直接在黏度计中进行的,因此每加入一次溶剂进行稀释时必须混合均匀,并抽洗E球和G球。

④实验过程中恒温槽的温度要恒定,溶液每次稀释恒温后才能测量。

⑤黏度计要垂直放置,实验过程中不要振动黏度计,否则影响结果的准确性。

⑥毛细管黏度计的毛细管内径选择,可根据所测物质的黏度而定,内径太细,容易堵塞,内径太粗,测量误差太大,一般选择测水时流经毛细管的时间大于100 s,在120 s左右为宜。

⑦若作图时两直线不能在纵轴上交于一点,则取η_{sp}/c-c直线的截距作为[η]。

七、实验习题

①乌氏黏度计中的支管C有什么作用?除去支管C是否仍可以测黏度?

②评价黏度法测定高聚物相对分子质量的优缺点,指出影响准确测定结果的因素。

【技能训练三十一】 分光光度法测定丙酮碘化反应的速率方程

一、实验目的

①测定用酸作催化剂时丙酮碘化反应的速率常数及活化能。

②初步认识复杂反应机理，了解复杂反应的表观速率常数的求算方法。

③掌握分光光度计的使用方法。

二、实验原理

实验反应式为

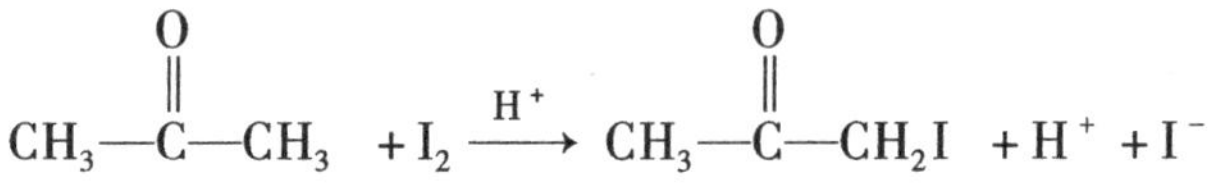

A　　　　E

一般认为该反应是按以下进行的，即

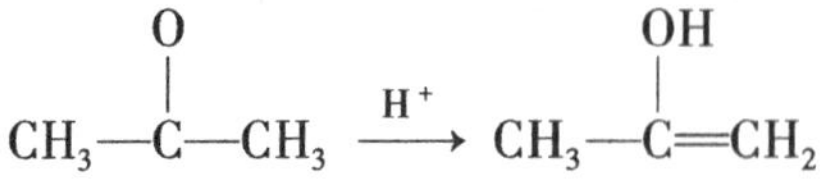

①

A　　　　B

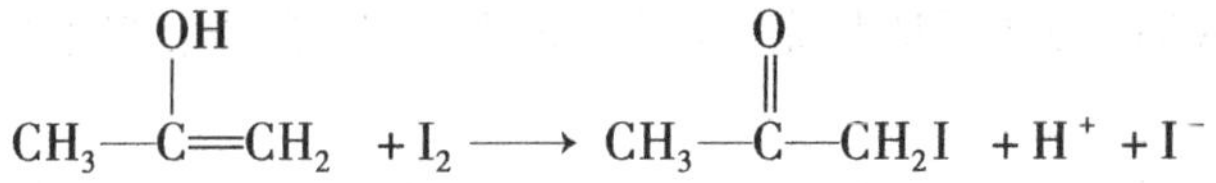

②

B　　　　E

反应①是丙酮的烯醇化反应，它是一个很慢的可逆反应；反应②是烯醇的碘化反应，它是一个快速且趋于进行到底的反应。因此，丙酮碘化反应的总速率是由丙酮的烯醇化反应的速率决定，丙酮的烯醇化反应的速率取决于丙酮及氢离子的浓度。如果以碘化丙酮浓度的增加来表示丙酮碘化反应的速率，则此反应的动力学方程式可表示为

$$\frac{dc_E}{dt} = kc_A c_{H^+} \tag{1}$$

式中 c_E——碘化丙酮的浓度；

c_{H+}——氢离子的浓度；

c_A——丙酮的浓度；

k——丙酮碘化反应总的速率常数。

由反应②可知

$$\frac{dc_E}{dt} = -\frac{dc_{I_2}}{dt} \tag{2}$$

因此，如果测得反应过程中各时刻碘的浓度，就可求出 dc_E/dt。由于碘在可见光区有一个比较

宽的吸收带，因此，可利用分光光度计来测定丙酮碘化反应过程中碘的浓度，从而求出反应的速率常数。若在反应过程中，丙酮的浓度远大于碘的浓度且催化剂酸的浓度也足够大时，则可把丙酮和酸的浓度看作不变，把式(1)代入式(2)积分，得

$$c_{I_2} = -Kc_A c_{H^+} t + B \tag{3}$$

按照朗伯-比耳(Lambert-Beer)定律，某指定波长的光通过碘溶液后的光强为 I_t，通过蒸馏水后的光强为 I_0，则透光率可表示为

$$T = \frac{I}{I_0} \tag{4}$$

并且透光率与碘的浓度之间的关系可表示为

$$\lg T = -\varepsilon b c_{I_2} \tag{5}$$

式中　T——透光率；

b——比色槽的光径长度；

ε——取以 10 为底的对数时的摩尔吸收系数。

将式(3)代入式(5)得

$$\lg T = -k\varepsilon b c_A c_{H^+} t + B' \tag{6}$$

由 $\lg T$ 对 t 作图可得一直线，直线的斜率为 $k\varepsilon b c_A c_{H^+}$。其中，$\varepsilon b$ 可通过测定一已知浓度的碘溶液的透光率，由式(5)求得，当 c_A 与 c_{H^+} 浓度已知时，只要测出不同时刻丙酮、酸、碘的混合液对指定波长的透光率，就可利用式(6)求出反应的总速率常数 k。

为了验证上述反应机理，可进行反应级数的测定。根据总反应方程式，可建立关系式为

$$r = \frac{-\mathrm{d}c(\mathrm{A})}{\mathrm{d}t} = \frac{-\mathrm{d}c(\mathrm{I_3^-})}{\mathrm{d}t} = \frac{\mathrm{d}c(\mathrm{E})}{\mathrm{d}t} = kc^{\alpha}(\mathrm{A})c^{\beta}(\mathrm{I_3^-})c^{\delta}(\mathrm{H^+}) \tag{7}$$

式中　r——反应速率；

k——速率系数；

$c(\mathrm{A}), c(\mathrm{I_3^-}), c(\mathrm{H^+}), c(\mathrm{E})$——丙酮、碘、氢离子、碘化丙酮的浓度，mol/L。

α, β, δ——反应对丙酮、碘、氢离子的分级数。

反应速率、速率系数及反应级数均可由实验测定。

在本实验条件下，实验将证明丙酮碘化反应对碘是零级反应，即 $\beta = 0$。由于反应并不停留在一元碘化丙酮上，还会继续进行下去，因此反应中所用的丙酮和酸应大大过量，而所用的碘量很少。这样，当少量的碘完全消耗后，反应物丙酮和酸的浓度仍基本保持不变。

实验还进一步表明，只要酸度不很高，丙酮卤化反应的速率与卤素的浓度和种类(氯、溴、碘)无关(在百分之几误差范围内)，因而直到全部碘消耗完以前，反应速率是常数，即

$$r = \frac{-\mathrm{d}c(\mathrm{I_3^-})}{\mathrm{d}t} = \frac{\mathrm{d}c(\mathrm{E})}{\mathrm{d}t} = kc^{\alpha}(\mathrm{A})c^{\beta}(\mathrm{I_3^-})c^{\delta}(\mathrm{H^+}) \tag{8}$$

$$= kc^{\alpha}(A)c^{\delta}(H^+) = \text{常数}$$

从式(7)可知，将 $c(\mathrm{I_3^-})$ 对时间 t 作图应为一条直线，其斜率就是反应速率 r，即

$$r = m/\varepsilon l \tag{9}$$

$$\frac{r_2}{r_1} = \frac{m_2}{m_1} \tag{10}$$

为了测定反应级数，如指数 α，至少需进行两次实验。在两次实验中丙酮的初始浓度不同，H^+ 和 I_3^- 的初始浓度相同。若用“Ⅰ”，“Ⅱ”分别表示这两次实验，令

$$c(A, \mathrm{I}) = uc(A, \mathrm{II}), c(H^+, \mathrm{I}) = c(H^+, \mathrm{II}), c(I_3^-, \mathrm{I}) = c(I_3^-, \mathrm{II})$$

由式(7)可得

$$\frac{r_{\mathrm{I}}}{r_{\mathrm{II}}} = \frac{kc^{\alpha}(A, \mathrm{I})c^{\delta}(H^+, \mathrm{I})}{kc^{\alpha}(A, \mathrm{II})c^{\delta}(H^+, \mathrm{II})} = u^{\alpha} \tag{11}$$

取对数，得

$$\lg \frac{r_{\mathrm{I}}}{r_{\mathrm{II}}} = \alpha \lg u \tag{12}$$

$$\alpha = \lg \frac{r_{\mathrm{I}}}{r_{\mathrm{II}}} / \lg u \tag{13}$$

同理，可求出指数 δ，若再作一次实验Ⅲ，使

$$c(A, \mathrm{I}) = c(A, \mathrm{III}), c(H^+, \mathrm{I}) = wc(H^+, \mathrm{III}), c(I_3^-, \mathrm{I}) = c(I_3^-, \mathrm{III})$$

即可得到

$$\delta = \lg \frac{r_{\mathrm{I}}}{r_{\mathrm{III}}} / \lg w \tag{14}$$

同样

$$c(A, \mathrm{I}) = c(A, \mathrm{IV}), c(H^+, \mathrm{I}) = c(H^+, \mathrm{IV}), c(I_3^-, \mathrm{I}) = xc(I_3^-, \mathrm{IV})$$

即可得到

$$\beta = \lg \frac{r_{\mathrm{I}}}{r_{\mathrm{IV}}} / \lg x \tag{15}$$

三、仪器及药品

仪器：721 型紫外-可见分光光度计 1 套，比色皿、烧杯、容量瓶、量筒、移液管（1.5 mL，3 mL，5 mL，10 mL），停表。

药品：碘溶液（0.05 mol/L）、标准盐酸溶液（1 mol/L）、丙酮溶液（2 mol/L）。

四、实验步骤

①将超级恒温水浴温度调至 25.0 ℃，同时将装有蒸馏水的洗瓶和分别装有盐酸、丙酮、碘溶液的容量瓶置于恒温水浴中恒温备用。

②调整分光光度计：将波长调到 565 nm。接通 721 型分光光度计电源，将波长调节盘调到 565 nm 处，选择 MODE 为 T。将两只比色皿均装上蒸馏水，置于恒温夹套中。

a. 调零：将挡板置于光路，调 0 钮，使显示为 0。

b. 调满度：将两只比色皿中的任意一只置于光路，使显示为 100。

c. 确定参比池：再将另外一只比色皿置于光路，如果显示小于 100，则该只比色皿用于以后换装反应溶液；如果显示大于 100，则该只比色皿用作参比，另外一只比色皿以后换装反应溶液。即选择透光率高的比色皿装上蒸馏水作为参比池。一般将参比池放在离拉柄最远的位置，更利于恒温水畅通。

d. 测量：将另外一只比色皿（即反应-吸收样品池）以后换装反应溶液，记录透光率 T 随时

间的变化，即 T-t。

③测定丙酮碘化反应的速率常数。取 10 mL 碘溶液加 40 mL 水，倒入比色皿，调整分光光度计为浓度模式，浓度值调为 400（代表实际浓度为 0.004 mol/L），按“确认”键——参比溶液。以后再放入反应溶液，即可随时显示碘的浓度值。每 1 min 读一个数值，每种溶液读取 15 个数。

④测量各种不同反应体系的 T-t。取 4 个（编号为 1 ~4 号）洁净、干燥的 50 mL 容量瓶，用移液管按表 3.21 的用量，依次移取 I_2 标准溶液、HCl 标准溶液和蒸馏水，塞好瓶塞，将其充分混合。另取一个洁净、干燥的 50 mL 容量瓶，注入浓度为 2.000 mol/L 的 CH_3COCH_3 标准溶液约 50 mL，然后将它们一起恒温放置。取 1 号瓶，用移液管加入 CH_3COCH_3 标准溶液 10 mL，迅速摇匀，用此溶液荡洗比色皿 3 次后注入适量该溶液，同时按下秒表，测定吸光度。争取在 2 min 内读取第一个 T 值，以后每隔 1 min 读数一次，直至 $T(\%) \geqslant 90$。直到取得 15 ~20 个数据为止。用同样的方法分别测定 2，3，4 号溶液在不同反应时间的吸光度。每次测定之前，用蒸馏水将吸光度校正至 0。

由 1，2，3，4 这 4 个样品确定各级数，见表 3.21。

表 3.21　各反应物的用量

编号	碘溶液/mL 0.05 mol/L	丙酮溶液/mL 2 mol/L	盐酸溶液/mL 1 mol/L	水/ mL	总体积/mL
1	10.0	10.0	5.0	25.0	50.0
2	10.0	5.0	5.0	30.0	50.0
3	10.0	10.0	10.0	20.0	50.0
4	5.0	10.0	5.0	30.0	50.0

⑤取 5.0 mL 0.050 0 mol/L 碘溶液稀释至 50.0 mL。共测定 3 次。

五、数据记录与处理

①将实验数据填入表 3.22 和表 3.23。

室温：________　大气压：________　恒温槽温度：________

[HCl]（标准溶液）/($mol \cdot L^{-1}$)：________　[I_2]（标准溶液）/($mol \cdot L^{-1}$)：________

[CH_3COCH_3]（标准溶液）/($mol \cdot L^{-1}$)：________

表 3.22　数据记录表

编号		5	6	7	8	9
[I_2]（标准溶液）/($mol \cdot L^{-1}$)						
[I_2]（稀释后的）/($mol \cdot L^{-1}$)						
A	1					
	2					
	3					
	平均值					

表 3.23 数据记录表

t/min		1	2	3	4	5	6	7	8	9	10	11	12
A	1#												
	2#												
	3#												
	4#												

②用表 3.22 的数据，以 A 对溶液浓度$[I_2]$作图，求其直线斜率 m'（即 κl）。

③用表 3.23 的数据，分别以 A 对时间 t 作图，可得 4 条直线。求出各条直线斜率 m_1，m_2，m_3，m_4。

④根据式(13)、(14)、(15)，计算分级数 α，β 和 δ，建立丙酮碘化的反应速率方程式。

⑤参照表 3.21 的用量，分别计算 1，2，3，4 号容量瓶中 HCl 和 CH_3COCH_3 的初始浓度；再根据式(8)分别计算 4 种不同初始浓度的反应速率系数，并求其平均值。

六、注意事项

①温度影响反应速率常数，实验时体系始终要恒温。

②实验所需溶液均要准确配制。

七、实验习题

①本实验中，是将丙酮溶液加到盐酸和碘的混合液中，但没有立即计时，而是当混合物稀释至 50 mL，摇匀倒入恒温比色皿测透光率时才开始计时，这样做是否影响实验结果？为什么？

②影响本实验结果的主要因素是什么？

第 4 章 无机物制备与提纯技术

实验 4.1 由铬铁矿制备重铬酸钾

一、实验目的

①了解由铬铁矿制备重铬酸钾的原理。

②进一步熟悉有关铬的化合物的性质。

③熟练无机化合物合成的实验操作。

二、实验原理

铬铁矿是制备铬的化合物的主要原料。它的主要成分为 $FeO \cdot Cr_2O_3$，其中含 Cr_2O_3 约 40%，所含杂质除铁外，还有硅和铝等。

在碱性介质（如碳酸钠等）中，铬铁矿易被氧化，生成可溶于水的铬（VI）酸盐。

$$4FeO \cdot Cr_2O_3 + 8Na_2CO_3 + 7O_2 = 8Na_2CrO_4 + 2Fe_2O_3 + 8CO_2$$

实验室中为了降低熔点，以便在较低温度下实现上述反应，常用碳酸钠和氢氧化钠作为熔剂，并加入少量氧化剂（如硝酸钠等），以加速氧化。

$$2FeO \cdot Cr_2O_3 + 4Na_2CO_3 + 7NaNO_3 \xlongequal{熔} 4Na_2CrO_4 + Fe_2O_3 + 4CO_2\uparrow + 7NaNO_2$$

用水浸取熔融物时，大部分铁以 $Fe(OH)_3$ 形式留于残渣中。过滤后，将滤液调节至 pH = 7 ~ 8，氢氧化铝和硅酸等析出。滤去沉淀，再将滤液酸化，铬酸盐即变为重铬酸盐。

$$2CrO_4^{2-} + 2H^+ \longrightarrow Cr_2O_7^{2-} + H_2O$$

为避免酸化过程中酸度过大而引起亚硝酸钠将六价铬重新还原为三价铬，本实验选用醋酸进行酸化，维持滤液的 $pH \approx 5$。

重铬酸钾是由重铬酸钠与氯化钾进行复分解反应而制得

$$Na_2Cr_2O_7 + 2KCl = K_2Cr_2O_7 + 2NaCl$$

在室温下重铬酸钾溶解度很小，而在升高温度时，其溶解度大大增加（0 ℃时 4.6 g /100 g

水,100 ℃时 94.1 g/100 g 水)。温度对氯化钠的溶解度影响很小。因此,将溶液浓缩、冷却后,即有大量的重铬酸钾晶体析出,氯化钠仍留在溶液中。

三、仪器及药品

马弗炉、抽滤瓶、布氏漏斗、烘箱、铁坩埚、坩埚钳、铁搅拌棒、烧杯、蒸发皿、温度计、100 mL、10 mL 量筒、200 mL 容量瓶、20 mL 移液管、25 mL 酸式滴定管、250 mL 碘量瓶。

铬铁矿粉(100 目)、$NaNO_3$、NaOH、Na_2CO_3、KCl、KI、冰醋酸、2 mol/L H_2SO_4、0.1 mol/L $Na_2S_2O_3$ 标准溶液、pH 试纸、淀粉。

四、实验内容

1. 氧化

称取 6 g 铬铁矿粉与 4 g 硝酸钠均匀混合。另称取 4.5 g 氢氧化钠及 4.5 g 碳酸钠于铁坩埚中,混匀后用小火加热直至熔融,然后将矿粉分几次加入,并不断搅拌,以防熔融物喷溅。矿粉加完后逐渐升高温度,为 800 ~ 850 ℃,灼烧 0.5 h,这时熔体呈红褐色,让其自然冷却。

2. 浸取

冷却后的熔融物牢固地附着于坩埚内,不易取出。为此可加少量水于坩埚中,小火加热至沸,然后将溶液倾入烧杯中,再加水于坩埚中,再加热。如此反复 2 ~ 3 次,即可全部取出熔块。将烧杯中的溶液及熔块一同加热煮沸 15 min,并不断搅拌以加速溶解。稍冷后抽滤,滤渣用 10 mL 水洗涤一次(滤液控制在 40 mL 左右)。

3. 中和除铝

用冰醋酸(4 ~ 5 mL)调节滤液酸度至 pH = 7 ~ 8,使氢氧化铝沉淀,加热数分钟,过滤之,沉淀弃去。滤液移入蒸发皿中,再用冰醋酸(4 ~ 5 mL)调节滤液酸度至约 pH≈5,使铬酸钠转化为重铬酸钠。

4. 复分解和结晶

将制得的重铬酸钠溶液加入 2.5 g 氯化钾,置于水浴上加热,并不断搅拌,到溶液蒸发至表面有少量晶体析出时为止。再调节溶液至约 pH≈5,冷至 15 ~ 20 ℃,即有大量 $K_2Cr_2O_7$ 晶体析出。抽滤、用滤纸吸干晶体、称重。

5. 重结晶

按 $K_2Cr_2O_7 : H_2O = 1:1.5$ 的比例,将重铬酸钾粗产品溶于蒸馏水中,加热使之溶解,趁热过滤(若无不溶杂质,则不需要过滤)。冷却以使其结晶。抽滤、晶体用少量蒸馏水洗涤一次(以刚好润湿为宜)。抽干后,在 40 ~ 50 ℃的温度下烘干,称重并计算产率。

五、产品含量测定

称取试样 2 g(准确至 0.01 g)溶于 200 mL 容量瓶中,用移液管吸取 20 mL 放入 250 mL 碘量瓶中,加入 10 mL,2 mol/L H_2SO_4,2 g 碘化钾,放于暗处 10 min,然后加入 100 mL 水,用 0.1 mol/L $Na_2S_2O_3$ 标准溶液滴定至溶液变成黄绿色,然后加入 3 mL 淀粉指示剂,再继续滴定至蓝色退去呈亮绿色为止。

$K_2Cr_2O_7$ 含量%(x)可计算为:$x = V \times C \times 0.04903 \times 100 / (G \times 0.1)$

式中 V——滴定用去硫代硫酸钠标准溶液的体积数;

C——硫代硫酸钠标准溶液摩尔浓度；

G——称取样品克数；

0.049 03——每毫克当量重铬酸钾克数。

附:重结晶知识

重结晶原理是利用混合物中各组分在某种溶剂中的溶解度不同,或者在同一溶剂中不同温度时的溶解度不同,而使它们相互分离。

重结晶提纯法的一般过程为:溶剂的选择→溶解固体→除去杂质→晶体析出→晶体的收集→洗涤、晶体的干燥。

一、溶剂的选择

1.溶剂选择的原则

选择适宜的溶剂是重结晶的关键之一。适宜的试剂应符合下述条件:

①与被提纯的有机物不起化学作用。

②对被提纯的有机物应易溶于热溶剂中,而在冷溶剂中几乎不溶。

③对杂质的溶解度应很大或很少。

④能得到较好的结晶。

⑤溶剂的沸点适中。若过低时,溶解度改变不大,难分离,且操作也困难;若过高时,附着于晶体表面的溶剂不容易除去。

⑥价廉易得,毒性低,回收率高,操作安全。

在选择溶剂时,应根据"相似相溶"的一般原理。溶质往往易溶于其结构相似的溶剂中。一般来说,极性的溶剂溶解极性的固体,非极性的溶剂溶解非极性的固体。在实验中往往要通过很多次实验才能确定使用哪种溶剂。

2.溶剂选择的一般方法

从以下 7 个方面来选择溶剂:

①常用溶剂: DMF、氯苯、二甲苯、甲苯、乙腈、乙醇、THF、氯仿、乙酸乙酯、环已烷、丁酮、丙酮、石油醚。

②比较常用溶剂:DMSO、六甲基磷酰胺、N-甲基吡咯烷酮、苯、环已酮、丁酮、二氯苯、吡啶、乙酸、二氧六环、乙二醇单甲醚、1,2-二氯乙烷、乙醚、正辛烷。

③一个好的溶剂在沸点附近对待结晶物质溶解度高而在低温下溶解度又很小。DMF、苯、二氧六环、环已烷在低温下接近凝固点,溶解能力很差,是理想溶剂。乙腈、氯苯、二甲苯、甲苯、丁酮、乙醇也是理想溶剂。

④溶剂的沸点最好比被结晶物质的熔点低 50 ℃;否则,易产生溶质液化分层现象。溶剂的沸点越高,沸腾时溶解力越强,对于高熔点物质,最好选高沸点溶剂。

⑤含有羟基、氨基而且熔点不太高的物质尽量不选择含氧溶剂,因为溶质与溶剂形成分子间氢键后很难析出。

⑥含有氧、氮的物质尽量不选择醇作溶剂,原因同上。

⑦溶质和溶剂极性不要相差太悬殊。水 > 甲酸 > 甲醇 > 乙酸 > 乙醇 > 异丙醇 > 乙腈 > DMSO > DMF > 丙酮 > HMPA > CH_2Cl_2 > 吡啶 > 氯仿 > 氯苯 > THF > 二氧六环 > 乙醚 > 苯 > 甲苯 > CCl_4 > 正辛烷 > 环已烷 > 石油醚。

二、重结晶操作

操作部分包括除溶剂选择后的所有步骤，下面将全面介绍重结晶的相关操作。

1. 筛选溶剂

在试管中加入少量（麦粒大小）待结晶物，加入 0.5 mL 根据上述规律所选择溶剂，加热沸腾几分钟，看溶质是否溶解。若溶解，用自来水冲试管外侧，看是否有晶体析出。初学者常把不溶杂质当成待结晶物。如果长时间加热仍有不溶物，可静置试管片刻，并用冷水冷却试管（勿摇动）。如果有物质在上层清液中析出，表示还可增加一些溶解。若稍微浑浊，表示溶剂溶解度太小；若没有任何变化，说明不溶的固体是一种东西，已溶物质又非常易溶，不易析出。

2. 常规操作

在锥形瓶或圆底烧瓶中加入溶质和一定溶剂，装上球冷，加热 10 min，若仍有不溶物，继续从冷凝管上口补加溶剂至完全溶解再补加过量 30% 溶剂。用折叠滤纸（折叠滤纸和三角漏斗要提前预热）趁热过滤入锥形瓶。滤液自然冷却后用布氏漏斗抽滤（用滤液反过来冲洗锥形瓶）。如果物质在室温溶解度很小，滤饼可用少量冷的溶剂淋洗（先撤掉减压，加少量溶剂润湿滤饼，再减压抽干。注意：用玻璃塞把滤饼压实有助于除掉更多溶剂）。如果所用溶剂不易挥发，可在常压下加入少量易挥发溶剂淋洗滤饼，如 DMF 可用乙醇洗，二氯苯、氯苯、二甲苯、环己酮可用甲苯洗。初学者常遇到问题：大量结晶在滤纸上析出，原因是漏斗和滤纸预热不好、溶剂过量太少、过滤时间太长。如产品贵重，可将三角漏斗和滤纸置于锥形瓶上用蒸汽预热，边过滤边用已经过滤的滤液蒸汽保温，但上述操作比较危险，甲苯、醚类、石油醚、环己烷等易燃溶剂慎用此法。注意：用热的重结晶母液淋洗滤纸和所有黏附溶质器具并冷却可减少结晶损失。

3. 反常规操作热抽滤

吸滤瓶不能预热，布氏漏斗和滤纸放在溶解溶质的锥形瓶上面利用上升蒸汽润湿，放在吸滤瓶上立即趁热抽滤。注意：抽气压力不能太大，以防止吸滤瓶中母液爆沸。初学者常犯错误：滤纸没有贴紧（可用双层的），动作迟缓导致结晶在布氏漏斗中析出，抽气压力太大导致滤液被吸入泵中，过滤完毕没有立即卸压导致大量溶剂被抽进泵中。

总之，与“相似相溶”背道而驰就对了，大极性的东西，用中等极性的溶剂结晶；小极性的东西，用大极性的溶剂。这样，有一半以上的情况是适合的。

4. 操作过程中的一些方法

①先试石油醚（正己烷）、乙醚、乙酸乙酯、乙醇、水；再试：丙酮、甲醇、乙腈、苯、氯仿、乙酸、吡啶等。如果还不行，就只好混合了。乙醚可利用其挥发性，沿玻璃向上爬而使固体析出的特性。丙酮如不与水配伍，应加以干燥。

②混合溶剂法：用过量热的良溶剂溶解，过滤，加热，缓慢加入不良溶剂至有浑浊，加热至澄清。静置等待。

③用分级结晶法。积累的母液过柱。但是，选用这种方法需注意以下问题：

a. 过柱预纯化，粗分离后再结晶。

b. 石油醚热提——冷析法。

c. 选低沸点的溶剂，如乙醚。

d. 晶种的取得，用玻璃棒沾一滴溶液，挥干。

e. 不要轻易冷冻，用让溶剂自然挥发的方法。

三、操作要点

①制备结晶，要注意选择合宜的溶剂和应用适量的溶剂。合宜的溶剂，最好是在冷时对所需要的成分溶解度较小，而热时溶解度较大。溶剂的沸点亦不宜太高。一般常用甲醇、丙酮、氯仿、乙醇、乙酸乙酯等。但有些化合物在一般溶剂中不易形成结晶，而在某些溶剂中则易于形成结晶。

②制备结晶的溶液，需要成为过饱和的溶液。一般是应用适量的溶剂在加温的情况下，将化合物溶解再放置冷处。如果在室温中可析出结晶，就不一定放置于冰箱中，以免伴随结晶析出更多的杂质。“新生态”的物质即新游离的物质或无定形的粉末状物质，远较晶体物质的溶解度大，易于形成过饱和溶液。一般经过精制的化合物，在蒸去溶剂抽松为无定形粉末时就是如此，有时只要加入少量溶剂，往往立即可以溶解，稍稍放置即能析出结晶。

③制备结晶溶液，除选用单一溶剂外，也常采用混合溶剂。一般是先将化合物溶于易溶的溶剂中，再在室温下滴加适量的难溶的溶剂，直至溶液微呈浑浊，并将此溶液微微加温，使溶液完全澄清后放置。

④结晶过程中，一般是溶液浓度高，降温快，析出结晶的速度也快些。但是，其结晶的颗粒较小，杂质也可能多些。有时自溶液中析出的速度太快，超过化合物晶核的形成劝分子定向排列的速度，往往只能得到无定形粉末。有时溶液太浓，黏度大反而不易结晶化。如果溶液浓度适当，温度慢慢降低，有可能析出结晶较大而纯度较高的结晶。有的化合物其结晶的形成需要较长的时间。

⑤制备结晶除应注意以上各点外，在放置过程中，最好先塞紧瓶塞，避免液面先出现结晶，而致结晶纯度较低。如果放置一段时间后没有结晶析出，可加入极微量的种晶，即同种化合物结晶的微小颗粒。加种晶是诱导晶核形成常用而有效的手段。一般来说，结晶化过程是有高度选择性的，当加入同种分子或离子，结晶多会立即长大，而且溶液中如果是光学异构体的混合物，还可依种晶性质优先析出其同种光学异构体。没有种晶时，可用玻璃棒蘸过饱和溶液一滴，在空气中任溶剂挥散，再用以摩擦容器内壁溶液边缘处，以诱导结晶的形成。如仍无结晶析出，可打开瓶塞任溶液逐步挥散，慢慢析晶，或另选适当溶剂处理，或再精制一次，尽可能除尽杂质后进行结晶操作。

⑥在制备结晶时，最好在形成一批结晶后，立即倾出上层溶液，然后再放置以得到第二批结晶。晶态物质可用溶剂溶解再次结晶精制。这种方法称为重结晶法。结晶经重结晶后所得各部分母液，再经处理又可分别得到第二批、第三批结晶。这种方法则称为分步结晶法或分级结晶法。晶态物质在一再结晶过程中，结晶的析出总是越来越快，纯度也越来越高。分步结晶法各部分所得结晶，其纯度往往有较大的差异，但常可获得一种以上的结晶成分，在未加检查前不要贸然混在一起。

⑦化合物的结晶都有一定的结晶形状、色泽、熔点和熔距，可作为鉴定的初步依据。这是非结晶物质所没有的物理性质。化合物结晶的形状和熔点往往因所用溶剂不同而有差异。原托品碱在氯仿中形成棱往状结晶，熔点 207 ℃；在丙酮中则形成半球状结晶，熔点 203 ℃；在氯仿和丙酮混合溶剂中则形成以上两种晶形的结晶。所以文献中常在化合物的晶形、熔点之后注明所用溶剂。一般单体纯化合物结晶的熔距较窄，有时要求在 0.5 ℃左右，如果熔距较长则

表示化合物不纯。

由铬铁矿制备重铬酸钾操作考核评分表见表4.1。

表4.1　由铬铁矿制备重铬酸钾操作考核评分表

项目	评分要素	配分	评分标准	扣分	得分	备注
称量操作(8分)	托盘天平调零点	2	调节			
	称量	2	方法正确			
	读数与记录	2	正确、及时、规范			
	托盘天平使用后	2	规范整理			
氧化(15分)	加料操作	3	分批，无溅出			
	反应条件控制	3	800～850 ℃，灼烧0.5 h			
	反应终点判断	3	正确，熔体呈红褐色			
	浸取	3	正确			
	抽滤	3	正确，使用减压抽滤			
中和除铝(15分)	加入溶剂量	5	恰当，使溶解			
	加热、过滤	5	无暴沸、迸溅			
	调节滤液酸度	5	至约pH 5，使铬酸钠转化为重铬酸钠			
复分解、结晶、重结晶(12分)	复分解	5	规范、正确			
	结晶	5	正确			
	重结晶	2	操作正确			
产品质量(15分)	产品外观	3	无杂色			
	产品质量	2	称量，及时记录			
	产率	10	达到要求			
结束工作(15分)	整理实验台	5	摆放整齐，擦拭干净			
	仪器清洗与放置	5	洗净有序放置于柜中			
	完成时间	5	规定时间内完成			
实验素质(20分)	实验中的创新	10	有			
	实验中问题的解决	5	正确处理与解决			
	废液的处理	5	倒入指定的地方			

实验4.2 由白钨矿制备三氧化钨

一、实验目的

①掌握酸法分解白钨矿制备三氧化钨的原理和操作方法。
②加深对钨的氧化物、钨酸和钨酸盐性质的认识。
③了解钨、钼化合物在性质上的差异和在分离上的应用。

二、实验原理

本实验制取三氧化钨是以白钨矿为原料。白钨矿的主要成分为钨酸钙，另外还含有少量钼酸钙以及硅、铁、磷、砷等杂质。在80~90 ℃时，浓盐酸和白钨矿作用，生成黄色的钨酸（简称黄钨酸）和钼酸。其反应方程式为

$$CaWO_4 + 2HCl \xlongequal{} H_2WO_4\downarrow + CaCl_2$$
$$CaMoO_4 + 2HCl \xlongequal{} H_2MoO_4 + CaCl_2$$

在盐酸中，黄钨酸的溶解度很小，而钼酸的溶解度较大。因此，在盐酸中生成的黄钨酸沉淀可与钼酸初步分离。钙、铁、磷和砷等杂质分别生成可溶性的氯化钙、氯化铁、磷酸和砷酸，采用过滤方法除去。但二氧化硅和未分解的钨酸钙仍留在沉淀中。

黄钨酸沉淀易溶于氨水，可与不溶于氨水的二氧化硅和未分解的钨酸钙分离。

浓缩钨酸铵溶液，溶解度较小的仲钨酸铵 $5(NH_4)_2O\cdot12WO_3\cdot5H_2O$ 即从溶液中结晶析出：

$$12(NH_4)_2WO_4 \xlongequal{} 5(NH_4)_2O\cdot12WO_3\cdot5H_2O\downarrow + 14NH_3\uparrow + 2H_2O$$

此时，未除尽的钼则形成溶解度较大的钼酸铵而留在溶液中。

最后把仲钨酸铵晶体灼烧成三氧化钨。其反应方程式为

$$5(NH_4)_2O\cdot12WO_3\cdot5H_2O \xlongequal{} 12WO_3 + 10NH_3\uparrow + 10H_2O\uparrow$$

三、仪器及药品

水浴、抽滤、加热、小烧杯、表面皿、搅棒、蒸发皿、坩埚，50 mL、10 mL量筒，白钨矿，浓HCl、HNO_3、8 mol/L $NH_3\cdot H_2O$、2% $NH_3\cdot H_2O$、1% HCl。

四、实验内容

1. 分解白钨矿

将10 g研细（在0.1 mm以下）的白钨矿放在小烧杯中，加入15 mL浓盐酸，1 mL浓硝酸，搅拌均匀后，在烧杯上盖以表面皿，放在水浴上加热半小时，反应过程中要经常搅拌。反应完毕后，减压过滤，弃去溶液，沉淀用热水洗涤两次，然后再用1%热盐酸洗涤3次（每次约5 mL），观察反应产物的颜色和状态。

2. 仲钨酸铵的制备

往沉淀中加30 mL、8 mol/L $NH_3\cdot H_2O$，在水浴上微热15 min，并不断搅拌。待钨酸全部溶解后，减压过滤。用2%氨水（每次5~10 mL）洗涤残渣两次，弃去残渣，把溶液放在蒸发皿内，于水浴上浓缩至溶液表面有微晶出现，冷却、待晶体全部析出后过滤，抽干。观察产物的颜色和状态。

3. **三氧化钨的制备**

把仲钨酸铵晶体放在坩埚中先小火加热把晶体烘干，后大火灼烧半小时并经常搅动，直至粉末变成橙色或橘红色为止。待产物冷却后，观察其颜色和状态，并称重和计算产率。

实验4.3　12-钨硅酸的制备及酸度测定

一、实验目的

①熟练掌握合成无机化合物的实验操作技能。

②掌握合成无机杂多酸的实验方法。

③熟练掌握酸、碱滴定实验操作。

④了解杂多酸的结构。

二、实验原理

本实验用钨酸钠（$Na_2WO_4\cdot 2H_2O$）和硅酸钠（Na_2SiO_3）溶液在酸性条件下反应，得到12-钨硅酸。反应的离子方程式为

$$12WO_4^{2-}+SiO_3^{2-}+26H^+ = H_4SiW_{12}O_{40}\cdot xH_2O+(11-x)H_2O$$

三、仪器及药品

磁力搅拌器、过滤、烘箱、250 mL 烧杯、100 mL、50 mL、20 mL 量筒、5 mL 吸量管、125 mL 分漏漏斗、蒸发皿、锥形瓶、碱式滴定管、铁架台（附铁圈）、滴定台（附蝴蝶夹）。

二水合钨酸钠（固）、硅酸钠（密度为 1.38 或波美度为 40°）、浓 HCl、乙醚、0.1 mol/L NaOH 标准溶液、甲基橙。

四、实验内容

1. **12-钨硅酸的制备**

把 50 g 的二水合钨酸钠（$Na_2WO_4\cdot 2H_2O$）放在 250 mL 的烧杯中，加入 100 mL 的蒸馏水，配成溶液。然后加入 2.7 mL 的硅酸钠溶液（密度为 1.38 或波美度为 40°），在加热的情况下，用磁力搅拌器剧烈搅拌。在接近沸腾时，用滴液漏斗滴入 30 mL 的浓盐酸（此过程至少用 10 min完成）。过滤，获得的滤液冷却后，再加入 20 mL 的浓盐酸，转移入分液漏斗中，并加入 35 mL的乙醚（如果不能形成 3 个液相，可再加入少量乙醚）。振荡分液漏斗，使分液漏斗中的液体分层，把分液漏斗底部的油状乙醚配合物放入烧杯中，弃去另外两相液体。洗净分液漏斗，把烧杯中的乙醚配合物再倒回洁净的分液漏斗中，加入 12 mL 的浓盐酸、38 mL 的蒸馏水和 10 mL 的乙醚。振荡此混合液，把分液漏斗下部的液体放入蒸发皿中，然后把蒸发皿放入通风橱中，一两天后，获得晶体。把获得的晶体放在烘箱中，干燥 2 h（70 ℃）。避免潮湿的晶体与任何金属类物质接触，否则它们可能变成蓝色。一般情况下，可获得 32 g 产物。

2. **12-钨硅酸的酸度测定**

准确称取制备的样品（约 2 g，精确到 0.1 mg）两份，放入两个锥形瓶中，加入少量蒸馏水，配

成溶液，用 0.1 mol/L 的已标定过的 NaOH 溶液滴定（以甲基橙作指示剂）。如果数据不平行，应测定第三次。计算该酸的当量。该酸的当量非常接近于 751，符合四元酸 $H_4SiW_{12}O_{40}\cdot 7H_2O$。

五、实验习题

①十二钨磷酸、十二钨硅酸较易被还原，与橡胶、纸张、塑料等有机物质接触，甚至与空气中灰尘接触时，均易被还原为“杂多蓝”。因此，在制备过程中要注意哪些问题？

②通过实验总结“乙醚萃取法”制多酸的方法。

实验 4.4　分子结构和晶体结构模型

一、实验目的

①熟悉一些典型的无机物分子（离子）的空间构型。

②熟悉金属晶体 3 种紧密堆积的排列方式。

③复习晶胞，配位数等概念。

④熟悉 4 种晶体的空间结构，了解它们正负离子的堆积情况、配位情况以及晶胞中离子个数之比。

⑤了解金刚石、石墨和干冰的结构。

⑥比较 4 类晶体质点间作用力的异同及共同性质的影响。

二、实验内容

1. 分子结构模型

用塑料小球代替分子中的原子，塑料棒代替化学键，搭成无机分子模型，见表 4.2。

表 4.2　分子结构模型

分子（离子）化学式	电子对构型	分子空间构型	理论说明
$HgCl_2$	直线形	直线形	配位数 = 2
BF_3	平面三角形	平面三角形	配位数 = 3
CCl_4	正四面体	正四面体	配位数 = 4
H_2O	正四面体	V 形	配位数 = 2
NH_3	正四面体	三角锥	配位数 = 3
PCl_5	三角双锥	三角双锥	配位数 = 5
SF_4	三角双锥	跷跷板型	配位数 = 4
BrF_3	三角双锥	T 形	配位数 = 3
SF_6	正八面体	正八面体	配位数 = 6
XeF_4	正八面体	平面正方形	配位数 = 4

2. 晶体结构模型

组成晶体的质点在空间的排列一般服从最紧密堆积原理，金属晶体主要有面心立方、体心立方和六方3种紧密堆积方式。在化合物（合金）晶体中，常把大的原子看作球的紧密堆积，小的看作处于大的原子紧密堆积的空隙中，当4个离子占据4个顶点时，形成四面体空隙。当6个原子处于八面体6个顶点时，形成八面体空隙。当8个离子占据立方体8个顶点时，形成立方体空隙。

3. 二元离子化合物的空间结构

二元离子化合物的空间结构见表4.3。

表4.3　二元离子化合物的空间结构

空间结构类型	晶格类型	正离子占负离子什么空隙	一个晶胞中空隙数	配位数	晶胞中正负离子个数（+/-）	化合物
CsCl型	体心立方	立方体空隙	1	8	1　1	AB
NaCl型	面心立方	八面体空隙	4	6	4　4	AB
ZnS型	面心立方	四面体空隙	4	4	4　4	AB
CaF_2型	面心立方	立方体空隙	4	8	4　8	AB_2

4. 金属原子的紧密堆积

晶格点类型见表4.4。

表4.4　晶格点类型

晶格点类型	角顶	边	面心	体心
对一个单元细胞的贡献	1/8	1/4	1/2	1

①面心立方紧密堆积。

②六方紧密堆积。

③体心立方堆积。

金属原子的紧密堆积见表4.5。

表4.5　金属原子的紧密堆积

名称	配位数	晶胞中的质点数	空间利用率/%
面心立方紧密堆积	12	4	74.05
六方紧密堆积	12	6	74.05
体心立方紧密堆积	8	2	68.20

三、实验习题

①价层电子对互斥理论可否用来普遍地判断无机分子化合物的分子构型？

②中心原子sp^3d^2（或d^2sp^3）杂化轨道成键的多原子分子，其分子构型是否都是正八面体？

为什么？

③AB_3 型的共价化合物，其中心原子都采用 sp^3 杂化轨道成键，当 A 不含孤电子对时，如 BF_3 可能采用 sp^3 杂化，为什么？

④某离子处于四面体或八面体空隙中，配位数分别是多少？

⑤如果是立方晶体，占据角顶的原子（离子）对一个单元晶胞的贡献是多少？

⑥在3种金属原子堆积中，面心和立方常被称为“最紧密堆积”，为什么？

⑦比较 CaF_2 和 ZnS 结构异同，为什么会产生这种差异？试从离子半径大小比较。

实验4.5　晶体的生成和鉴定

一、实验目的

①了解显微镜的基本构造，学会运用显微镜观察沉淀晶形。

②学习通过观察物质晶形鉴定物质的方法。

③培养学生的审美观点，增强学生对无机化学实验的兴趣。

二、实验内容

1. 晶体的生成

分别生成 PbI_2，$PbCl_2$，SrC_2O_4，$SrCrO_4$，$K_3[Fe(CN)_6]$，$CuSO_4$，$BaSO_4$，$SrSO_4$，CaC_2O_4，BaC_2O_4，$MgNH_4PO_4$ 的沉淀（极少量即可）。

2. 晶体的观察（使用显微镜）

三、实验讨论

①制好的玻片两面要擦拭干净。

②显微镜的使用。

③采光不宜过亮。

四、实验习题

①讨论有哪些因素且如何影响沉淀晶形的？

②谈谈你对显微镜实验的感受。

第5章 性质实验

实验5.1 p区非金属元素(一)(卤族元素)

一、实验目的

①比较卤素的氧化性和卤离子的还原性。

②掌握次氯酸及其盐的强氧化性特点,掌握氯酸盐强氧化性及其条件。

③分离并检出水溶液中的 Cl^-,Br^-,I^- 离子。

④了解氯、溴、氯酸钾及氯化氢的安全操作常识。

二、仪器及药品

碘、NaCl、KBr、KI、$KClO_3$、锌粉(固体)、溴水、CCl_4、次氯酸钠、氯水、浓 H_2SO_4、浓氨水、浓HCl,0.1 mol/L $FeCl_3$、0.1 mol/L KBr、0.1 mol/L KI,6 mol/L HNO_3,NaOH,2 mol/L H_2SO_4,HNO_3,$NH_3 \cdot H_2O$,0.5 mol/L NaCl、0.05 mol/L $Na_2S_2O_3$、0.1 mol/L KI,0.1 mol/L $Na_2S_2O_3$,KBr,$FeCl_3$,$AgNO_3$,$MnSO_4$,0.05 mol/L $NaHSO_3$,KIO_3,淀粉、淀粉碘化钾试纸、醋酸铅试纸、品红。

试管、小量筒、滴管、玻璃棒。

三、实验内容

1.溴和碘的溶解性

①在试管中加0.5 mL溴水,沿管壁加入0.5 mL CCl_4,观察水层和 CCl_4 层的颜色。振荡试管,静置后,观察水层和 CCl_4 层的颜色有何变化,比较溴在水中和 CCl_4 中的溶解性。

②取一小粒碘晶体放在试管中,加入2 mL蒸馏水,振荡试管,观察液体的颜色有什么变化?再加入几滴0.1 mol/mL KI溶液,摇均,颜色发生什么变化?为什么?

③取1 mL上述碘溶液,加入0.5 mL CCl_4,振荡试管,观察水层和 CCl_4 层的颜色有何变化,比较碘在水中和 CCl_4 中的溶解性。用滴管吸取上层的碘溶液,移到另一支试管中,往此试管中加几滴淀粉溶液,即成蓝色(如颜色太深,可用稀释后观察)。将此溶液留下,供下面实验

用。以上两种方法都可用来检验碘的存在。

2. 卤素单质的氧化性

①在水溶液化学范围内自行设计实验,比较氯与溴、氯与碘、溴与碘的氧化性。综合实验结果,指出卤素单质的氧化性变化规律。

②碘的氧化性

在溴和碘的溶解性实验后留下的蓝色溶液中,逐滴滴入 0.1 mol/mL 的 $Na_2S_2O_3$ 溶液,观察颜色变化,解释反应现象。

3. 卤离子的还原性

①往盛有少量黄豆大小 NaCl 固体的试管中,加 1 mL 浓 H_2SO_4,微热之,观察反应产物的颜色和状态。用玻璃棒蘸一些浓氨水,移近试管口以检验气体产物。写出反应方程式,并加以解释。

②往盛有少量黄豆大小 KBr 固体的试管中,加 1 mL 浓 H_2SO_4,观察反应产物的颜色和状态。把湿的淀粉碘化钾试纸移近管口,以检验气体产物。写出反应方程式,此反应与实验①有何不同?为什么?

③往盛有少量黄豆大小 KI 固体的试管中,加 1 mL 浓 H_2SO_4,观察反应产物的颜色和状态。把湿的醋酸铅试纸移近管口,以检验气体产物。写出反应方程式,此反应与实验①有何不同?为什么?

④往两支试管中,分别加入 0.5 mL、0.1 mol/mL KI 溶液和 0.5 mL、0.1 mol/mL KBr 溶液,然后各加入两滴 0.1 mol/mL $FeCl_3$ 溶液和 0.5 mL CCl_4。充分振荡,观察两试管中 CCl_4 层的颜色有无变化,并加以解释。

综合以上 4 个实验,比较 Cl^-,Br^-,I^- 离子的还原性,得出它们还原性的变化规律。

4. 次氯酸盐和氯酸盐的性质

(1)次氯酸钠的氧化性

①与浓盐酸的作用,设法证明气体产物。

②与碘化钾溶液的作用,注意产物及其颜色。

③与硫酸锰(Ⅱ)溶液的作用,注意产物。

④与一品红溶液的作用。

根据以上实验,对于次氯酸钠的性质,你能得出什么结论?写出①、②、③反应方程式,并用标准电极电势加以解释。

(2)氯酸钾的氧化性

用氯酸钾晶体进行以下实验:

①与浓盐酸作用。

②在酸性和中性介质中,与碘化钾溶液作用。

根据以上实验,写出反应方程式,并对氯酸钾的氧化性作出结论。

5. 单质碘的歧化反应和碘酸钾的氧化性

①在碘化钾的碱性溶液(pH > 12)中,逐滴滴入数滴次氯酸钠溶液,再加 0.5 mL CCl_4,振荡,观察 CCl_4 层中的颜色。若 CCl_4 层中无碘的颜色,酸化该溶液,再观察 CCl_4 层中的颜色。试解释,工业上是如何从海水中提取 Br_2 和 I_2 的?

②在试管中放入 0.5 mL,0.05 mol/mL $NaHSO_3$ 溶液,加一滴稀硫酸和一滴可溶性淀粉溶

液,滴加0.05 mol/mL KIO_3 溶液,边加、边振荡,直至有深蓝色出现为止。解释所观察到的现象,并进行解释。

6. 卤化银的性质

在3支离心试管中,分别加入几滴0.5 mol/mL NaCl溶液,然后滴加0.1 mol/mL $AgNO_3$ 溶液至3支离心试管中的AgCl沉淀完全为止,离心分离,弃去溶液,观察沉淀的颜色。再分别试验AgCl沉淀是否溶于2 mol/mL的 HNO_3、2 mol/mL的氨水和0.5 mol/mL的 $Na_2S_2O_3$ 溶液中。写出反应方程式,再用KBr,KI代替NaCl溶液进行同样的实验,分别将实验结果填在相应的实验报告中。

7. Cl^-,Br^-,I^-离子的分离和检出

水溶液中,当 Cl^-,Br^-,I^-离子同时存在时,可按以下的步骤进行分离和检出:

①在离心管加2 mL Cl^-,Br^-,I^-离子混合试液,加2~3滴6 mol/mL硝酸酸化,再加0.1 mol/dm^3 $AgNO_3$ 溶液至沉淀完全,在水浴中加热2 min,使卤化银聚沉,离心分离,弃去溶液,再用蒸馏水将沉淀洗涤两次。

②往卤化银沉淀上加2 mL,2 mol/L氨水,搅拌1 min;离心分离(沉淀下面实验用)将清液移到另一支试管中,用6 mol/L硝酸酸化,如果有AgCl白色沉淀产生,表示有 Cl^-离子存在。

③往实验②的沉淀中加1 mL蒸馏水和少量锌粉,充分搅拌,使沉淀变为黑色,离心分离,弃去残渣(Ag),往清液(含 Br^-,I^-离子)中加0.5 mL CCl_4,然后滴加氯水,每加一滴后,都要振荡试管,并观察 CCl_4 层的颜色变化,如果 CCl_4 层变为紫色,表示有 I^-离子,继续滴加氯水,I_2 即被氧化为 HIO_3(无色)。这时,如果 CCl_4 层为黄色或橙黄色,即表示有 Br^-离子存在于混合试液中。

附注:

有机溶剂如苯、四氯化碳、氯仿($CHCl_3$)等,与水不相混。当它们与水混合时,明显分两层,苯比水轻,在上层;四氯化碳和氯仿比水重,在下层。卤素(非极性分子)在有机溶剂中溶解度比水中大,因此当它们被萃取到有机溶剂中显示明显的颜色,特别是在非极性溶剂中显示出蒸汽的颜色,这样则容易判断它们的存在。溴在非有机溶剂中显棕色或黄色,碘在非有机溶剂中显紫红色或粉红色。

实验5.2　p区非金属元素(二)(氮、磷、硫)

一、实验目的

①掌握铵根离子的检验方法,试验亚硝酸、硝酸和硝酸盐的主要性质。

②试验磷酸盐的主要化学性质。

③试验硫的不同氧化态化合物的性质。

二、仪器及药品

气室法检验 NH_4^+ 用品:冰水浴、试管、试管架、5 mL量筒。

浓 H_2SO_4、HNO_3、$NH_3 \cdot H_2O$、$K_2S_2O_8$(固)、饱和 $NaNO_2$、碘水、6 mol/mL NaOH，HNO_3，3 mol/mL H_2SO_4，2 mol/mL NaOH，HCl，HNO_3，HAc，1 mol/mL H_2SO_4、0.5 mol/mL $FeSO_4$，$NaNO_3$，0.1 mol/mL NH_4Cl，$(NH_4)_2MoO_4$，Na_3PO_4，Na_2HPO_4，NaH_2PO_4，$NaNO_2$，$Na_2S_2O_3$，KI，$KMnO_4$，$K_4P_2O_7$，$AgNO_3$，$CaCl_2$，H_3PO_4，0.002 mol/mL $MnSO_4$、奈斯勒试剂(K_2HgI_4 的 KOH 溶液)、镁铵试剂、1%蛋清水、pH 试纸。

三、实验内容

1. 铵根离子的检验

①取几滴铵盐溶液置于一表面皿中心，在另一块小表面皿中心黏附一小块湿润的 pH 试纸，然后在铵盐溶液中滴加 6 mol/mL NaOH 溶液至呈碱性，迅速将粘有 pH 试纸的表面皿盖在盛有试液的表面皿上作成“气室”。将此气室放在水浴上微热，观察 pH 试纸的变化。

②取几滴铵盐(如 NH_4Cl)溶液于小试管中，加入两滴 2 mol/mL NaOH 溶液，然后再加两滴奈斯勒试剂($K_2[HgI_4]$)，观察红棕色沉淀的生成。反应方程式为

$$NH_4Cl + 2K_2[HgI_4] + 4KOH = \left[O \begin{smallmatrix} Hg \\ \diagup \quad \diagdown \\ \\ \diagdown \quad \diagup \\ Hg \end{smallmatrix} NH_2 \right] I \downarrow + KCl + 7KI + 3H_2O$$

2. 亚硝酸的生成和性质(亚硝酸及其盐有毒，注意勿进入口内！)

(1) 亚硝酸的生成和分解

把盛有约 1 mL、饱和 $NaNO_2$ 溶液的试管置于冰水中冷却，然后加入约 1 mL、3 mol/L H_2SO_4 溶液，混合均匀，观察有浅蓝色亚硝酸溶液的生成。将试管自冰水中取出并放置一段时间，观察亚硝酸在室温下的迅速分解：

$$2HNO_2 \underset{冷}{\overset{热}{\rightleftharpoons}} H_2O + N_2O_3 \underset{冷}{\overset{热}{\rightleftharpoons}} H_2O + NO + NO_2$$

(2) 亚硝酸的氧化性

取 0.5mL，0.1mol/L KI 溶液于小试管中，加入几滴 1 mol/L H_2SO_4 使它酸化，然后逐滴加入 0.1 mol/L $NaNO_2$ 溶液，观察 I_2 的生成。此时，NO_2^- 还原为 NO。写出反应方程式。

(3) 亚硝酸的还原性

取 0.5 mL，0.1 mol/L $KMnO_4$ 溶液于小试管中，加入几滴 1 mol/L H_2SO_4 使它酸化，然后加入 0.1 mol/L $NaNO_2$ 溶液，观察现象，写出反应方程式。

3. 硝酸根离子棕色环试验

在小试管中注入 10 滴 0.5 mol/L $FeSO_4$ 溶液和 0.5 mol/L $NaNO_3$ 溶液，摇匀。然后斜持试管，沿着管壁慢慢滴入 1 滴管浓硫酸。由于浓硫酸的比重较上述液体大，浓硫酸流入试管底部，形成两层。这时，两层液体界面上有一棕色环。其反应方程式为

$$NO_3^- + 3Fe^{2+} + 4H^+ = NO + 3Fe^{3+} + 2H_2O$$

$$Fe^{2+} + NO = [Fe(NO)]^{2+}(棕色)$$

4. 正磷酸盐的性质

①用 pH 试纸分别试验 0.1 mol/L 的 Na_3PO_4，Na_2HPO_4 和 NaH_2PO_4 溶液的酸碱性。然后分别取此 3 种溶液各 10 滴，倒入 3 支试管中，各加入 10 滴 $AgNO_3$ 溶液，观察黄色磷酸银沉淀

的生成。再分别用 pH 试纸检查它们的酸碱性,前后对比各有什么变化?试加以解释。

②分别取 0.1 mol/L Na_3PO_4,Na_2HPO_4 和 NaH_2PO_4 溶液于 3 支试管中,各加入0.1 mol/L $CaCl_2$ 溶液,观察有无沉淀产生?加入氨水后,又各有什么变化?再分别加入2 mol/L盐酸后,再各有什么变化?

比较 $Ca_3(PO_4)_2$,$CaHPO_4$ 和 $Ca(H_2PO_4)_2$ 的溶解性,说明它们之间相互转化的条件。写出相应的反应方程式。

5. 偏磷酸根、磷酸根和焦磷酸根的性质和鉴定

①在 0.1 mol/L H_3PO_4 溶液和 0.1 mol/L $K_4P_2O_7$ 溶液中,各加入 0.1 mol/L $AgNO_3$ 溶液,有何现象发生?离心分离,弃去溶液,往沉淀中注入 2 mol/L HNO_3,沉淀是否溶解?

②在 HPO_3(可自制),H_3PO_4 和 $K_4P_2O_7$ 溶液中,各注入 2 mol/L 醋酸和 1% 蛋清水溶液,有何现象发生?

③磷酸根离子的鉴定。

a. 磷酸银沉淀法[见上面 4①]。

b. 磷酸铵镁法。在两滴试液中滴入数滴镁铵试剂,则有白色沉淀生成。若试液为酸性,可用浓氨水调至碱性后再试验。其反应方程式为

$$PO_4^{3-} + NH_4^+ + Mg^{2+} \xlongequal{} MgNH_4PO_4 \downarrow$$

c. 磷钼酸铵法。在 3 滴试液中,滴入 1 滴6 mol/L HNO_3 和 8 ~ 10 滴0.1 mol/L $(NH_4)_2MoO_4$ 溶液,即有黄色沉淀产生。其反应方程式为

$$PO_4^{3-} + 12MoO_4^{2-} + 3NH_4^+ + 24H^+ \xlongequal{} (NH_4)_3PO_4 \cdot 12MoO_3 \cdot 6H_2O \downarrow + 6H_2O$$

6. 硫代硫酸盐的性质

①往 0.1 mol/L $Na_2S_2O_3$ 溶液中滴加碘水,溶液的颜色有什么变化?写出反应方程式。

②往 0.1 mol/L $Na_2S_2O_3$ 溶液中滴加 2 mol/L 盐酸加热,观察有什么变化?写出反应方程式。$S_2O_3^{2-}$ 遇酸会发生分解,常用于检出 $S_2O_3^{2-}$ 离子的存在。

③在试管中加 0.5 mL,0.1 mol/L $AgNO_3$ 溶液,再加几滴 0.1 mol/L $Na_2S_2O_3$ 溶液,先产生白色沉淀:

$$2Ag^+ + S_2O_3^{2-} \xlongequal{} Ag_2S_2O_3 \downarrow$$

沉淀由白变黄、变棕,最后变黑:

$$Ag_2S_2O_3 + H_2O \xlongequal{} H_2SO_4 + Ag_2S \downarrow$$

这是 $Na_2S_2O_3$ 的特征反应。

7. 过二硫酸盐的氧化性

把 5 mL,1 mol/L H_2SO_4,5 mL 蒸馏水和 4 滴 0.002 mol/L $MnSO_4$ 溶液混合均匀后,再加入一滴浓 HNO_3,把这一溶液分成两份。往一份溶液中加一滴 0.1 mol/L $AgNO_3$ 溶液和少量 $K_2S_2O_8$ 固体,微热之,溶液的颜色有什么变化?另一份溶液中只加少量 $K_2S_2O_8$ 固体,微热之,溶液的颜色有什么变化?

$$5S_2O_8^{2-} + 2Mn^{2+} + 8H_2O \xlongequal{} 10SO_4^{2-} + 2MnO_4^- + 16H^+$$

比较上面两个实验的结果,有什么不同?为什么?

实验5.3 p区元素(砷、锑、铋、锡、铅)

一、实验目的

①试验并了解砷、锑、铋氢氧化物的酸、碱性以及三价锑、铋盐的水解性。

②试验并了解三价锑、铋盐的还原性,五价砷、锑、铋盐的氧化性。

③试验砷、锑、铋硫化物的难溶性,了解砷、锑、铋盐的硫代酸盐的生成。

④试验锡(Ⅱ)的还原性和锡(Ⅳ)的氧化性。

⑤试验铅难溶盐的生成和性质。

二、仪器及药品

离心分离、加热、水浴、烧杯、试管、试管架、滴管。

As_2O_3、$NaBiO_3$、锡、PbO_2、Pb_3O_4(固体)、碘水、氯水、浓HCl、浓HNO_3、饱和$Na_2S_2O_3$、NaAc,6 mol/L、HCl,HNO_3、2 mol/L HCl、2 mol/L HNO_3、NaOH,H_2SO_4、1 mol/L $(NH_4)_2S_2$、0.5 mol/L Na_2S、0.1 mol/L $Bi(NO_3)_3$、$AgNO_3$、$Pb(NO_3)_2$、$SbCl_3$、$SnCl_2$、$SnCl_4$、$HgCl_2$、$MnSO_4$、Na_3AsO_4、KI、K_2CrO_4、5%硫代乙酰胺、pH试纸。

三、实验内容

1. 三价砷、锑、铋盐的还原性和五价砷、锑、铋盐的氧化性

①取少量自制的亚砷酸溶液调pH至中性左右,滴加碘水,观察现象,然后将溶液用浓盐酸酸化,又有何变化?写出反应方程式,并解释之。

②用自制的亚锑酸钠溶液代替亚砷酸钠溶液作上述实验,观察现象,写出有关的反应方程式,并解释之。

③在试管中,加入1 mL硝酸铋(Ⅲ)溶液,再加入氢氧化钠溶液和氯水,水浴加热,观察现象。倾去溶液,洗涤沉淀,再加浓HCl作用于沉淀物,观察有什么现象产生。试鉴别气体产物。写出反应方程式,并解释之。

④铋酸盐的氧化性。在一支试管中,滴加两滴0.1 mol/L的$MnSO_4$溶液和2 mL 2 mol/L的HNO_3溶液,然后加入少量固体$NaBiO_3$,用玻璃棒搅拌并微热之,观察溶液颜色的变化,写出反应方程式。

2. AsO_4^{3-},AsO_3^{3-}和Bi^{3+}的鉴定

①在中性的Na_3AsO_4和Na_3AsO_3试液中,加入$AgNO_3$溶液,AsO_4^{3-}存在时,生成棕红色的Ag_3AsO_4沉淀;AsO_3^{3-}存在时,生成Ag_3AsO_3黄色沉淀,沉淀均能溶于饱和$Na_2S_2O_3$溶液(Cl^-离子的存在,对此鉴定有干扰)。

②在亚锡酸钠(自制)中,加入两滴0.1 mol/L $Bi(NO_3)_3$溶液,观察有黑色沉淀生成。证明有Bi^{3+}离子存在。

3. 砷、锑、铋的硫化物和硫代酸盐

①在Na_3AsO_3(自制)、$SbCl_3$、$Bi(NO_3)_3$溶液中,分别和6 mol/L HCl混合,把硫代乙酰胺

溶液加入混合液中，在水浴中加热，观察反应产物的颜色和状态，离心分离，将弃去溶液后的沉淀物各分为3份，分别加入浓HCl、2 mol/L NaOH溶液和0.5 mol/L Na_2S溶液，观察沉淀是否溶解。并写出反应方程式。

②先把盛有2 mL 0.1 mol/L砷酸钠溶液的离心试管和盛有2 mL浓盐酸的试管，放在冰水中冷却。然后混合并加入硫代乙酰胺溶液，在水浴上加热，观察反应产物的颜色和状态。离心分离，弃去溶液，把沉淀分成3份，试验其对浓HCl、2 mol/L NaOH和0.5 mol/L Na_2S溶液的溶解情况。写出反应方程式。

4. 锡、铅氢氧化物的生成及其酸、碱性

(1)氢氧化锡(Ⅱ)的生成和酸、碱性

在离心试管中，加入0.5 mL 0.1 mol/L的$SnCl_2$溶液，再滴加2 mol/L NaOH溶液，使生成白色沉淀(碱勿过量)。离心分离，弃去溶液，将沉淀分成两份，分别试验对2 mol/L盐酸和2 mol/L NaOH溶液的作用。

(2)氢氧化铅(Ⅱ)的生成和酸、碱性

取0.1 mol/L的$Pb(NO_3)_2$溶液，用4(1)相同方法试验沉淀对稀酸和稀碱的作用(应该用何种酸)。

根据上面的实验，对$Sn(OH)_2$和$Pb(OH)_2$的酸、碱性作出结论。

(3)α-锡酸的生成和性质

取1 mL $SnCl_4$溶液，滴加2 mol/L NaOH溶液，使有沉淀生成，即得α-锡酸。离心分离，弃去溶液，试验沉淀对稀碱和稀酸的作用。

(4)β-锡酸的生成和性质

取少量金属锡与浓HNO_3作用，微热之(NO_2气体有毒，应在通风橱内操作)，所得沉淀为β-锡酸，或者按4(3)试验方法制得β-锡酸，于水浴中煮沸30~40 min，则转变成β-锡酸。试验β-锡酸对稀酸和稀碱的作用，并与α-锡酸比较之。

5. 锡(Ⅱ)水解性和还原性

(1)氯化亚锡的水解

取2 mL 0.1 mol/L的$SnCl_2$溶液中加水稀释，有什么现象？再逐滴加入6 mol/L HCl又有什么现象？写出反应方程式。

(2)氯化亚锡的还原性

往0.5 mL 0.1 mol/L的$HgCl_2$溶液中，逐滴加入0.1 mol/L $SnCl_2$溶液，即生成白色的Hg_2Cl_2沉淀

$$2HgCl_2 + SnCl_2 = Hg_2Cl_2\downarrow + SnCl_4$$

继续加过量$SnCl_2$溶液，并不断搅拌，然后放置2~3 min，Hg_2Cl_2又会被还原为Hg(黑色)

$$Hg_2Cl_2 + SnCl_2 = 2Hg\downarrow + SnCl_4$$

最终是黑色和白色混杂色，故呈灰色。这一反应常用于Sn^{2+}或Hg^{2+}离子的鉴定。

(3)亚锡酸钠的还原性

往自制的亚锡酸钠溶液中，加入硝酸铋溶液，观察现象。此反应用来鉴定Sn^{2+}或Bi^{3+}离子。

$$3Sn(OH)_4^{2-} + 2Bi^{3+} + 6OH^- = 3Sn(OH)_6^{2-} + 2Bi\downarrow(\text{黑色})$$

6. 铅(Ⅳ)的氧化性

①在少量PbO_2固体中，加入浓HCl，观察现象，并鉴定生成的气体。写出反应方程式。

②取一滴0.1 mol/L $MnSO_4$ 溶液加入2 mL 6 mol/L HNO_3 溶液酸化，然后加入少量 PbO_2 固体微热之，观察发生的现象。写出反应方程式，并解释之。

③铅丹（Pb_3O_4）的组成取少量 Pb_3O_4 固体加入少量的6 mol/L HNO_3 溶液中，不断搅拌，观察 Pb_3O_4 的颜色变化，并与 PbO_2 的颜色比较。写出相应的反应方程式。

设法确证 Pb_3O_4 中，Pb存在着两种氧化态。

7. 铅（Ⅱ）和锡（Ⅱ）的难溶化合物

（1）氯化铅

在1 mL水中，加数滴0.1 mol/L的 $Pb(NO_3)_3$ 溶液，然后滴加稀盐酸，即有白色 $PbCl_2$ 沉淀生成。将所得沉淀连同溶液一起加热，沉淀是否溶解？再把溶液冷却，又有什么变化？由此可得出什么结论？

（2）碘化铅

将稀盐酸改为0.1 mol/L KI溶液，用7(1)相同的方法，试验 PbI_2 的生成和溶解。

（3）铬酸铅

由0.1 mol/L $Pb(NO_3)_2$ 溶液和0.1 mol/L K_2CrO_4 溶液制备 $PbCrO_4$，注意它的颜色和状态，并试验它在 HNO_3 和NaOH溶液中的溶解情况。由此得出 $PbCrO_4$ 生成的条件是什么？写出相应的反应方程式。

（4）硫酸铅

如同实验7(1)，用稀 H_2SO_4 代替稀盐酸，可得到硫酸铅的白色沉淀（可微热之）。离心分离，将沉淀分作两份：一份加入浓硫酸并微热之，沉淀是否溶解。另一份加入饱和NaAc溶液，微热并搅拌之，沉淀是否溶解？解释上面现象。写出相应的反应方程式。

（5）硫化锡（Ⅱ）和硫化铅

往两支离心管中分别加入1 mL 0.1 mol/L $Pb(NO_3)_2$ 溶液和0.1 mol/L $SnCl_2$ 溶液，然后加入硫代乙酰胺溶液，并在水浴上加热，观察反应产物的颜色和状态。离心分离，弃去溶液，把沉淀分成两份，分别试验它们与6 mol/L HNO_3 和多硫化铵溶液的作用。写出相应的反应方程式。

实验5.4　d区元素（一）（铬、锰）

一、实验目的

①试验Cr（Ⅲ），Mn（Ⅱ）的氢氧化物的生成及性质。

②试验铬、锰各种氧化态化合物的氧化性和还原性。

③试验微溶铬酸盐的生成和溶解。

二、仪器及药品

离心分离、加热、试管、试管夹、试管架、搅拌棒。

固体：Na_2SO_3、$NaBiO_3$、MnO_2、浓HCl、6 mol/L NaOH、2 mol/L HCl、H_2SO_4、HNO_3、NaOH、

$NH_3 \cdot H_2O$、1 mol/L H_2SO_4、0.5 mol/L Na_2S、$FeSO_4$、0.2 mol/L 铬钾钒、$MnSO_4$、0.1 mol/L $K_2Cr_2O_7$、K_2CrO_4、$AgNO_3$、$Pb(NO_3)_2$、$Pb(NO_3)_2$、$BaCl_2$、Na_2SO_3、0.05 mol/L $MnSO_4$、0.01 mol/L $KMnO_4$、5% H_2O_2。

三、实验内容

1. Cr(Ⅲ)化合物的性质

(1)氢氧化铬(Ⅲ)的酸、碱性

往分别盛着 1 mL 0.2 mol/L 铬钾矾溶液的两支离心管中,逐滴加入 2 mol/L $NH_3 \cdot H_2O$至沉淀完全,观察产物的颜色。离心分离,弃去清液,即得到两份沉淀。一份沉淀上加 2 mol/L 的 HCl,沉淀是否溶解?往另一份沉淀上加 2 mol/L NaOH 溶液,沉淀是否溶解?把所得到的溶液煮沸,又有什么变化?写出相应的反应方程式,解释上述现象。

(2)三价铬盐的水解作用

往盛着 1 mL 0.2 mol/L 铬钾矾溶液的离心管中,滴加 0.5 mol/L Na_2S 溶液,观察反应产物的颜色和状态,设法证明产物是 $Cr(OH)_3$,而不是 Cr_2S_3。

(3)三价铬盐的还原性

往 0.5 mL 0.2 mol/L 铬钾矾溶液中,加入过量的 2 mol/L NaOH 溶液,直到最初生成的沉淀溶解为止。往清液中逐滴加入 3% H_2O_2 溶液,微热之,溶液的颜色有什么变化?写出相应的反应方程式。如果再用 2 mol/L H_2SO_4 溶液酸化前面溶液(必要时可再加入数滴 H_2O_2 溶液),溶液的颜色又有何变化?由此说明酸、碱介质对此反应的影响。

2. Cr(Ⅵ)化合物的性质

(1) 重铬酸钾的氧化性

往 0.5 mL 0.1 mol/L $K_2Cr_2O_7$ 溶液中,加入 1 mL 1 mol/L H_2SO_4,然后把溶液分成两份。往一份溶液中加入 0.5 mL 0.5 mol/L $FeSO_4$ 溶液;往另一份溶液中加入少量 Na_2SO_3 固体,溶液的颜色发生什么变化?写出相应的反应方程式。

(2) CrO_4^{2-} 与 $Cr_2O_7^{2-}$ 的溶液中的平衡和相互转化

往 0.5 mL 0.1 mol/L $K_2Cr_2O_7$ 溶液中滴加 2 mol/L NaOH 溶液,观察溶液的颜色有何变化?再滴加 2 mol/L H_2SO_4 溶液,观察溶液的颜色又有何变化?写出相应的反应方程式。

再往 0.5 mL 0.1 mol/L K_2CrO_4 溶液中滴加 2 mol/L H_2SO_4 溶液,溶液颜色有什么变化?再滴入 2 mol/L NaOH 溶液,观察溶液颜色又有何变化?写出相应的反应方程式。

(3)微溶性铬盐的生成和溶解

在 3 支试管中,各加入 0.5 mL 0.1 mol/L K_2CrO_4 溶液,再分别加入 0.1 mol/L $AgNO_3$ 溶液、$BaCl_2$ 溶液和 $Pb(NO_3)_2$ 溶液,观察产物的颜色和状态。写出相应的反应方程式,并试验这些铬酸盐沉淀能溶于什么酸中。

如果用 0.1 mol/L $K_2Cr_2O_7$ 溶液和 0.1 mol/L $BaCl_2$ 溶液反应,有什么现象?反应前后,溶液的 pH 值发生什么变化?试用 $Cr_2O_7^{2-}$ 与 CrO_4^{2-} 之间的平衡关系说明这一实验结果,并写出相应的反应方程式。

3. Mn(Ⅱ),Mn(Ⅳ)和Mn(Ⅶ)化合物的性质

(1)高锰酸钾的氧化性

分别试验在酸性(1 mol/L H_2SO_4 溶液)、中性(蒸馏水)、碱性(6 mol/L NaOH 溶液)介质中,0.01 mol/L $KMnO_4$ 溶液与0.1 mol/L Na_2SO_3 溶液的反应,比较它们的产物因介质的不同,有什么不同?写出相应的反应方程式。

(2)四氯化锰的生成和性质

往少量 MnO_2 固体中,加入2 mL浓HCl,观察反应产物的颜色和状态。把此溶液加热,溶液的颜色有何变化?有什么气体产生?写出相应的反应方程式。

(3)$Mn(OH)_2$ 的生成和性质

往0.5 mL 0.2 mol/L $MnSO_4$ 溶液中,滴加2 mol/L NaOH溶液,观察反应产物的颜色和状态。把产物放置一段时间后,观察颜色有何变化。解释现象,并写出相应的反应方程式。

(4)Mn^{2+} 离子被氧化成 MnO_4^- 离子

往盛着1 mL 0.05 mol/L $MnSO_4$ 溶液和3 mL 2 mol/L HNO_3 溶液的混合液中,加入少量 $NaBiO_3$ 固体,搅拌之,并微热试管,有什么变化?写出相应的反应方程式。此反应可用来鉴定 Mn^{2+} 离子。

(5)Mn^{2+} 离子被氧化成 MnO_2

往0.5 mL 0.01 mol/L $KMnO_4$ 溶液中,滴加0.2 mol/L $MnSO_4$ 溶液,观察反应产物的颜色和状态,并写出相应的反应方程式。

在试管中加几滴0.2 mol/L $MnSO_4$ 溶液,再滴加2 mol/L NaOH溶液,观察产物的颜色和状态。往沉淀上加两滴3% H_2O_2 溶液,有什么变化?这一反应中,哪个是氧化剂?哪个是还原剂?写出相应的反应方程式。如果再往试管中加几滴3% H_2O_2 溶液,并滴加2 mol/L H_2SO_4 溶液,则又有什么变化?这时的氧化剂、还原剂又各是什么?用 φ° 解释实验现象。说明酸、碱介质对此反应的影响,写出相应的反应方程式。

实验5.5　d区元素(二)(铁、钴、镍)

一、实验目的

①试验铁、钴、镍氢氧化物的生成和性质。

②试验铁盐的氧化性和还原性。

③试验铁、钴、镍配合物的生成和性质。

④试验 Fe^{2+},Fe^{3+},Co^{2+} 和 Ni^{2+} 等离子的鉴定反应。

二、仪器及药品

试管、试管夹、试管架、滴管、离心分离、水浴。

硫酸亚铁铵、NH_4Cl、NH_4F、浓HCl、$NH_3\cdot H_2O$、丙酮、溴水,6 mol/L H_2SO_4、NaOH、3 mol/L NH_4Ac、2 mol/L H_2SO_4 2 mol/L HCl、2 mol/L NaOH、0.5 mol/L $CoCl_2$、0.2 mol/L $NiSO_4$、$FeCl_3$、

0.2 mol/L $FeSO_4$、0.1 mol/L、0.1 mol/L $K_3[Fe(CN)_6]$、0.1 mol/L $K_4[Fe(CN)_6]$、0.01 mol/L $KMnO_4$、饱和 NH_4SCN、硫代乙酰胺、亚硝基 R 盐、丁二酮肟酒精液、邻菲罗啉。

三、实验内容

1. 二价铁、钴、镍氢氧化物的生成和性质

(1) 氢氧化亚铁的生成和性质

在一支试管中，放入 1 mL 蒸馏水和几滴稀硫酸，煮沸，以赶尽溶液中的氧气，然后加入少量硫酸亚铁铵晶体。在另一试管中加入 1 mL 6 mol/L NaOH 溶液，煮沸，以赶尽氧气，冷却后用一滴管吸取 0.5 mL 该溶液，把滴管插入硫酸亚铁铵溶液（直至试管底部）内，慢慢放出滴管内溶液，观察产物颜色和状态。然后加入 2 mol/L 盐酸，沉淀是否溶解。

用同样的方法，再制一份 $Fe(OH)_2$，摇荡后放置一段时间，观察有何变化，写出相应的反应方程式。

(2) 氢氧化钴(Ⅱ)的生成和性质

往两支分别盛有 0.5 mL 0.5 mol/L $CoCl_2$ 溶液的试管中，滴加 2 mol/L NaOH 溶液，制得两份沉淀，注意观察反应产物的颜色和状态。微热之，产物的颜色有何变化？然后往一份沉淀中加入 2 mol/L 盐酸沉淀是否溶解。

另一份沉淀放置一段时间后，观察有何变化。解释现象，并写出相应的反应方程式。

(3) 氢氧化镍(Ⅱ)的生成和性质

往两支分别装有 0.5 mL 0.2 mol/L $NiSO_4$ 溶液的试管中，滴加 2 mol/L NaOH 溶液，观察反应产物的颜色和状态。然后往一试管中加入 2 mol/L 盐酸，观察沉淀是否溶解。把另一试管放置一段时间后，观察沉淀有何变化。写出相应的反应方程式。

综合上述实验，说明氢氧化铁(Ⅱ)、氢氧化钴(Ⅱ)与氢氧化镍(Ⅱ)的稳定性。

2. 三价铁、钴、镍氢氧化物（或水合氧化物）的生成和性质

(1) 氢氧化铁的生成和性质

往两支分别装有 1 mL 0.2 mol/L $FeCl_3$ 溶液的试管中，滴加 2 mol/L NaOH 溶液，观察反应产物的颜色和状态。然后往一试管中加入 0.5 mL 浓盐酸，沉淀是否溶解？检验有无氯气产生。往另一试管中加少量水，并加热至沸，观察有无变化，解释上述现象，并写出相应的反应方程式。

(2) 氢氧化钴(Ⅲ)的生成和性质

往 0.5 mL 0.5 mol/L $CoCl_2$ 溶液的试管中，加入数滴溴水，再滴加 2 mol/L NaOH 溶液，观察反应产物的颜色和状态。离心分离，沉淀用蒸馏水洗两次，然后往沉淀中加 0.5 mL 浓盐酸，微热之，观察有何现象。检验气体产物是什么？最后用水稀释上述溶液，其颜色有何变化？解释现象，并写出相应的反应方程式。

(3) 氢氧化镍(Ⅲ)的生成和性质

往 0.5 mL 0.2 mol/L $NiSO_4$ 溶液的试管中，加入数滴溴水，再滴加 2 mol/L NaOH 溶液，观察反应产物的颜色和状态。离心分离，沉淀用蒸馏水洗两次，然后往沉淀中加 0.5 mL 浓盐酸观察有何变化？检验气体产物是什么？写出相应的反应方程式。

综合上述实验，说明铁、钴、镍三价氢氧化物的颜色与二价氢氧化物有何不同？氢氧化铁

(Ⅲ)、氢氧化钴(Ⅲ)与氢氧化镍(Ⅲ)的生成条件有何不同？在酸性溶液中，三价铁、三价钴与三价镍的氧化性有何不同？

3. 配合物的生成和性质

(1)铁配合物的性质

Fe^{2+}，Fe^{3+}的鉴定反应如下：

a. 藤氏蓝的生成往 0.5 mL 0.2 mol/L $FeSO_4$ 溶液中，加入 1 滴 0.1 mol/L $K_3[Fe(CN)_6]$ 溶液，观察产物的颜色和状态。写出相应的反应方程式。

b. 普鲁士蓝的生成往 0.5 mL 0.2 mol/L $FeCl_3$ 溶液中，加入 1 滴 0.1 mol/L $K_4[Fe(CN)_6]$ 溶液，观察产物的颜色和状态。写出相应的反应方程式。

c. 往 0.5 mL 0.2 mol/L $FeSO_4$ 溶液中，加入几滴邻菲罗啉溶液，即生成橘红色的配合物。

(2)钴配合物的生成和性质

往 0.5 mL 0.5 mol/L $CoCl_2$ 溶液中，加入一小匙 NH_4Cl 固体，然后逐滴加入浓$NH_3 \cdot H_2O$，振荡试管，观察沉淀颜色。再继续加入过量的浓 $NH_3 \cdot H_2O$ 至沉淀溶解为止，观察反应产物的颜色。最后把溶液放置一段时间，观察溶液的颜色有何变化。

$$CoCl_2 + NH_3 \cdot H_2O = Co(OH)Cl \downarrow + NH_4Cl$$

$$Co(OH)Cl + 7NH_3 + H_2O = [Co(NH_3)_6](OH)_2 + NH_4Cl$$

$$2[Co(NH_3)_6](OH)_2 + \frac{1}{2}O_2 + H_2O = 2[Co(NH_3)_6](OH)_3$$

(3)镍配合物的生成和性质

往 2 mL 0.2 mol/L $NiSO_4$ 溶液中，逐滴加入浓 $NH_3 \cdot H_2O$，并振荡试管，观察沉淀颜色。再加入过量的浓 $NH_3 \cdot H_2O$，观察产物的颜色。然后把溶液分成 4 份，往两份溶液中，分别加入 2 mol/L NaOH 溶液和 2 mol/L H_2SO_4 溶液，观察有何变化？把另一份溶液用水稀释，是否有沉淀产生？把最后一份溶液煮沸，观察有何变化。综合实验结果，说明镍氨配合物的稳定性。

$$2NiSO_4 + 2NH_3 + 2H_2O = Ni_2(OH)_2SO_4 \downarrow + (NH_4)_2SO_4$$

$$Ni_2(OH)_2SO_4 + (NH_4)_2SO_4 + 10NH_3 = 2[Ni(NH_3)_6]SO_4 + 2H_2O$$

$$[Ni(NH_3)_6]SO_4 + 3H_2SO_4 = NiSO_4 + 3(NH_4)_2SO_4$$

$$[Ni(NH_3)_6]SO_4 + 2NaOH = Ni(OH)_2 \downarrow + Na_2SO_4 + 6NH_3 \uparrow$$

$$2[Ni(NH_3)_6]SO_4 + 2H_2O = Ni_2(OH)_2SO_4 \downarrow + 10NH_3 \uparrow + (NH_4)_2SO_4$$

$$2[Ni(NH_3)_6]SO_4 + 2H_2O \overset{\Delta}{=} Ni_2(OH)_2SO_4 \downarrow + 10NH_3 \uparrow + (NH_4)_2SO_4$$

(4)Co^{2+}和Ni^{2+}离子的鉴定反应

a. 在试管中加几滴 0.5 mol/L $CoCl_2$ 溶液，与等体积的丙酮混匀，然后滴加饱和 NH_4SCN 溶液，即生成蓝色的 $Co(SCN)_4^{2-}$ 配离子。若有 Fe^{3+}离子存在，蓝色会被 $Fe(SCN)^{2+}$的血红色掩蔽。这时，可加入 NH_4F 固体，使 Fe^{3+}离子生成无色的 FeF_6^{3-} 离子，以消除 Fe^{3+}离子的干扰。

b. 在试管中，加两滴 0.5 mol/L $CoCl_2$ 溶液和一滴 3 mol/L NH_4Ac 溶液，再加一滴亚硝基 R 盐，如呈红褐色，表示有 Co^{2+} 离子。为了与试剂本身的颜色区别，可用两滴蒸馏水代替 $CoCl_2$ 试液，作空白试验，进行对比。

c. 在试管中，加几滴 0.2 mol/L $NiSO_4$ 溶液和两滴 3 mol/L NH_4Ac 溶液，混匀后，再加入两滴丁二酮肟(又名二乙酰二肟)的酒精溶液，生成桃红色沉淀。

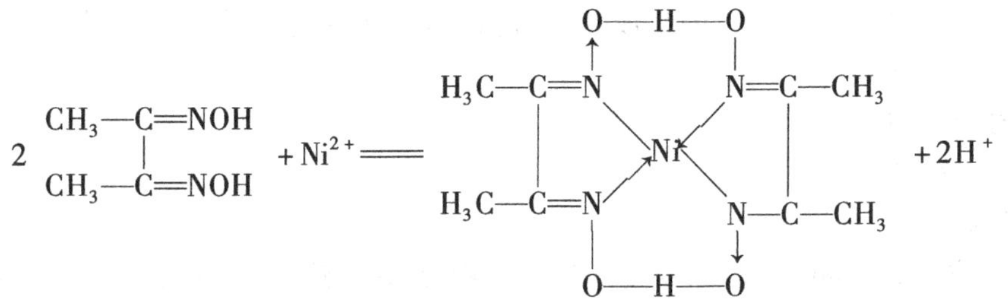

4. 铁盐的氧化、还原性

(1)二价铁盐的还原性

往盛着0.5 mL 0.2 mol/L $FeSO_4$ 溶液和0.5 mL 6 mol/L H_2SO_4 溶液的试管中，加入几滴0.01 mol/L $KMnO_4$ 溶液。振荡试管，观察 $KMnO_4$ 溶液的颜色有何变化。解释现象，写出相应的反应方程式。

(2)三价铁盐的氧化性

往盛着0.5 mL 0.2 mol/L $FeCl_3$ 溶液的离心管中，滴加硫代乙酰胺水溶液，在水浴上加热，观察反应产物的颜色和状态。离心分离，往清液中加入几滴0.1 mol/L 的 $K_3[Fe(CN)_6]$ 溶液，以检验反应产物。解释现象，写出相应的反应方程式。

实验5.6　碱金属和碱土金属离子的分离和检出

一、实验目的

①将 Na^+、K^+、NH_4^+、Mg^{2+}、Ca^{2+}、Ba^{2+} 等离子进行分离和检出，并掌握它们的分离和检出条件。

②熟悉碱金属、碱土金属微溶盐的有关性质。

二、仪器及药品

Na^+,K^+,NH_4^+,Mg^{2+},Ca^{2+},Ba^{2+} 等离子液及混合液，离心试管、离心机、温度计、玻璃棒、烧杯、坩埚或蒸发皿、试管、试管夹、点滴板、滴管，浓 HNO_3、6 mol/L NaOH，6 mol/L $NH_3 \cdot H_2O$，KOH，3 mol/L NH_4Cl，3 mol/L HAc，3 mol/L NH_4Ac，1 mol/L $(NH_4)_2CO_3$，1 mol/L $(NH_4)_2SO_4$，1 mol/L $(NH_4)_2HPO_4$，1 mol/L K_2CrO_4，0.5 mol/L $(NH_4)_2C_2O_4$，0.1 mol/L $KSb(OH)_6$（六氢氧基锑(V)酸钾），镁试剂I，奈斯勒试剂，$Na_3[Co(NO_2)_6]$（钴亚硝酸钠），酚酞。

三、实验内容

取 Na^+,K^+,NH_4^+,Mg^{2+},Ca^{2+},Ba^{2+} 等离子的混合试液各5滴，加到离心管中，混合均匀后，按以下步骤进行分离和检出：

1. NH_4^+ 离子的检出

取3滴上述混合试液加到一块大表面皿中心位置，滴加6 mol/L NaOH 溶液至显强碱性。取一块小表面皿，在它的凹面上贴一块湿的 pH 试纸，将此表面皿盖在大表面皿中，试纸较快地变成蓝紫色(如果需要,可把表面皿放在水浴上加热)表示溶液中有 NH_4^+ 离子。

2. Ca^{2+},Ba^{2+} 离子的沉淀

在试液中加6滴3 mol/L NH_4Cl 溶液,并加入6 mol/L $NH_3 \cdot H_2O$ 使溶液呈碱性,再多加3滴 $NH_3 \cdot H_2O$。在搅拌下加入10滴1 mol/L $(NH_4)_2CO_3$ 溶液,在60 ℃的热水中加热几分钟。然后离心分离,把清液移到另一离心试管中,按下面的5中操作处理,沉淀按下面3用。

3. Ba^{2+} 离子的分离和检出

在实验内容2中的沉淀用10滴热水洗涤,弃去洗涤液,用3 mol/L HAc溶解,溶解时要加热并不断搅拌,然后加入5滴3 mol/L NH_4Ac 溶液,加热后,滴加1 mol/L K_2CrO_4 溶液,产生黄色沉淀,表示有 Ba^{2+} 离子。离心分离,清液留作检验 Ca^{2+} 离子。

4. Ca^{2+} 离子的检出

如果实验内容3中所得到的清液呈橘黄色时,表明 Ba^{2+} 离子已沉淀完全,否则还需要再加1 mol/L K_2CrO_4 溶液,使 Ba^{2+} 离子沉淀完全。往此清液中加1滴6 mol/L $NH_3 \cdot H_2O$ 和几滴0.5 mol/L $(NH_4)_2C_2O_4$ 溶液,加热后产生白色沉淀,表示有 Ca^{2+} 离子。

5. 残余 Ba^{2+},Ca^{2+} 离子的除去

向上述2的清液内加0.5 mol/L $(NH_4)_2C_2O_4$ 和1 mol/L $(NH_4)_2SO_4$ 各1滴,加热几分钟,如果溶液浑浊,离心分离,弃去沉淀,把清液移到坩埚中。

6. Mg^{2+} 离子的检出

①取几滴5中的清液加到试管中,再加1滴6 mol/dm^3 $NH_3 \cdot H_2O$ 和1滴1 mol/L $(NH_4)_2HPO_4$ 溶液,摩擦试管内壁,产生白色结晶形沉淀,表示有 Mg^{2+} 离子。

②取1滴混合液或5中的清液于点滴板上,加1~2滴镁试剂I,加6 mol/L NaOH使呈碱性,生成蓝色沉淀或溶液变蓝,表示 Mg^{2+} 存在。

7. 铵盐的除去

小心地将5中坩埚内的清液蒸发至只剩下几滴,再加8~10滴浓 HNO_3,然后蒸发至干。为了防止迸溅,在蒸发到最后一滴时,要移开煤气灯,借石棉网上的余热把它蒸发干,最后用大火灼烧至不再冒白烟,冷却后往坩埚加8滴蒸馏水。取1滴坩埚中的溶液加在点滴板穴中,再加两滴奈斯勒试剂,如果不产生红褐色沉淀,表明铵盐已被除尽,否则还需要加浓 HNO_3 进行蒸发、灼烧,以除尽铵盐。除尽后溶液供下面的8和9,检出 K^+ 离子和 Na^+ 离子。

8. K^+ 离子的检出

取两滴7中的溶液加到试管中,再加两滴 $Na_3[Co(NO_2)_6]$ 溶液,产生黄色沉淀,表示有 K^+ 离子。

9. Na^+ 离子的检出

取3滴7中的溶液加到离心试管中,再加6 mol/L KOH溶液至溶液显强碱性,加热后离心分离,弃去 $Mg(OH)_2$ 沉淀,往清液中加等体积的0.1 mol/L $KSb(OH)_6$ 溶液,用玻璃棒摩擦管壁,放置后,产生白色结晶形沉淀,表示有 Na^+ 离子。如果没有产生沉淀,可放置较长的时间再进行观察。

实验 5.7　s 区主要金属元素及化合物的性质与应用

一、实验目的

①掌握碱金属和碱土金属的主要性质。
②试验并比较碱土金属、铝、锡、铅、锑、铋的氢氧化物和盐类的溶解性。
③熟悉使用金属钠、钾的安全措施。

二、实验仪器及药品

金属钠、煤油、硫酸、金属钾、金属镁、铝、$KMnO_4$、$HgCl_2$、滤纸、试管、坩埚、蒸发皿、滴管。

三、实验内容

1. 钠、钾、镁、铝的性质

(1)钠与空气中氧气的作用

切取一块绿豆粒大小金属钠，用滤纸擦干煤油，放入坩埚加热，观察产物的颜色和状态。产物置于蒸发皿中，加 2 mL 蒸馏水，酸化，再加适量 $KMnO_4$，观察颜色变化有无气体产生？

$$2Na + O_2 = Na_2O_2 \text{（淡黄色）}$$

$$Na_2O_2 + 2H_2O\text{（冷）} = 2NaOH + H_2O_2$$

$$5H_2O_2 + 2MnO_4^- + 6H^+ = 2Mn^{2+} + 5O_2\uparrow + 8H_2O$$

说明：取出 Na 后用滤纸吸干其表面的煤油，否则煤油的燃烧会影响产物 Na_2O_2 颜色的观察。用 H_2SO_4 酸化时量应大一些，先中和 NaOH 后作酸性介质。加入 $KMnO_4$ 适量，以利于颜色的观察。

(2)金属钠、钾、镁、铝与水的作用

$$2Na + 2H_2O = 2NaOH + H_2$$

$$2K + 2H_2O = 2KOH + H_2$$

$$Mg + 2H_2O = Mg(OH)_2 + H_2$$

说明：Na 与水反应放出的热使 Na 熔化成小球；钾与水产生的 H_2 能燃烧，引起 K 的燃烧，有紫红色火焰，钾取绿豆大小，稍大时反应发生爆炸，应立即用倒置漏斗覆盖在烧杯口。由于铝的表面有致密的 Al_2O_3 保护，一般情况下铝不与水作用。

$$Al_2O_3 + 6H^+ = 2Al^{3+} + 3H_2O$$

$$2Al + 3HgCl_2 = 3Hg + 2AlCl_3$$

$$Hg + Al = Al-Hg$$

$$4Al-Hg + 3H_2O = 2Al_2O_3 + (Hg) \qquad \text{（大量白色铝毛，放出大量的热）}$$

$$Al-Hg + 3H_2O = Al(OH)_3 + 3/2H_2 + Hg$$

生成的铝汞齐阻止了致密 Al_2O_3 的生成，让铝暴露出来，显示出它的活泼性。

2. 镁、钙、钡、铝、锡、铅、锑、铋的氢氧化物的溶解性

镁、钙、钡、铝、锡、铅、锑、铋的氢氧化物的溶解性见表5.1。

表5.1　镁、钙、钡、铝、锡、铅、锑、铋的氢氧化物的溶解性

名称	$Mg(OH)_2$	$Ca(OH)_2$	$Ba(OH)_2$	$Al(OH)_3$	$Sn(OH)_2$	$Pb(OH)_2$	$Sb(OH)_3$	$Bi(OH)_3$
颜色	白色	白色	白色	白色	白色	白色	白色	白色
溶解度	5×10^{-4}	1.8×10^{-2}	2.0×10^{-1}					
碱性	中强碱	强碱	强碱	两性	两性	两性	两性偏碱性	弱碱性
6MNaOH	不溶	不溶	不溶	溶解	溶解	溶解	溶解	不溶
6MHCl	溶解	溶解	溶解	溶解	溶解	加热溶解	溶解	溶解

$$Mg^{2+} + 2NH_3\cdot H_2O \longrightarrow Mg(OH)_2 + 2NH_4^+ \quad Ksp = 5.6\times10^{-12}(25\ ℃)$$

$$Al^{3+} + 3NH_3\cdot H_2O \longrightarrow Al(OH)_3 + 3NH_4^+ \quad Ksp = 1.9\times10^{-33}(18\sim20\ ℃)$$

加入饱和 NH_4Cl 后，$Mg(OH)_2$ 溶解，而 $Al(OH)_3$ 不溶，为同离子效应。

实验5.8　ds区元素(铜、银、锌、镉、汞)

一、实验目的

①学习 AsO_4^{3-}，AsO_3^{3-}，Bi^{3+}，Cu^{2+}，Hg^{2+}，Fe^{2+}，Fe^{3+}，Co^{2+}，Ni^{2+}，Cu^{2+}，Hg^{2+}，Fe^{2+}，Fe^{3+}，Co^{2+}，Ni^{2+} 和 Mn^{2+} 离子的鉴定反应。

②掌握 Cu^{2+}，Ag^+，Zn^{2+}，Cd^{2+} 和 Hg^{2+} 离子与NaOH、氨水、硫代乙酰胺等溶液发生的反应。

二、仪器及药品

离心分离、酒精灯、水浴锅、烧杯、试管、试管架、滴管。

Na_3AsO_4 溶液、Na_3AsO_3 溶液、$AgNO_3$ 溶液、0.1 mol/L $Bi(NO_3)_3$、2 mol/L NaOH、0.1 mol/L $CuSO_4$、0.1 mol/L $AgNO_3$、0.1 mol/L $ZnSO_4$、0.1 mol/L $CdSO_4$ 和 0.1 mol/L $Hg(NO_3)_2$、2 mol/L $NH_3\cdot H_2O$、硫代乙酰胺溶液、6 mol/L 盐酸、6 mol/L HNO_3 溶液、$NaBiO_3$ 固体、0.1 mol/L $HgCl_2$、0.1 mol/L $SnCl_2$、0.05 mol/L $MnSO_4$、2 mol/L HNO_3、0.1 mol/L $K_4[Fe(CN)_6]$、0.2 mol/L $FeSO_4$、0.1 mol/L $K_3[Fe(CN)_6]$、饱和 NH_4SCN 溶液、0.1 mol/L $K_4[Fe(CN)_6]$ 溶液、邻菲罗啉溶液、0.2 mol/L $FeCl_3$、3 mol/L NH_4Ac 溶液、丁二酮肟(又名二乙酰二肟)的酒精溶液、3 mol/L NH_4Ac、0.2 mol/L $NiSO_4$。

三、实验内容

1. AsO_4^{3-}，AsO_3^{3-} 和 Bi^{3+} 的鉴定

①在中性的 Na_3AsO_4 和 Na_3AsO_3 试液中，加入 $AgNO_3$ 溶液，AsO_4^{3-} 存在时，生成棕红色的 Ag_3AsO_4 沉淀；AsO_3^{3-} 存在时，生成 Ag_3AsO_3 黄色沉淀，沉淀均能溶于饱和 $Na_2S_2O_3$ 溶液(Cl^- 离子的存在，对此鉴定有干扰)。

②在亚锡酸钠(自制)中,加入两滴 0.1 mol/L $Bi(NO_3)_3$ 溶液,观察有黑色沉淀生成。证明有 Bi^{3+} 离子存在。

2. Cu^{2+},Ag^+,Zn^{2+},Cd^{2+} 和 Hg^{2+} 离子与 NaOH 溶液的反应

分别试验 0.1 mol/L $CuSO_4$,$AgNO_3$,$ZnSO_4$,$CdSO_4$ 和 $Hg(NO_3)_2$ 溶液与 2 mol/L NaOH 溶液作用,观察沉淀的颜色和形态,再试验这些沉淀与酸、碱的作用,列表比较 Cu^{2+},Ag^+,Zn^{2+},Cd^{2+} 和 Hg^{2+} 离子与 NaOH 溶液反应的产物及产物的性质有所不同。

3. Cu^{2+},Ag^+,Zn^{2+},Cd^{2+} 和 Hg^{2+} 离子与氨水反应

分别试验0.1 mol/L $CuSO_4$,$AgNO_3$,$ZnSO_4$,$CdSO_4$ 和 $Hg(NO_3)_2$ 溶液与2 mol/L $NH_3 \cdot H_2O$ 作用,加少量$NH_3 \cdot H_2O$生成什么?加过量$NH_3 \cdot H_2O$又发生什么变化?写出相应的反应方程式。

根据以上实验结果,总结ⅠB、ⅡB 族元素氢氧化物的稳定性和形成氨合物的能力,并与ⅠA,ⅡA 族元素进行比较。

4. Cu^{2+},Ag^+,Zn^{2+},Cd^{2+} 和 Hg^{2+} 离子与硫代乙酰胺溶液的反应

分别试验 0.1 mol/L $CuSO_4$,$AgNO_3$,$ZnSO_4$,$CdSO_4$ 和 $Hg(NO_3)_2$ 溶液与硫代乙酰胺溶液作用,在水浴上加热,观察沉淀的颜色。离心分离,弃去清液,试验这些硫化物能不能溶于 6 mol/L盐酸中。如果不溶,再试验它们与 6 mol/L HNO_3 溶液的作用,最后把不溶于 HNO_3 溶液的沉淀,与王水进行反应。写出相应的反应方程式。参考这几种硫化物的溶度积常数,解释上述实验现象。

5. Cu^{2+} 和 Hg^{2+} 离子的鉴定反应

(1)Cu^{2+} 离子的鉴定反应

可用 Cu^{2+} 离子生成 $Cu(NH_3)_4^{2+}$ 的方法来鉴定。但当 Cu^{2+} 离子的量较少时,可用更灵敏的亚铁氰化钾法鉴定:在试管中加一滴 0.1 mol/L $CuSO_4$ 溶液和几滴 0.1 mol/L $K_4[Fe(CN)_6]$ 溶液,生成红褐色的 $Cu_2[Fe(CN)_6]$沉淀。证明有 Cu^{2+} 离子存在。

(2)Hg^{2+} 离子的鉴定反应

向 0.5 mL 0.1 mol/L $HgCl_2$ 溶液中,逐滴加入 0.1 mol/L $SnCl_2$ 溶液,继续加过量 $SnCl_2$ 溶液,并不断搅拌,然后放置 2 ~ 3 min,直至 Hg(黑色)被还原出来。写出相应的反应方程式。

6. Mn^{2+} 离子的鉴定

往盛有 1 mL 0.05 mol/L $MnSO_4$ 溶液和 3 mL 2 mol/L HNO_3 溶液的混合液中,加入少量 $NaBiO_3$ 固体,搅拌之,并微热试管,有什么变化?写出相应的反应方程式。此反应可用来鉴定 Mn^{2+} 离子。

7. Fe^{2+},Fe^{3+} 的鉴定反应

①藤氏蓝的生成。往0.5 mL 0.2 mol/L $FeSO_4$ 溶液中,加入 1 滴0.1 mol/L $K_3[Fe(CN)_6]$ 溶液,观察产物的颜色和状态。写出相应的反应方程式。

②普鲁士蓝的生成。往0.5 mL 0.2 mol/L $FeCl_3$ 溶液中,加入 1 滴0.1 mol/L $K_4[Fe(CN)_6]$ 溶液,观察产物的颜色和状态。写出相应的反应方程式。

③往 0.5 mL 0.2 mol/L $FeSO_4$ 溶液中,加入几滴邻菲罗啉溶液,即生成橘红色的配合物。

8. Co^{2+} 和 Ni^{2+} 离子的鉴定反应

①在试管中加几滴 0.5 mol/L $CoCl_2$ 溶液,与等体积的丙酮混匀,然后滴加饱和 NH_4SCN 溶液,即生成蓝色的 $Co(SCN)_4^{2-}$ 配离子。若有 Fe^{3+} 离子存在,蓝色会被 $Fe(SCN)^{2+}$ 的血红色

掩蔽，这时可加入 NH_4F 固体，使 Fe^{3+} 离子生成无色的 FeF_6^{3-} 离子，以消除 Fe^{3+} 离子的干扰。

②在试管中，加两滴 0.5 mol/L $CoCl_2$ 溶液和一滴 3 mol/L NH_4Ac 溶液，再加一滴亚硝基 R 盐，如呈红褐色，表示有 Co^{2+} 离子。为了与试剂本身的颜色区别，可以用两滴蒸馏水代替 $CoCl_2$ 试液，作空白试验进行对比。

③在试管中，加几滴 0.2 mol/L $NiSO_4$ 溶液和两滴 3 mol/L NH_4Ac 溶液，混匀后，再加入两滴丁二酮肟（又名二乙酰二肟）的酒精溶液，生成桃红色沉淀。

第6章 综合应用实验技术

实验6.1 由废铁屑制备莫尔盐

一、实验目的

①了解化合物制备方法。
②练习制备反应过程中的一些基本实验操作。
③练习水浴加热和减压过滤的操作。
④了解产品限量分析方法。

二、实验原理

$(NH_4)_2SO_4 \cdot FeSO_4 \cdot 6H_2O$ 即莫尔盐,是一种透明、浅蓝绿色单斜晶体。由于复盐在水中的溶解度比组成中的每一个组分的溶解度都要小,因此只需要将 $FeSO_4$ 与 $(NH_4)_2SO_4$ 的浓溶液混合反应后,即得莫尔盐。

$$Fe + H_2SO_4 = FeSO_4 + H_2\uparrow$$

$$FeSO_4 + (NH_4)_2SO_4 + 6H_2O = (NH_4)_2SO_4 \cdot FeSO_4 \cdot 6H_2O$$

莫尔盐是由 $(NH_4)_2SO_4$ 与 $FeSO_4$ 按1∶1结合而成的复盐。其溶解度比组成它的每一个组分 $FeSO_4$ 或 $(NH_4)_2SO_4$ 的溶解度都要小。$(NH_4)_2SO_4 \cdot FeSO_4 \cdot 6H_2O$ 晶体很容易从混合液中优先析出。

①硫酸亚铁在不同温度下的溶解度(g/100 g水)见表6.1。

表6.1 硫酸亚铁在不同温度下的溶解度(g/100 g水)

温度/℃	0	10	20	30	40	50	57	60	65	70	80	90
溶解度	15.65	20.51	26.5	32.9	40.2	48.6	—	—	—	50.9	43.6	37.3
结晶成分	$FeSO_4 \cdot 7H_2O$						$FeSO_4 \cdot 4H_2O$			$FeSO_4 \cdot H_2O$		

②硫酸亚铁铵、硫酸铵在不同温度下的溶解度(g/100 g 水)见表6.2。

表6.2　硫酸亚铁铵、硫酸铵在不同温度下的溶解度

化合物 \ 温度/℃	0	10	20	30	40	50	60	70
$(NH_4)_2SO_4 \cdot FeSO_4 \cdot 6H_2O$	12.5	17.2	21.6	28.1	33.0	40.0	44.6	52.0
$(NH_4)_2SO_4$	70.6	73.0	75.4	78.0	81.0	84.5	88.0	89.6

莫尔盐为浅绿色单斜晶体,在空气中比较稳定,不像一般亚铁盐那样易被氧化,所以它是常用的含亚铁离子的试剂,它溶于水,不溶于酒精。

通常 $FeSO_4$ 是由铁屑与稀硫酸作用而得到的。根据 $FeSO_4$ 的量,加入一定量的 $(NH_4)_2SO_4$,二者相互作用后,经过蒸发浓缩、结晶、冷却和过滤,便可得到莫尔盐晶体。

硫酸亚铁铵产品质量的检验:产品中主要杂质是铁(Ⅲ),利用 Fe^{3+} 与 KSCN 形成血红色配位离子 $[Fe(SCN)_n]^{3-n}$ 的深浅来目视比色,评定其纯度级别。

三、仪器及药品

托盘天平、水浴、抽滤,大、小烧杯,150 mL 锥形瓶,25 mL 量筒,25 mL 比色管,表面皿,铁屑或铁粉、铁钉、铁丝,$(NH_4)_2SO_4$ 固体、饱和 Na_2CO_3、25% KSCN、3 mol/L H_2SO_4。

四、实验内容

1. 铁屑的净化(除去油污)

称取4 g 铁屑放在小烧杯内,加入适量饱和碳酸钠溶液,直接在石棉网上加热10 min。用倾析法除去碱溶液,并用水将铁屑洗净。如果铁屑上仍然有油污,再加适量上述溶液煮,直至铁屑上无油污(若铁屑表面干净,此步可省略)。

2. 硫酸亚铁的制备

把洗净的铁屑转入150 mL 锥形瓶中,往盛有铁屑的锥形瓶中加入25 mL 3 mol/L H_2SO_4 溶液,锥形瓶放在自制的水浴上加热,使铁屑与硫酸反应至不再有气泡冒出为止(30～40 min)。在反应过程中,应不时往锥形瓶中(和水浴中)加些水,补充被蒸发掉的水分。最后得到硫酸亚铁溶液,趁热减压过滤,称量残渣,计算实际参与反应的铁的克数。

3. 硫酸亚铁铵的制备

往盛有硫酸亚铁溶液的100 mL 烧杯中,加入9.5 g 硫酸铵固体和25 mL 左右水(最终体积控制为50～60 mL),搅拌,并在水浴上加热使硫酸铵固体全部溶解。若硫酸铵混有泥沙等杂质,将热溶液进行一次减压过滤,并用5 mL 热水洗涤滤纸上的残渣。将吸滤瓶中滤液再快速倾入100 mL 烧杯中,并将此烧杯放在装有热水的500 mL 烧杯中,令溶液慢慢冷却,待硫酸亚铁铵晶体析出。用倾析法除去母液,将晶体放在表面皿上晾干。观察晶体颜色,晶形。最后称重,并计算理论产量和产率。

硫酸亚铁铵的制备流程,如图6.1所示。

简单流程为:废铁屑先用纯碱溶液煮10 min,除去油污。

Fe(2.0 g) +20 mL 3 mol/L H_2SO_4 水浴加热约 30 min,至不再有气泡,再加 1 mL H_2SO_4

↓ 趁热过滤

加入$(NH_4)_2SO_4$(4.0 g)小火加热溶解、蒸发至表面出现晶膜,冷却结晶

↓ 减压过滤

95%乙醇洗涤产品,称重,计算产率,检验产品质量

图 6.1　硫酸亚铁铵的制备流程

4. 产品检验

铁(Ⅲ)的限量分析:称 1 g 样品置于 25 mL 比色管中,用 15 mL 不含氧的蒸馏水溶解之,加入 2 mL 3 mol/L H_2SO_4 溶液和 1 mL KSCN 溶液,继续加不含氧的蒸馏水至比色管 25 mL 刻度线。摇匀,所呈现的红色不得深于标准。

标准:取含有下列数量 Fe^{3+} 的溶液 15 mL:

Ⅰ级试剂:0.05 mg。

Ⅱ级试剂:0.10 mg。

Ⅲ级试剂:0.20 mg。

然后与样品同样处理(标准由实验教员准备)。

五、注意事项

①第一步反应在 150 mL 锥形瓶中进行,水浴加热时,应添加少量 H_2O,以防 $FeSO_4$ 晶体析出;补加 1 mL H_2SO_4 防止 Fe^{2+} 氧化为 Fe^{3+}。

②反应过程中产生大量废气,应注意通风。

③热过滤时,应先将布氏漏斗和吸滤瓶洗净并预热。

④第二步反应在蒸发皿中进行,$FeSO_4:(NH_4)_2SO_4 = 1:0.75$(质量比),先小火加热至$(NH_4)_2SO_4$ 溶解,继续小火加热蒸发,至表面有晶体析出为止,冷却结晶,减压过滤。

六、实验习题

在蒸发、浓缩过程中,若溶液变黄,是什么原因?如何处理?

七、产率分析

产率偏低:热过滤时,部分产品流失;反应不充分。

产率偏高:出现 Fe^{3+} 后又加 Fe 屑;可能含部分$(NH_4)_2SO_4$。

实验 6.2　硝酸钾的制备及含量测定

一、实验目的

①巩固复分解反应的原理,掌握特殊条件下的复分解反应。

②巩固无机产品制备中常用的减压过滤和热过滤等操作技能。

③掌握沉淀质量法测定钾盐中钾含量的方法。

二、实验原理

1. 硝酸钾的制备原理

以工业级硝酸钠和氯化钾进行复分解反应而制得。化学反应方程式为

$$NaNO_3 + KCl \xlongequal{} KNO_3 + NaCl$$

根据在相同温度下，硝酸钾的溶解度远大于氯化钠的溶解度的原理，可进行分离提纯，制得较纯的硝酸钾。

2. 硝酸钾的制备及含量测定原理

在 pH 值 =4 ~5 的弱酸性条件下，硝酸钾中的 K^+ 与 $NaB(C_6H_5)_4$ 反应生成水溶性特小的 $KB(C_6H_5)_4\downarrow$，再经过滤分离、洗涤、干燥处理后，用质量法进行测定。

三、仪器及药品

仪器：热过滤漏斗、4 号玻璃砂芯漏斗（或 4 号玻璃坩埚）、减压过滤装置、恒温干燥箱、台天平、电炉、烧杯、250 mL 容量瓶。

药品：$NaNO_3(S)$、$KCl(S)$、甲基红指示剂、10% 乙酸溶液、四苯硼钠-(0.1 mol/L) 乙醇溶液：称取 3.4 g 四苯硼钠[$NaB(C_6H_5)_4$]，溶于 100 mL 无水乙醇中，使用前过滤。

乙醇-四苯硼钾饱和液：取四苯硼钾 1 g 加入 50 mL 无水乙醇，950 mL 水，溶解后抽滤，备用。

四、实验步骤

1. 硝酸钾的制备

称取 17 g $NaNO_3$ 和 15 g KCl 固体放入烧杯中，加入 30 mL 水，将烧杯置于石棉网上加热使其全部溶解，在继续加热并不断搅拌下蒸发至 35 mL 左右。此时，在烧杯中有晶体析出，趁热过滤，向滤液中补加 3 mL 水，再加热至沸后静置冷却（也可流水冷却），比较两种晶体的外观，用 4 号玻璃砂芯漏斗（或 4 号玻璃坩埚）抽滤出晶体，用少量热水洗涤，取出硝酸钾晶体，干燥后（温度应控制在 100 ~120 ℃），即得硝酸钾成品。称重，求产率。

2. 硝酸钾的含量测定

测定步骤：称取 0.5 ~0.6 g 试样（称准至 0.000 2 g）置于 100 mL 烧杯中，用水溶解，移入 500 mL 容量瓶中，用水稀释至刻度，摇匀，过滤。移取 25 mL 试液置于 100 mL 烧杯中，加 20 mL水，1 滴甲基红指示液。用 10% 乙酸溶液调至刚呈红色，加热至 40 ℃，取下。在搅拌下逐滴加入 8 mL 四苯硼钠 0.1 mol/L 乙醇溶液，继续搅拌 1 min，沉淀之。放置 10 min，用在 120 ±2 ℃下恒重的 4 号玻璃砂芯漏斗（或 4 号玻璃坩埚））抽滤，用乙醇-四苯硼钾饱和液转移沉淀。并用 15 mL 分 3 ~4 次洗涤沉淀，每次抽干，再用 2 mL 无水乙醇沿漏斗壁洗涤一次，抽干。于 120 ±2 ℃下烘至恒重。

硝酸钾（以 KNO_3 计）百分含量计算为

$$X_1\% = \frac{G_1 \times 0.282\ 2 \times 20}{G} \times 100 = \frac{G_1 \times 564.4}{G}$$

式中　G_1——四苯硼钾沉淀质量，g；

G——试样质量，g；

0.282 2——四苯硼钾换算成硝酸钾的系数。

平行测定结果之差不大于0.2%。

五、注意事项

①必须不断搅拌，否则大量析出的 NaCl 盐溶液会溅出。

②必须趁热过滤，否则 KNO_3 会与 NaCl 一起析出。

六、实验习题

①$NaNO_3$ 和 KCl 的水溶液中有 Na^+，NO_3^-，K^+，Cl^- 4 种离子，可组成 4 种可溶性的盐，不符合复分解反应的条件，而本实验为什么又能得到 KNO_3？为什么也称为复分解反应？

②实验中第一次固-液分离为什么需要热过滤？

③将热过滤后的滤液冷却时，KCl 能否析出？为什么？

④如果实验中制得的 KNO_3 不纯，杂质是什么？如何将其提纯？

七、性状、用途与标准

1. 性状

硝酸钾分子式为 KNO_3 又称为钾硝石，俗称火硝，无色斜方晶系结晶或白色粉末。分子量101.10，相对密度2.109。熔点334 ℃。约400 ℃时分解放出氧，并转变成亚硝酸钾，继续加热则生成氧化钾。易溶于水，20 ℃时每100 g 水可溶解31.2 g，溶于液氨和甘油。不溶于无水乙醇和乙醚。吸湿性小，在空气中不易潮解，不易结块。为强氧化剂，与有机物接触能引起燃烧爆炸，并放出有刺激性气味的有毒气体。与碳粉或硫黄共热时，能发出强光和燃烧。

2. 用途

用于制造烟火、黑色火药、火柴、陶瓷釉药、玻璃澄清剂、肥料等。医药上用于生产青霉素钾盐和利福平等。还可用作催化剂，选矿剂。

3. 标准

国家标准见表6.3。

表6.3 国家标准：GB/T 1918—1998

指标名称	优等品	一等品	合格品
硝酸钾（KNO_3）含量/% ≥	99.7	99.4	99.0
水分/% ≤	0.10	0.10	0.30
氯化物（以 Cl^- 计）含量/% ≤	0.01	0.02	0.10
水不溶物含量/% ≤	0.01	0.02	0.05
硫酸盐（以 SO_4 计）含量/% ≤	0.005	0.01	—
吸湿率/% ≤	0.25	0.30	—
铁（Fe）/% ≤	0.003	—	—

硝酸钾的制备操作考核评分见表 6.4。

表 6.4　硝酸钾的制备操作考核评分表

项目	评分要素	配分	评分标准	扣分	得分	备注
称量操作（10 分）	托盘天平调零点	2	调节			
	称量	2	方法正确			
	读数	2	正确			
	数据记录	2	及时、规范			
	托盘天平使用后	2	规范整理			
溶解与蒸发（15 分）	加入溶剂量	5	适当			
	搅拌操作	2	不碰壁，无响声，无液体溅出			
	蒸发皿中溶液的量	5	不超过容积的 2/3			
	加热操作	3	无暴沸、迸溅			
KNO_3 纯化（15 分）	加入溶剂量	5	不过多或过少			
	溶解	5	晶体全部溶解			
	结晶	5	自然冷却			
减压过滤操作（12 分）	抽滤装置安装	5	规范、正确、密封			
	过滤操作	2	正确			
	滤饼洗涤	3	洗涤操作正确			
	停止过滤动作	2	先关水泵			
产品质量（18 分）	产品外观	5	白色、无杂色			
	纯度检验	5	检验，无 Cl			
	产品称量	3	称量，及时记录			
	产率	5	达到要求			
结束工作（15 分）	实验台整理	5	摆放整齐，擦拭干净			
	仪器清洗与放置	5	洗净有序放置于柜中			
	完成时间	5	规定时间内完成			
实验素质（15 分）	实验中的创新	5	有			
	实验中问题的解决	5	能正确处理与解决			
	废液处理	5	倒入指定地方			

附：过滤一般有两个目的：一是滤除溶液中的不溶物得到溶液，二是去除溶剂（或溶液）得到结晶。

常用的过滤方法有以下 3 种：

①常压过滤。用内衬滤纸的锥形玻璃漏斗过滤,滤液靠自身的重力透过滤纸流下,实现分离。

②减压过滤(抽气过滤)。如图6.4所示,用安装在抽滤瓶上铺有滤纸的布氏漏斗或玻璃砂芯漏斗过滤,吸滤瓶支管与抽气装置连接,过滤在减低的压力下进行,滤液在内外压差作用下透过滤纸或砂芯流下,实现分离。

③加热过滤。用插有一个玻璃漏斗的铜制热水漏斗过滤。热水漏斗内外壁间的空腔可盛水,加热使漏斗保温,使过滤在热水保温下进行(见图6.3)。

附1:减压过滤(称抽滤或"吸滤")

如图6.4所示,由布氏漏斗"3",通过橡皮塞装在吸滤瓶"2"的口上,吸滤瓶的支管与真空泵"1"的橡皮管相接,被滤物转入铺有滤纸的布氏漏斗中。由于真空泵中急速水流不断将空气带走,使吸滤瓶内造成负压,促使液体较快通过滤纸进入瓶底,沉淀留在布氏漏斗中。

训练减压过滤法,应掌握以下5个要点:

①抽滤用的滤纸应比布氏漏斗的内径略小一些,但又能把瓷孔全部盖没。

②布氏漏斗端的斜口应该面对(不是背对)吸滤瓶的支管。

③将滤纸放入漏斗并用蒸馏水润湿后,慢慢打开水泵,先抽气使滤纸贴紧,然后才能往漏斗内转移溶液。

④在停止过滤时,应先拔去连接吸滤瓶的橡皮管,后关掉连接水泵的自来水开关。

⑤为使沉淀抽得更干,可用塞子或小烧杯底部紧压漏斗内的沉淀物。

图6.2　加热布氏漏斗

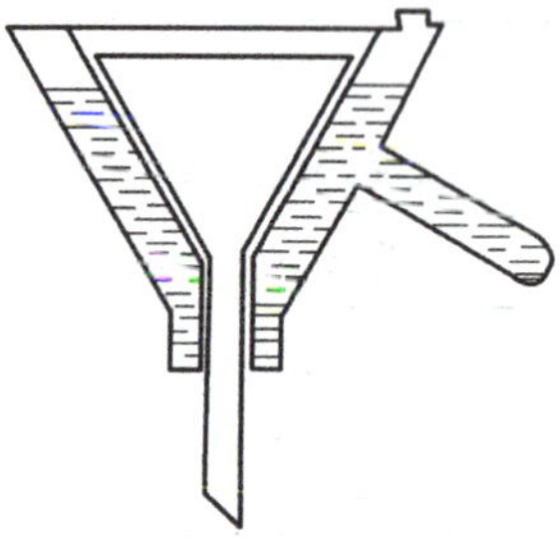

图6.3　加热过滤

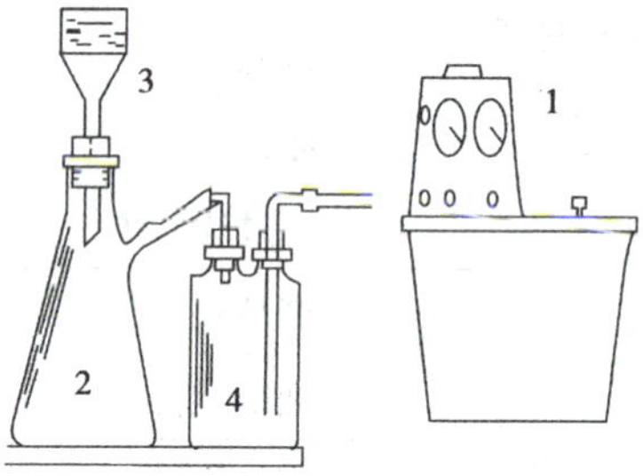

图6.4　减压过滤

附2:热过滤

如果溶液中的溶质在温度下降时容易析出大量结晶,而又不希望它在过滤过程中留在滤纸上,这时就要趁热进行过滤。热过滤有普通热过滤和减压热过滤两种。普通热过滤是将普通漏斗放在铜质的热漏斗内(见图6.3),铜质热漏斗内装有热水,以维持必要的温度。减压热过滤是先将滤纸放在布氏漏斗内并将其润湿,再将它放在水浴上以热水或蒸汽加热(见图6.4),然后快速完成过滤操作。

热过滤通常采用热漏斗过滤,它的外壳是用金属薄板制成的,其内装有热水。必要时,还可在外部加热,以维持过滤液的温度。重结晶时,常采用热过滤,如果没有热漏斗,可用普通漏斗在水浴上加热,然后立即使用。此时,应注意选择颈部较短的漏斗。

热过滤常采用折叠滤纸。滤纸的折叠方法是先将滤纸一折为二,再折成1/4,产生2和4折纹,然后将1和2的边沿折至4和2 ,2和3的边沿折至2和4分别产生2,5和2,6两条新折纹。继续将1,2折向2,6;2,3折向2,5;再得2,7和2,8的折纹。同样以2,3对2,6;1,2对

2,5 分别折出 2,9 和 2,10 的折纹。最后在 8 个等分的每小格中间以相反方向折成 16 等分，结果得到像折扇一样的排列。再在 1,2 和 2,3 处各向内折一小折面，展开后即得到折叠滤纸。在折纹集中的圆心处折时切勿重压，否则滤纸的中央在过滤时容易破裂。使用前，应将折好的滤纸翻转并整理好再放入漏斗中，这样可避免被手弄脏的一面接触滤过的滤液。

实验 6.3　工业硫酸铜的制备及含量测定

一、实验目的

①掌握焙烧氧化、酸浸、过滤等实验技术。

②掌握浓缩、结晶与重结晶等实验技术。

③巩固硫酸铜的定量分析原理和分析技能。

二、实验原理

1. 工业硫酸铜的制备原理

先将杂铜焙烧氧化制成氧化铜，然后将所得氧化铜在加热下溶于硫酸中，再经澄清、过滤、结晶、重结晶、脱水和洗涤，即得成品。有关化学反应方程式为

$$2Cu + O_2 \xlongequal{} 2CuO$$

$$CuO + H_2SO_4 \xlongequal{} CuSO_4 + H_2O$$

2. 硫酸铜的定量分析原理

在酸性条件下，Cu^{2+} 可被 KI 还原并生成 CuI↓，同时定量的析出 I_2，然后以淀粉溶液为指示剂，用 $Na_2S_2O_3$ 标准溶液滴定。有关化学反应方程式为

$$2Cu^{2+} + 5I^- \longrightarrow 2CuI\downarrow + I_3^-$$

$$2Na_2S_2O_3 + I_3^- \longrightarrow S_4O_6^{2-} + 3I^- + 4Na^+$$

三、仪器及药品

仪器：电炉、循环水真空泵、烧杯（250 mL）、布氏漏斗、蒸发皿、坩埚、分析天平、容量瓶（250 mL）、移液管（25 mL）、锥形瓶（250 mL）、碱式滴定管。

药品：铜粉（铜矿石或其他含铜废料）、3 mol/L H_2SO_4、$K_2Cr_2O_7$ 标准溶液（0.016 mol/L）、0.1 mol/L $Na_2S_2O_3$ 溶液（称取 13 g $Na_2S_2O_3 \cdot 5H_2O$ 溶解于 500 mL 新煮沸的冷蒸馏水中，加 0.1 g Na_2CO_3，保存于棕色瓶中，一周后标定）、6 mol/L HCl、100 g/L KI 溶液（使用前配制）、5 g/L 淀粉溶液、100 g/L KSCN 溶液。

四、实验步骤

1. 工业硫酸铜的制备

在台秤上称取 5 g 含铜原料（质量根据铜含量而定）放入坩埚中，在电炉上加热，用玻璃棒轻轻搅动促使其氧化，使全部氧化成氧化铜，稍冷却后倾倒入盛有 60 mL 3 mol/L H_2SO_4 的烧杯中，并适当加热使氧化铜全部溶解。趁热抽滤，滤液转入蒸发皿浓缩至一半，冷却结晶得工业级硫酸铜。

2. **重结晶**

将工业级硫酸铜粗产品转入烧杯中，按每克粗产品加1.2 mL水的比例加相应体积的蒸馏水。加热使完全溶解，趁热过滤，滤液收集在小烧杯中，让其自然冷却，即有晶体析出（若无晶体析出，可在水浴上再加热浓缩）。完全冷却后，抽滤，洗涤，将晶体转至干净的表面皿，即化学试剂级硫酸铜，晾干后称量。

3. **硫酸铜的含量分析**

$Na_2S_2O_3$ 溶液的标定：移取 $K_2Cr_2O_7$ 标准溶液 25.00 mL 于 250 mL 碘量瓶中，加 5 mL 6 mol/L HCl，再加入 10 mL 100 g/L KI 溶液，加塞子于暗处放 5 min，然后加 100 mL 蒸馏水，用 $Na_2S_2O_3$ 溶液滴定至浅黄绿色加淀粉溶液 2 mL，继续滴定至溶液蓝色消失并突变为绿色即为终点。平行测定 3 次，计算 $Na_2S_2O_3$ 溶液浓度。

硫酸铜的含量分析：准确称取产品 $CuSO_4 \cdot 5H_2O$ 0.5～0.6 g，置于 250 mL 锥形瓶中，加 5 mL 1 mol/L H_2SO_4 和 60 mL 水使其溶解，再加入 10 mL 100 g/L KI 溶液，立即用 $Na_2S_2O_3$ 溶液滴定至浅黄色，加淀粉溶液 2 mL，继续滴定至溶液呈浅蓝色，再加入 10 mL 100 g/L KSCN，溶液蓝色转深，再继续滴定至蓝色消失即为终点，平行测定 3 次，计算 $CuSO_4 \cdot 5H_2O$ 中 Cu 的含量。

五、注意事项

①氧化铜原料时的温度不能太高，因为大于 450 ℃ CuO 会分解成 Cu_2O。

②若试样中含有 Fe^{3+}，则要加入 NH_4HF_2 络合掩蔽，同时也起到调节溶液的 pH = 3～4 的作用，因为间接碘量法测定必须在中性或弱碱性条件下进行。

六、实验习题

①制备和提纯胆矾实验中，加热浓缩溶液时，可否将溶液蒸发干？为什么？

②碘量法测定 Cu 时，淀粉指示剂为什么要在滴定临近终点时加入？

③为什么要加入 KSCN？为什么又不能过早加入？

④标定 $Na_2S_2O_3$ 溶液时，为什么在加入 KI 后于暗处放 5 min，然后为什么又要加 100 mL 蒸馏水稀释后再滴定？

⑤影响碘量法测定 Cu 含量准确度的因素有哪些？

七、性状、用途与标准

1. **性状**

蓝色晶体，无臭。分子量 249.68，密度 2.284 g/mL，溶于水及稀的乙酸，水溶液具有弱酸性，在干燥空气中慢慢风化，其表面变为白色粉状物，加热至 110 ℃时，失去 4 个结晶水，高于 150 ℃形成白色易吸水的无水硫酸铜。

2. **用途**

用作纺织品媒染剂，农业杀虫剂、水的杀菌剂，饲料添加剂，化学工业中用于制备其他铜盐，并用于镀铜。

3. **标准国家标准**

工业级 GB437—80 见表 6.5。

表6.5　工业级 GB 437—80

指标名称	一级品	二级品
硫酸铜($CuSO_4 \cdot 5H_2O$)含量/% ≥	96.0	93.0
水不溶物含量/% ≤	0.2	0.4
游离硫酸含量/% ≤	0.1	0.2

实验6.4　硫代硫酸钠的制备及纯度测定

一、实验目的

①熟悉硫代硫酸钠的制备原理及方法。

②练习蒸发、浓缩、结晶等基本操作。

二、实验原理

应用亚硫酸钠与硫粉在沸腾条件下直接合成,其反应为

$$Na_2SO_3 + S \xlongequal{} Na_2S_2O_3$$

常温下析出的晶体为 $Na_2S_2O_3 \cdot 5H_2O$。

应用碘滴定法测定硫代硫酸钠的纯度,即

$$I_2 + 2Na_2S_2O_3 \xlongequal{} 2NaI + Na_2S_4O_6$$

标准碘溶液的浓度,可借与已知浓度的 $Na_2S_2O_3$ 标准溶液比较而求得。

碘法一般在中性或弱酸性溶液中及低温(<25 ℃)下进行滴定。

三、仪器及药品

抽滤、加热、精称(称量纸)、烘箱、磁力加热搅拌器、磁子,ϕ7 ~ ϕ11 cm 定性滤纸,ϕ60 mm 长颈漏斗,漏斗架、锥形瓶、表面皿、玻棒,100 mL 烧杯、125 mL 烧杯、20 mL 移液管、移液管架、25 mL 棕色滴定管、滴定台。

0.1 mol/L $Na_2S_2O_3$ 标准溶液、I_2 标准溶液(c = 0.05 mol/L)、硫粉、亚硫酸钠、95% 乙醇、1% 淀粉溶液。

四、实验步骤

①称取 2 g 硫粉,研碎后置于 100 mL 烧杯中,用 1 mL 乙醇润湿,搅拌均匀,再加入 6 g Na_2SO_3,加蒸馏水 30 mL,放入磁子,置于磁力搅拌器上,加热至沸腾,调好转速,保持微沸 40 min以上,直至少量硫粉漂浮在液面上(注意,若体积小于 20 mL 应加水至 20 ~ 25 mL),趁热过滤(应将长颈漏斗先用热水预热后过滤),滤液用烧杯蒸至溶液微黄色浑浊为止。冷却,即有大量晶体析出(若放置一段时间仍没有晶体析出,是形成过饱和溶液,可采用摩擦器壁或加一粒硫代硫酸钠晶体引种,破坏过饱和状态)。减压抽滤,并用少量乙醇(5 ~ 10 mL)洗涤晶

体,抽干,放入40 ℃烘箱烘40 min。

②$Na_2S_2O_3 \cdot 5H_2O$ 含量的测定。

a. 测定 $Na_2S_2O_3$ 标准溶液与 I_2 溶液的体积比吸取 $Na_2S_2O_3$ 标准溶液20 mL 3份,分别置于250 mL锥形瓶中,加水40 mL,淀粉溶液1 mL,用 I_2 溶液滴定呈稳定的蓝色,0.5 min内显色不褪,即为终点。平行滴定2~3次,计算 $V_{I_2}/V_{Na_2S_2O_3}$。

b. 精确称取0.500 0 g样品,用少量水溶解,用0.100 0 mol/L I_2 标准溶液(浓度为 c_1)滴至淀粉溶液(加入1~2 mL)变蓝为终点(1 min不变即可),计算 $Na_2S_2O_3 \cdot 5H_2O$ 的含量。平行测定2~3份。

实验6.5 无水氯化钙的制备及含量测定

一、实验目的

①掌握利用复分解反应制备无机化合物的方法。

②掌握静置澄清、过滤、洗涤、蒸发等操作技能。

③进一步巩固氧化还原滴定的理论及滴定分析操作技能。

二、实验原理

1. 制备原理

将石灰石粉和盐酸进行复分解反应,再经除杂、浓缩、干燥脱水后为成品,主要化学反应方程式为

$$CaCO_3 + 2HCl + H_2O = CaCl_2 \cdot 2H_2O + CO_2 \uparrow$$

$$CaCl_2 \cdot 2H_2O = CaCl_2 + 2H_2O$$

2. 测定原理

在氨水溶液中,加入草酸铵使钙离子沉淀为草酸钙,过滤并洗涤后,加硫酸使溶解,然后用标准高锰酸钾溶液滴定。主要化学反应方程式为

$$Ca^{2+} + C_2O_4^{2-} = CaC_2O_4 \downarrow$$

$$CaC_2O_4 + H_2SO_4 = CaSO_4 + H_2C_2O_4$$

$$5H_2C_2O_4 + 3H_2SO_4 + 2KMnO_4 = K_2SO_4 + 2MnSO_4 + 8H_2O + 10CO_2$$

三、仪器及药品

仪器:恒温水浴锅、循环水真空泵、烧杯(250 mL)、布氏漏斗、蒸发皿、量筒(100 mL)、恒温干燥箱、干燥器、台秤、分析天平、容量瓶(250 mL)、移液管(25 mL)、锥形瓶(250 mL)、酸式滴定管。

药品:工业大理石粉、盐酸、甲基红、0.1%乙醇溶液、4%草酸铵、6 mol/L氨水、0.1%草酸铵洗液、3 mol/L硫酸、0.02 mol/L $KMnO_4$ 标准溶液。

四、实验步骤

1. 制二水氯化钙

将浓盐酸(31%)和石灰石粉按2.2∶1慢慢投入500 mL烧杯中,在搅拌下发生反应,生成酸性氯化钙溶液,再加入石灰乳中和,使溶液pH值为8.5~9.0,搅拌片刻,这时氢氧化铁、氢氧化镁沉淀析出,静置澄清,过滤,滤液送入蒸发器内,蒸发至172~174 ℃,立即放料于搪瓷盘中,将盘放入干燥室,控制温度为220~240 ℃干燥,脱水即为二水氯化钙。

2. 制无水氯化钙

将二水氯化钙放入恒温干燥箱热至260~300 ℃,干燥脱水2 h,即变为白色多孔的无水氯化钙,存放于干燥器中备用。

3. 产品产率的计算

根据反应物之间的化学计量的关系和实验中有关反应物的实际用量,确定产品产率的计算基准,然后计算出理论产量$m_{理论}$及产品产率。

4. 钙含量测定

准确称取2 g无水氯化钙样品,溶解定容至250 mL,用移液管准确吸取25 mL溶液,置于250 mL锥形瓶中,加水稀释到100 mL,加2 mL盐酸和两滴甲基红指示剂,缓缓加入10 mL 4%草酸铵溶液,若有沉淀生成,则滴加盐酸将沉淀溶解(避免加入大量的盐酸),加热至70~80 ℃,在不断搅拌下,逐滴加入6 mol/L氨水直至溶液转呈黄色,再加25 mL 4%的草酸铵溶液,在水浴上保温30 min(或放置过夜),冷却至室温,过滤,用冷的草酸铵洗液洗涤锥形瓶及沉淀3~4次,再用微热的水洗涤2~3次,检验滤液至不含草酸根离子为止(加氯化钙溶液及氨水、应无混浊)。用针尖状玻璃棒将漏斗上的滤纸中心刺成一小孔,用少量热水将沉淀通过小孔冲洗入原锥形瓶中,用50 mL 3 mol/L硫酸分次充分洗涤滤纸,洗液也收集于同一锥形瓶中,用水稀释此溶液至100 mL,待沉淀溶解后,加热至70~80 ℃,用0.02 mol/L $KMnO_4$标准溶液滴定,直至出现的粉红色在30 s内不消失为止(终点前,温度应保持在70 ℃以上)。计算钙盐(以$CaCl_2$%计)百分含量。

五、注意事项

①石灰石粉应在搅拌下慢慢投入500 mL烧杯中,防止反应过于激烈而使物料冲出烧杯。

②测定中加热至70~80 ℃,是为了加快反应速度,温度不能超过85 ℃,否则,草酸会分解。

六、实验习题

①无水氯化钙有何应用?

②为何一般不用银量法测定氯离子的方法来测定无水氯化钙的含量?

七、性状、用途与标准

1. 性状

分子式$CaCl_2$,物质的相对分子质量110.98。白色颗粒状或粉末状、块状。易溶于水而放出大量热,其水合物有1,2,4,6水合物,也能溶于乙醇、丙酮等。它具有强烈的吸湿性,在空气中极易潮解,应密闭贮存。

2. 用途

用作干燥剂、制冷剂、航空和汽车内燃机的抗冻剂，混凝土防冻剂，织物的防火剂、食品防腐剂等，也用于钙盐和试剂的制造。

3. 标准(见表6.6)

表6.6 工业级氯化钙

指标名称	指标								
	90%钙			77%钙		74%钙		70%钙	
	优等品	一等品	合格品	一等品	合格品	一等品	合格品	一等品	合格品
氯化钙(以 $CaCl_2$ 计)/% ≥	94	92	90	77	77	74	74	72	70
镁及碱金属氯化物(以 NaCl 计)/% ≤	4.0	4.0	5.0	3.5	5.0	3.5	4.5	3.5	5.0
水不溶物/% ≤	0.2	0.2	0.25	0.1	0.2	0.2	0.2	0.2	0.2
碱度[以 $Ca(OH)_2$]计/% ≤	0.25	0.25	0.25	0.2	0.2	0.2	0.2	0.2	0.2
硫酸盐(以 $CaSO_4$ 计)/% ≤	0.2	0.2	0.3	0.2	0.3	0.2	0.3	0.3	0.3

实验6.6 漂白精的制备及有效氯的测定

一、实验目的

①巩固 Cl_2 的实验室制取技能。

②掌握漂白精的制备原理和方法。

③掌握漂白精中有效氯的测定原理和技能。

二、实验原理

1. 漂白精的制备原理

漂白精是把漂白粉除去杂质提纯而得到的产品，其漂白能力相当于漂白粉的2倍。它含水量低，稳定性好，保存时间较长，在工业上漂白粉已逐渐被漂白精所取代。由于习惯上的原因，人们常常把漂白精称为漂白粉，其实二者却相差很大。漂白精的化学式 $3Ca(ClO)_2 \cdot 2Ca(OH)_2$，其有效氯的质量分数一般为70%左右；漂白粉的化学式 $Ca(ClO)_2 \cdot CaCl_2$，其有效氯的含量一般为30%左右。其制备反应的化学反应方程式为

$$CaO + H_2O = Ca(OH)_2$$

$$4HCl + MnO_2 = MnCl_2 + Cl_2 \uparrow + 2H_2O$$

$$8Ca(OH)_2 + 6Cl_2 = Ca(ClO)_2 \cdot 2Ca(OH)_2 \cdot 2H_2O + 3CaCl_2 + 4H_2O$$

2. 有效氯的测定原理

漂白精的有效成分 $Ca(ClO)_2$，在酸性溶液中与碘化钾反应析出碘，然后与标准 $Na_2S_2O_3$ 溶液反应，当溶液颜色由棕色变为浅黄色时，加入2 mL 淀粉溶液(指示剂)，并滴定至无色为

终点。其反应为

$$Ca(OCl)_2 + 2H_2SO_4 + CaCl_2 = 2CaSO_4 + 2Cl_2\uparrow + 2H_2O$$

$$Ca(OCl)_2 + 4HCl = CaCl_2 + 2Cl_2\uparrow + 2H_2O$$

上述反应中产生的 Cl_2 与 I^- 作用。其反应为

$$Cl_2 + 2I = 2Cl^- + I_2$$

再以淀粉为指示剂，用标准 $Na_2S_2O_3$ 溶液滴定析出的 I_2。其反应为

$$I_2 + 2Na_2S_2O_3 = 2NaI + Na_2S_4O_6$$

三、仪器及药品

仪器：250 mL 蒸馏烧瓶、150 mL 滴液漏斗、布氏漏斗、酒精灯、广口瓶、烧杯、瓷研钵、台秤、分析天平、容量瓶(250 mL)、移液管(25 mL)、锥形瓶(250 mL)、碱式滴定管。

药品：浓 HCl、MnO_2、CaO、3 mol/L H_2SO_4、3 mol/L NaOH、$K_2C_rO_7$标准溶液(0.016 mol/L)、饱和食盐水、0.1 mol/L $Na_2S_2O_3$ 溶液(称取 13 g $Na_2S_2O_3\cdot5H_2O$ 溶解于 500 mL 新煮沸的冷蒸馏水中，加 0.1 g Na_2CO_3，保存于棕色瓶中，1 周后标定)、6 mol/L HCl、100 g/L KI 溶液(使用前配制)、5 g/L 淀粉溶液。

四、实验步骤

1. 漂白精的制备

用台秤称取 15 g MnO_2用纸槽送入 250 mL 蒸馏烧瓶中，量取 80 mL 浓 HCl 于 150 mL 滴液漏斗中，再用台秤称取 10 g CaO 放于 250 mL 烧杯中，缓缓沿烧杯壁加水 50 mL，搅拌消化成石灰浆，稍冷却后转移入广口瓶，塞上带玻璃导管的双孔皮塞作为反应器。按下列顺序连接好实验装置：Cl_2发生器⟶HCl 洗滤瓶⟶反应器⟶NaOH 尾气吸收器。

先开启滴液漏斗向蒸馏烧瓶中放入 20 mL 浓 HCl，然后隔着石棉网缓缓加热蒸馏烧瓶，微沸时再开启滴液漏斗向蒸馏烧瓶中慢慢滴加浓 HCl，产生的 Cl_2与石灰浆反应，依据反应的激烈程度控制浓 HCl 的滴加速度，一般需要 30 min。

通氯反应温度控制在 50 ~ 60 ℃，慢慢有大针形结晶，且分析使氯化浆液有效氯达 16.5% ~20%时，即可停止通氯，布氏漏斗抽滤分离，固体控温在 70 ℃下鼓风干燥即得产品。滤液为副产品漂白液。

2. 有效氯的测定

称取 1.7 g 样品(称准至 0.000 2 g)，置于瓷研钵中，加少许水，研磨至呈均匀乳液，移入 250 mL 容量瓶中，加水稀释至刻度，摇匀。立即准确吸取 25 mL 此混浊溶液，置于 250 mL 碘量瓶中，加入 15 ~20 mL 10% 碘化钾溶液和 3 mL 3 mol/L H_2SO_4 硫酸，在暗处放置 5 min 后，用 0.1 mol/L 硫代硫酸钠标准溶液滴定析出的碘，在近滴定终点时，加入 3 mL 淀粉指示剂，继续滴定至溶液刚呈无色。

有效氯计算式为

$$(Cl)\% = \frac{C \times V \times 2 \times 0.035\ 45}{m \times \frac{25}{250}} \times 100\%$$

式中　V——滴足耗用硫代硫酸钠标准溶液体积，mL；

C——硫代硫酸钠标准溶液浓度；

m——称取样品质量,g;

0.035 45——有效氯的毫摩尔质量,g。

五、注意事项

①注意室内通风,防止 Cl_2 污染环境和中毒事故。

②反应装置的气密性要好。

六、实验习题

①漂白精有哪些用途？使用中应注意什么？

②84 消毒液的主要成分是什么？

③碘量法分析中的误差来源有哪几个方面？

七、性状、用途与标准

1. 性状

漂白精,化学式为 $3Ca(ClO)_2 \cdot 2Ca(OH)_2$,相对分子量 613.16,白色粉末状固体,有刺激性氯臭,具腐蚀性和较强的氧化性,易溶于冷水,在热水和乙醇中分解,加热会激烈分解而引起爆炸,与酸作用放出氯气,与有机物及油类反应能引起燃烧。

2. 用途

具有高效漂白和消毒杀菌作用,用于棉麻织品、纸浆、淀粉等的漂白,还用于饮用水、游泳池、养蚕房等地方的消毒,军工方面可作为化学毒剂,是放射性的消毒剂,也用于医药工业上绷带纱布的漂白和消毒。

3. 标准

化工行业标准 HG 1-048-65 见表 6.7。

表 6.7　化工行业标准 HG 1-048-65

指标名称		一级	二级
有效氯/%	≥	65	60
氯化钙/%	≤	10	10
水分/%	≤	1.5	1.5
饱和水溶液有效氯/($g \cdot L^{-1}$)	≤	130	120
细度(300 目筛余)/%	≤	10	10

实验6.7 过氧化钙的制备及组成分析

一、实验目的

①巩固无机物制备的操作技术。
②掌握过氧化钙的制备原理和方法。
③掌握测定产品中过氧化钙含量的方法。

二、实验原理

1.过氧化钙的制备原理

$CaCl_2$ 在碱性条件下与 H_2O_2 反应(或 $Ca(OH)_2$、NH_4Cl 溶液与 H_2O_2 反应)得到 $CaO_2 \cdot 8H_2O$ 沉淀。其反应方程式为

$$CaCl_2 + H_2O_2 + 2NH_3 \cdot H_2O + 6H_2O \xlongequal{} CaO_2 \cdot 8H_2O + 2NH_4Cl$$

2.过氧化钙含量的测定原理

利用在酸性条件下,过氧化钙与酸反应生产过氧化氢,再用 $KMnO_4$ 标准溶液滴定,而测得其含量。反应方程式为

$$5CaO_2 + 2MnO_4^- + 16H^+ \longrightarrow 5Ca^{2+} + 2Mn^{2+} + 5O_2\uparrow + 8H_2O$$

三、仪器及药品

仪器:电炉、循环水真空泵、烧杯(500 mL、250 mL)、布氏漏斗、量筒、分析天平、容量瓶(250 mL)、移液管(25 mL)、锥形瓶(250 mL)、酸式滴定管、干燥器。

药品:$CaCl_2 \cdot 2H_2O$、H_2O_2(30%)、0.02 mol/L $KMnO_4$ 标准溶液、浓 $NH_3 \cdot H_2O$、2 mol/L HCl、0.05 mol/L $MnSO_4$、冰。

四、实验步骤

1.过氧化钙的制备

称取7.5 g $CaCl_2 \cdot 2H_2O$,用5 mL水溶解,加入25 mL 30%的 H_2O_2,边搅拌边滴加由5 mL浓 $NH_3 \cdot H_2O$ 和20 mL冷水配成的溶液,然后置冰水中冷却0.5 h。抽滤后用少量冷水洗涤晶体2~3次,然后抽干置于恒温箱,先在60 ℃下烘0.5 h在140 ℃下烘0.5 h,转入干燥器中冷却后称重,计算产率。

2.过氧化钙含量的测定

准确称取0.2 g样品于250 mL锥瓶中,加入50 mL水和15 mL 2 mol/L HCl,振荡使溶解,再加入1 mL 0.05 mol/L $MnSO_4$,立即用 $KMnO_4$ 标准溶液滴定溶液呈微红色并且在0.5 min内不褪色为止。平行测定3次,计算 CaO_2%。

五、注意事项

①反应温度以0~8 ℃为宜,低于0 ℃,液体易冻结,使反应困难。

②抽滤出的晶体是八水合物，先在60 ℃下烘0.5 h形成二水合物，再在140 ℃下烘0.5 h，得无水 CaO_2。

六、实验习题

①所得产物中的主要杂质是什么？如何提高产品的产率与纯度？

②CaO_2 产品有哪些用途？

③$KMnO_4$ 滴定常用 H_2SO_4 调节酸度，而测定 CaO_2 产品时为什么要用 HCl，对测定结果会有影响吗？如何证实？

④测定时加入 $MnSO_4$ 的作用是什么？不加可以吗？

七、性状、用途与标准

1. 性状

白色或微黄色粉末，分子量72.08，相对密度2.92，无臭无味，极微溶于水，溶于酸。常温下干燥品不容易分解，275 ℃开始分解，在潮湿空气中或在水中缓慢放出氧气，具有较强的漂白、杀菌、消毒作用，对环境无害。

2. 用途

由于具有稳定性好，无毒，且具有长期放氧的特点，使过氧化钙成为一种应用广泛的多功能的无机过氧化物。在环境保护方面，过氧化钙可用于改善地表水质、处理重金属粒子废水和治理赤潮等；在农业种植方面，过氧化钙用于植物根系供氧、生化改良土壤土质、水稻种子包衣、作氧肥及生物复合肥等；在水产养殖方面，可作为释氧剂增加水中溶解氧、调节水的 pH 值、改良水质、消灭病原菌；在食品加工方面，过氧化钙可用于食品、果蔬保鲜、饲料添加剂、面团改良、食品消毒等；在冶金工业上，可用于脱磷和贵重金属提取；在橡胶与化学工业中，作天然橡胶硫化剂、聚硫橡胶硬化剂/封闭剂、不饱和聚酯树脂引发剂等。过氧化钙还可用于日化行业做牙齿清洁剂、家用消毒除臭剂等。此外，过氧化钙也可用于应急供氧、香烟制造和涂料工业等。

3. 标准

企业标准：沪 Q/HG-12-061-63 见表6.8。

表6.8　企业标准：沪 Q/HG-12-061-63

指标名称	指标
过氧化钙/% ≥	70
盐酸不溶物/% ≤	0.10
氨水沉淀物/% ≤	0.50
硫化合物/% ≤	0.30
重金属（以 Pb 计）≤	0.003
铁/% ≤	0.02
镁及碱金属/% ≤	0.75

第7章

趣味化学小实验

1. 魔棒点灯

(1) 实验目的

激发学生学习化学的兴趣；提高学生观察能力和动手能力；激发学生创新意识和想象力。

(2) 实验原理

浓硫酸和高锰酸钾都是很强的氧化剂，高锰酸钾固体与浓硫酸反应生成高锰酸酐，高锰酸酐具有强氧化性，一遇到乙醇就会剧烈放热，从而点燃酒精灯。

(3) 实验材料

高锰酸钾、浓硫酸、滴瓶、表面皿、玻璃棒、酒精灯。

(4) 实验步骤

取少量高锰酸钾晶体放在表面皿（或玻璃片）上，在高锰酸钾上滴 2 ~ 3 滴浓硫酸，用玻璃棒蘸取后，去接触酒精灯的灯芯，酒精灯立刻就被点着了。

(5) 注意事项

浓硫酸具有腐蚀性，小心别弄到衣服或者皮肤上。注意把握实验时间。

2. 滴水点火

水能灭火，难道还能点火？

(1) 实验目的

激发学生学习化学的兴趣；提高学生观察能力和动手能力；激发学生创新意识和想象力。

(2) 实验原理

过氧化钠与水反应放出的热使氯酸钾分解产生氧气，燃烧更旺。

(3) 实验材料

蔗糖、氯酸钾、过氧化钠、石棉网、水、滴瓶。

(4) 实验步骤

取干燥的蔗糖粉末 5 g 与氯酸钾粉末 5 g 在石棉网上混合，用玻璃棒搅匀，堆成小丘，加入过氧化钠 3 g，滴水，0.5 min 后，小丘冒出白烟，很快起火燃烧。

(5) 注意事项

小心灼伤。

3. 烧不坏的手帕

用火烧过的手帕居然完好无损?

(1) 实验目的

激发学生学习化学的兴趣;提高学生观察能力和动手能力;激发学生创新意识和想象力。

(2) 实验原理

燃烧时,酒精的火焰在水层外,吸附在纤维空隙里的水分吸收燃烧热而蒸发,手帕上的温度达不到纤维的着火点,因而手帕烧不坏。

(3) 实验材料

酒精、水、棉手帕、坩埚钳。

(4) 实验步骤

把棉手帕放入用酒精与水以 1∶1配成的溶液里浸透,然后轻挤,用两只坩埚钳分别夹住手帕两角,放到火上点燃,等火焰减小时迅速摇动手帕,使火焰熄灭,这是会发现手帕依旧完好如初。

4. 雪球燃烧

雪球也能燃烧?

(1) 实验目的

激发学生学习化学的兴趣;提高学生观察能力和动手能力;激发学生创新意识和想象力;提高实验技能。

(2) 实验原理

燃烧的当然不是真正的雪球,而是把醋酸钙溶液放到酒精中析出的醋酸钙就像白雪一样,制成球状,点燃即燃烧。

(3) 实验材料

醋酸钙、水、95%酒精、烧杯。

(4) 实验步骤

20 mL 水加 7 g 醋酸钙,制成饱和醋酸钙溶液,加到 100 mL 95% 的酒精中,边加边搅拌,就能析出像雪一样的固体。制成球状,点燃即燃烧。

5. 空杯生烟

空的杯子里冒出白烟?

(1) 实验目的

激发学生学习化学的兴趣;提高学生观察能力和动手能力;激发学生创新意识和想象力。

(2) 实验原理

浓盐酸和浓氨水都具有强的挥发性,挥发出的氯化氢遇上氨气生成氯化铵固体颗粒,分布在空气里,看见满杯白烟。

(3) 实验材料

玻璃杯、浓盐酸、浓氨水、玻璃片。

(4) 实验步骤

两只洁净干燥的玻璃杯,一只滴入几滴浓盐酸,一只滴入几滴浓氨水,转动杯子使液滴沾湿杯壁,随即用玻璃片盖上,把浓盐酸的杯子倒置在浓氨水的杯子上,抽去玻璃片,逐渐便能看到满杯白烟。

6. 喷雾作画

(1) 实验目的

激发学生学习化学的兴趣;提高学生观察能力和动手能力;激发学生创新意识和想象力。

(2) 实验原理

$FeCl_3$ 溶液遇到硫氰化钾(KSCN)溶液显血红色,遇到亚铁氰化钾〔$K_4[Fe(CN)_6]$〕溶液显蓝色,遇到铁氰化钾〔$K_3[Fe(CN)_6]$〕溶液显绿色,遇苯酚显紫色。$FeCl_3$ 溶液喷在白纸上显黄色。

(3) 实验材料

白纸、毛笔、喷雾器、木架、摁钉、喷壶、$FeCl_3$ 溶液、硫氰化钾溶液、亚铁氰化钾浓溶液、铁氰化钾浓溶液、苯酚浓溶液。

(4) 实验步骤

①用毛笔分别蘸取硫氰化钾溶液、亚铁氰化钾浓溶液、铁氰化钾浓溶液、苯酚浓溶液在白纸上绘画。

②把纸晾干，钉在木架上。

③用装有 $FeCl_3$ 溶液的喷雾器在绘有图画的白纸上喷上 $FeCl_3$ 溶液。

7. 蛋白留痕

(1) 实验目的

激发学生学习化学的兴趣;提高学生观察能力和动手能力;激发学生创新意识和想象力。

(2) 实验原理

醋酸溶解蛋壳后能少量溶入蛋白。鸡蛋白是由氨基酸组成的球蛋白,它在弱酸性条件中发生水解,生成多肽等物质,这些物质中的肽键遇 Cu^{2+} 发生络合反应,呈现蓝色或者紫色。

(3) 实验材料

鸡蛋、毛笔、稀硫酸铜溶液、电磁炉、锅。

(4) 实验步骤

取一只鸡蛋,洗去表面的油污,擦干。用毛笔蘸取醋酸,在蛋壳上写字。等醋酸蒸发后,把鸡蛋放在稀硫酸铜溶液里煮熟,待蛋冷却后剥去蛋壳,鸡蛋白上留下了蓝色或紫色的清晰字迹,而外壳却不留任何痕迹。

8. 永不熄灭的电珠

(1) 实验目的

激发学生学习化学的兴趣;提高学生观察能力和动手能力;激发学生创新意识和想象力;提高环保意识。

(2) 实验原理

原电池是把化学能转化为电能的装置。其原理是将氧化还原反应中的电子得失设计成特殊装置,使电子从导线上经过而产生电流。课本上的锌-铜-稀硫酸电池,用电流计测试指针偏转很大,可惜接上电珠后发光时间并不长。这是由于电极的极化作用所致,摇动电极也不如意。为此,这里介绍一个效果较好的原电池,同学们不妨一试。

(3) 实验材料

锌皮、碳棒(或旧干电池)、布条、丝线、电珠、1:4稀硫酸、高锰酸钾。

(4)实验步骤

剥取废旧干电池外壳锌皮和碳棒,洗净并把锌皮擦亮,剪成1 cm宽的长条,其长度与碳棒相近。然后在锌皮与碳棒之间,嵌上一层厚实的布条隔离,用丝线把它们绕在一起,并在电路中接上一只小电珠。

当把制作好的锌片-碳棒插入1:4的稀硫酸中,灯泡在一度发光后,就很快消失了。如果用药匙往稀硫酸中加入高锰酸钾晶体,小电珠顿时会发出明亮的白光。只要锌片、稀硫酸和高锰酸钾三者同时存在,灯泡就不会熄灭。过去这种方法曾用于战地医院的手术照明。

本实验所用的电解质可以是硫酸,也可以是其他一些可溶性盐类,但不可以用盐酸,为什么?同学们,开动脑筋分析思考吧。

9. 检验含碘食盐成分中的碘

(1)实验目的

激发学生学习化学的兴趣;提高学生观察能力和动手能力;激发学生创新意识和想象力;提高实验技能。

(2)实验原理

含碘食盐中含有碘酸钾(KIO_3),除此之外,一般不含有其他氧化性物质。在酸性条件下IO_3^-能将I^-氧化成I_2,I_2遇淀粉试液变蓝;而不加碘的食盐则不能发生类似的反应。

(3)实验材料

试管、胶头滴管、含碘食盐溶液、不加碘食盐溶液、KI溶液、稀硫酸、淀粉试液。

(4)实验步骤

①在两支试管中分别加入少量含碘食盐溶液和不加碘食盐溶液,然后各滴入几滴稀硫酸,再滴入几滴淀粉试液,观察现象。

②在另一试管中加入适量KI溶液和几滴稀硫酸,然后再滴入几滴淀粉试液,观察现象。

③将第3支试管中的液体分别倒入前两支试管里,混合均匀,观察现象。

10. 自制汽水

(1)实验目的

激发学生学习化学的兴趣;提高学生观察能力和动手能力;激发学生创新意识和想象力;提高环保意识。

(2)实验原理

汽水是由矿泉水或经过煮沸、紫外线照射消毒后的饮用水,充以二氧化碳制成的。属于含二氧化碳的碳酸饮料。工厂制作汽水是通过加压的方法,使二氧化碳气溶解在水里。汽水中溶解的二氧化碳越多,质量越好。市场上销售的汽水,大约是1体积水中溶有1~4.5体积二氧化碳。有的汽水中除含二氧化碳外,还加入适量白糖、果汁和香精。二氧化碳从体内排出时,可带走一些热量,因此喝汽水能解热消渴。喝冰镇汽水时,由于汽水的温度更低,溶解的二氧化碳更多(0 ℃时,二氧化碳的溶解度比20 ℃时大1倍),有更多的二氧化碳要从体内排出,能带走更多的热量,所以更能降低肠胃的温度。因此,千万不能大量饮用冰镇汽水,以免对肠胃产生强烈的冷刺激,引起胃痉挛、腹痛,甚至诱发肠胃炎。此外,过量的汽水会冲淡胃液,降低胃液的消化能力和杀菌作用,影响食欲,甚至加重心脏、肾脏负担,引起身体不适。在实验室和家庭中也可以自制汽水。

(3)实验材料

汽水瓶、白糖、果味香精、碳酸氢钠、柠檬酸、冷开水。

(4)实验步骤

取一个洗刷干净的汽水瓶，瓶里加入占容积80%的冷开水，再加入白糖及少量果味香精，然后加入2 g碳酸氢钠，搅拌溶解后，迅速加入2 g柠檬酸，并立即将瓶盖压紧，使生成的气体不能逸出，而溶解在水里。将瓶子放置在冰箱中降温。取出后，打开瓶盖就可以饮用。

11. 检验尿糖

(1)实验目的

激发学生学习化学的兴趣；提高学生观察能力和动手能力；激发学生创新意识和想象力，提高实验技能。

(2)实验原理

糖尿病患者尿液中含有葡萄糖，含糖量多，则病情重。检验尿液中的含糖量，可以用硫酸铜跟酒石酸钾钠与氢氧化钠溶液配制成的称为费林试剂的药液来检验。其反应原理与用氢氧化铜悬浊液检验醛基相同。

(3)实验材料

硫酸铜、酒石酸钾钠、氢氧化钠、试管、酒精灯。

(4)实验步骤

1)配制费林试液

取100 mL蒸馏水，加入3.5 g硫酸铜晶体($CuSO_4 \cdot 5H_2O$)制成溶液Ⅰ；另取100 mL蒸馏水，加入17.3 g酒石酸钾钠($NaKC_4H_4O_6 \cdot 4H_2O$)和6 g氢氧化钠制成溶液Ⅱ。将溶液Ⅰ与溶液Ⅱ分装在两只洁净的带密封塞的试剂瓶中，使用时等体积混合即成费林试液。

2)检验

用吸管吸取少量尿液(1～2 mL)注入一支洁净的试管中，再用另一支吸管向试管中加入3～4滴费林试剂，在酒精灯火焰上加热至沸腾，加热后：

①若溶液仍为蓝色，表明尿液中不含糖，用“－”表示。

②若溶液变为绿色，表明尿液中含少量糖，用“＋”表示。

③若溶液呈黄绿色，表明尿糖稍多，用“＋＋”表示。

④若溶液呈土黄色，表明尿糖较多，用“＋＋＋”表示。

⑤若溶液呈砖红色浑浊，表明尿糖很多，用“＋＋＋＋”表示。

12. 蔬菜中维生素C的测定

(1)实验目的

激发学生学习化学的兴趣；提高学生观察能力和动手能力；激发学生创新意识和想象力；提高环保意识。

(2)实验原理

淀粉溶液遇到碘会变成蓝紫色，这是淀粉的特性。而维生素C能与蓝紫色溶液中的碘发生作用，使溶液变成无色。通过这一原理，可用来检验一些蔬菜中的维生素C。

(3)实验材料

烧杯、淀粉、碘酒、青菜。

(4) 实验步骤

在烧杯内放少量淀粉,倒入一些开水,并用小棒搅动成为淀粉溶液。滴入2~3滴碘酒,你会发现乳白色的淀粉液变成了蓝紫色。再找2 ~3片青菜,摘去菜叶,留下叶柄,榨取出叶柄中的汁液,然后把汁液慢慢滴入玻璃瓶中蓝紫色的液体中,边滴入边搅动。这时,你又会发现蓝紫色的液体又变成了乳白色,说明青菜中含有维生素C。

13. 固体酒精

(1) 实验目的

激发学生学习化学的兴趣;提高学生观察能力和动手能力;激发学生创新意识和想象力;提高环保意识。

(2) 实验原理

酒精与水可任意比混溶,醋酸钙只溶于水而不溶于酒精。当饱和醋酸钙溶液注入酒精中时,饱和溶液中的水溶解于酒精中,致使醋酸钙从酒精溶液中析出,呈半固态的凝胶状物质——“胶冻”,酒精充填其中。点燃胶状物时,酒精便燃烧起来。

(3) 实验材料

药匙、烧杯、量筒、玻璃棒、蒸发皿、火柴、酒精(质量分数95%以上)、醋酸钙、蒸馏水。

(4) 实验步骤

①在烧杯中加入20 mL蒸馏水,再加入适量醋酸钙,制备醋酸钙饱和溶液。

②在大烧杯中加入80 mL酒精,再慢慢加入15 mL饱和醋酸钙溶液,用玻璃棒不断搅拌,烧杯中的物质开始时出现浑浊,继而变稠并不再流动,最后成为凝胶状。

③取出胶冻,捏成球状,放在蒸发皿中点燃。胶冻立即着火,并发出蓝色火焰。

14. 红糖制白糖

(1) 实验目的

激发学生学习化学的兴趣;提高学生观察能力和动手能力;激发学生创新意识和想象力;提高环保意识。

(2) 实验原理

红糖中含有一些有色物质,要制成白糖,须将红糖溶于水,加入适量活性炭,将红糖中的有色物质吸附,再经过滤、浓缩、冷却后便可得到白糖。

(3) 实验材料

红糖、活性炭、烧杯、滤纸、漏斗、玻棒、酒精灯。

(4) 实验步骤

称取5~10 g红糖放在小烧杯中,加入40 mL水,加热使其溶解,加入0.5~1 g活性炭,并不断搅拌,趁热过滤悬浊液,得到无色液体。如果滤液呈黄色,可再加入适量的活性炭,直至无色为止。将滤液转移到小烧杯里,在水浴中蒸发浓缩。当体积减少到原溶液体积的1/4左右时,停止加热。从水浴中取出烧杯,自然冷却,有白糖析出。

15. 自制指示剂

(1) 实验目的

激发学生学习化学的兴趣;提高学生观察能力和动手能力;激发学生创新意识和想象力;提高实验技能。

(2)实验原理

许多植物的花、果、茎、叶中都含有色素，这些色素在酸性溶液或碱性溶液里显示不同的颜色，可以作为酸碱指示剂。

(3)实验材料

试管、量筒、玻璃棒、研钵、胶头滴管、点滴板、漏斗、纱布。

花瓣(如牵牛花)、植物叶子(如紫甘蓝)、萝卜(如胡萝卜、北京心里美萝卜)、酒精溶液(乙醇与水的体积比为1:1)、稀盐酸、稀 NaOH 溶液。

(4)实验步骤

①取一些花瓣、植物叶子、萝卜等，分别在研钵中捣烂后，各加入5 mL酒精溶液，搅拌。再分别用4层纱布过滤，所得滤液分别是花瓣色素、植物叶子色素和萝卜色素等的酒精溶液，将它们分装在3支试管中。

②在白色点滴板的孔穴中分别滴入一些稀盐酸、稀 NaOH 溶液、蒸馏水，然后各滴入3滴花瓣色素的酒精溶液，观察现象。

③用植物叶子色素的酒精溶液、萝卜色素的酒精溶液等代替花瓣色素的酒精溶液作上述实验，观察现象。

16. 白花变蓝花

(1)实验目的

激发学生学习化学的兴趣；提高学生观察能力和动手能力；激发学生创新意识和想象力；提高环保意识。

(2)实验原理

白纸花上涂以面粉糨糊，遇碘变蓝色。

(3)实验材料

器具：铁架台、铁夹、蒸发皿、滴管、锌粉、碘片、浆糊。

(4)实验步骤

取一只蒸发皿放入2 g锌粉和2 g碎碘片，拌和均匀，在蒸发皿的正上方吊一朵白纸花，白纸花上涂以面粉糨糊。一朵白纸花，现在我要“滴水生紫烟、紫烟造兰花”。然后用胶头滴管吸取冷水，加2~3滴于混合粉上，立即有紫烟和白雾腾空而起，团团彩云都抢着去拥抱白纸花，把白花染成蓝花，再熏染一二次，蓝花更加鲜艳、逼真。

17. 苏打——酸灭火器

(1)实验目的

激发学生学习化学的兴趣；提高学生观察能力和动手能力；激发学生创新意识和想象力；提高安全意识。

(2)实验原理

碳酸氢钠与盐酸反应生成二氧化碳气体，起灭火作用。

(3)实验材料

饮料瓶(大瓶子)、洗涤剂、浓盐酸、试管、碳酸氢钠。

(4)实验步骤

①用一个大瓶子配上一个单孔胶塞并插上玻璃管。向瓶中加入一些碳酸氢钠溶液，取一支能装入瓶内的试管，盛满浓盐酸后，将试管缓慢放入瓶中，使试管能竖立起来，塞上插有玻璃管的

胶塞。使用灭火器时，倒转瓶子并将玻璃管口指向火焰（注意：不要把管口对着别人和自己）。

②向酸中加入洗涤剂以产生起覆盖作用的泡沫。将瓶子对准火焰，迅速倒转瓶子，剧烈反应产生大量二氧化碳，则气体的压力将液体从管口压出而灭火。

18. 制作“叶脉书签”

(1) 实验目的

激发学生学习化学的兴趣；提高学生观察能力和动手能力；激发学生创新意识和想象力；提高环保意识。

(2) 实验原理

氢氧化钠具有腐蚀性。

(3) 实验材料

树叶、软牙刷、10%氢氧化钠溶液。

(4) 实验步骤

①选择外形完整、大小合适、具有网状叶脉的树叶（这是成功的关键，叶脉不硬的就会变成煮树叶汤）。

②用水将树叶刷洗干净，放在约10%的氢氧化钠溶液中煮沸。当叶肉呈现黄色后取出树叶，用水将树叶上的碱液洗净。

③将树叶平铺在瓷砖或玻璃板上，用试管刷或软牙刷慢慢刷去叶肉，将剩下的叶脉放在水中轻轻清洗，稍稍晾干后，夹在书中压平。

19. 火龙写字

(1) 实验目的

激发学生学习化学的兴趣；提高学生观察能力和动手能力；激发学生创新意识和想象力；提高环保意识。

(2) 实验原理

硝酸钾受热分解。

(3) 实验材料

KNO_3 饱和溶液，毛笔或刷子，白纸若干张，火柴。

(4) 实验步骤

①用毛笔或刷子蘸饱和硝酸钾溶液，在一张白纸上写字（如化学），重复写 2～3 遍，然后在字的起始处用带色的笔作上记号。

②把纸晾干，放在地上。用带火星的木条轻轻接触纸上有记号的地方，立即有火花出现，并缓慢地沿着字的笔迹蔓延，好似用火写字一般。最后呈现在纸上的是用毛笔写的字。

20. 指纹检查

(1) 实验目的

激发学生学习化学的兴趣；提高学生观察能力和动手能力；激发学生创新意识和想象力；提高环保意识。

(2) 实验原理

碘受热时会升华变成碘蒸气。碘蒸气能溶解在手指上的油脂等分泌物中，并形成棕色指纹印迹。

(3) 实验材料

试管、橡胶塞、药匙、酒精灯、剪刀、白纸、碘。

(4) 实验步骤

①取一张干净、光滑的白纸，剪成长约4 cm、宽不超过试管直径的纸条，用手指在纸条上用力摁几个手印。

②用药匙取芝麻粒大的一粒碘，放入试管中。把纸条悬于试管中（注意摁有手印的一面不要贴在管壁上），塞上橡胶塞。

③把装有碘的试管在酒精灯火焰上方微热一下，待产生碘蒸气后立即停止加热，观察纸条上的指纹印迹。

(5) 注意事项

注意摁有手印的纸条的一面不要贴在管壁上。

21. 白纸上变黑字

(1) 实验目的

激发学生学习化学的兴趣；提高学生观察能力和动手能力；激发学生创新意识和想象力。

(2) 实验原理

浓硫酸脱水性。

(3) 实验材料

白纸、稀硫酸、毛笔。

(4) 实验步骤

取一张白纸，用稀硫酸写上字，然后在火上烤或者将白纸晒干，白纸上就变出所写的黑字。

22. 白糖变黑雪（黑面包实验）（时间：5 min）

(1) 实验目的

激发学生学习化学的兴趣；提高学生观察能力和动手能力；激发学生创新意识和想象力。

(2) 实验原理

白糖是一种有机化合物，在里面加入浓硫酸，浓硫酸具有脱水性，是白糖脱水变黑，碳和浓硫酸反应产生二氧化碳和二氧化硫，变得蓬松。

(3) 实验材料

浓硫酸、白糖、烧杯、玻璃棒。

(4) 实验步骤

在一个200 mL的烧杯中投入5 g左右的白糖，再滴入几滴经过加热的浓硫酸，迅速搅拌后将玻璃棒竖立，顿时白糖就变成一堆蓬松的“黑雪”。在嗤嗤地发热冒气声中，“黑雪”的体积逐渐增大，甚至满出烧杯。白糖顿时变成了“黑雪”。

(5) 注意事项

浓硫酸具有腐蚀性，小心别弄到皮肤上。

23. 自制豆腐

(1) 实验目的

激发学生学习化学的兴趣；提高学生观察能力和动手能力；激发学生创新意识和想象力。

(2) 实验原理

蛋白质的聚沉。

(3)实验材料

黄豆、豆浆机、盐卤水等。

(4)实验步骤

1)浸泡

加 300 mL 水浸泡 24 h(若气温较高时,中间可更换一次水),使黄豆充分膨胀,然后倒掉浸泡水。

2)研磨

将泡好的大豆放在家用粉碎机内,加入 200 mL 水,进行粉碎。

3)制浆

将研磨好的豆浆和豆渣一并倒入放有双层纱布的过滤器中抽滤,另取 100 mL 水,分多次冲洗滤饼,充分提取豆渣中的豆浆。滤液即为浓豆浆。

4)凝固变性

将自制的浓豆浆(或直接用市售的袋装浓豆浆)倒入一个洁净的 500 mL 的烧杯中,用酒精灯加热至 80 ℃左右,然后边搅拌,边向热豆浆中加入饱和盐卤水,直至有白色絮状物产生。停止加热,静置片刻后,就会看到豆浆中有凝固的块状沉淀物析出。

5)成型

将上述有块状沉淀物的豆浆静置 20 min 后过滤,再将滤布上的沉淀物集中成一团,叠成长方形,放在洁净的桌面上,用一个盛有冷水的小烧杯压在包有豆腐团块的滤布上,大约 30 min后,即可制成一小块豆腐。若用市售的浓豆浆为原料,制成的豆腐更为细嫩洁白。

6)保存

为了使制成的豆腐保鲜而不变质,将新制成的豆腐浸于 2% ~5% 的食盐水中,放在阴凉处,可使豆腐数天内保鲜而不变质。

附　录

附录一　国际单位制

SI 基本单位

量		单位	
名称	符号	名称	符号
长度	l	米	m
质量	m	千克(公斤)	kg
时间	t	秒	s
电流	I	安[培]	A
热力学温度	T	开[尔文]	K
物质的量	n	摩[尔]	mol
发光强度	I_V	坎[德拉]	cd

常用的 SI 导出单位

量		单位		
名称	符号	名称	符号	定义式
频率	ν	赫[兹]	Hz	s^{-1}
能量	E	焦[耳]	J	$kg \cdot m^2 \cdot s^{-2}$
力	F	牛[顿]	N	$kg \cdot m \cdot s^{-2} = J \cdot m^{-1}$
压力	p	帕[斯卡]	Pa	$kg \cdot m^{-1} \cdot s^{-2} = N \cdot m^{-2}$
功率	P	瓦[特]	W	$kg \cdot m^2 \cdot s^{-3} = J \cdot s^{-1}$
电量	Q	库[仑]	C	$A \cdot s$
电位;电压;电动势	U	伏[特]	V	$kg \cdot m^2 \cdot s^{-3} \cdot A^{-1} = J \cdot A^{-1} \cdot s^{-1}$
电阻	R	欧[姆]	Ω	$kg \cdot m^2 \cdot s^{-3} \cdot A^{-2} = V \cdot A^{-1}$
电导	G	西[门子]	S	$kg^{-1} \cdot m^{-2} \cdot s^3 \cdot A^2 = \Omega^{-1}$
电容	C	法[拉]	F	$A^2 \cdot S^4 \cdot kg^{-1} \cdot m^{-2} = A \cdot s \cdot V^{-1}$
磁通量	Φ	韦[伯]	Wb	$kg \cdot m^2 \cdot s^{-2} \cdot A^{-1} = V \cdot s$
电感	L	亨[利]	H	$kg \cdot m^2 \cdot s^{-2} \cdot A^{-2} = V \cdot A^{-1} \cdot s$
磁通量密度(磁感应强度)	B	特[斯拉]	T	$kg \cdot s^{-2} \cdot A^{-1} = V \cdot s$

附录二　原子量四位数表（以$^{12}C=12$ 相对原子质量为标准）

表中除了 5 种元素有较大的误差外，所列数值均准确到第四位有效数字，其末位数的误差不超过 ±1。对于既无稳定同位素又无特征天然同位素的各个元素，均以该元素的一种熟知的放射性同位素来表示，表中用其质量数（写在化学符号的左上角）及相对原子质量标出。

序数	名称	符号	原子量	序数	名称	符号	原子量	序数	名称	符号	原子量
1	氢	H	1.008	37	铷	Rb	85.47	73	钽	Ta	180.9
2	氦	He	4.003	38	锶	Sr	87.62	74	钨	W	183.9
3	锂	Li	6.941	39	钇	Y	88.91	75	铼	Re	186.2
4	铍	Be	9.012	40	锆	Zr	91.22	76	锇	Os	190.2
5	硼	B	10.81	41	铌	Nb	92.91	77	铱	Ir	192.2
6	碳	C	12.01	42	钼	Mo	95.94	78	铂	Pt	195.1
7	氮	N	14.01	43	锝	Te	98.91	79	金	Au	197.0
8	氧	O	16.00	44	钌	Ru	101.1	80	汞	Hg	200.6
9	氟	F	19.00	45	铑	Rh	102.9	81	铊	Tl	204.4
10	氖	Ne	20.18	46	钯	Pd	106.4	82	铅	Pb	207.2
11	钠	Na	22.99	47	银	Ag	107.9	83	铋	Bi	209.0
12	镁	Mg	24.31	48	镉	Cd	112.4	84	钋	^{210}Po	210.0
13	铝	Al	26.98	49	铟	In	114.8	85	砹	^{210}At	210.0
14	硅	Si	28.09	50	锡	Sn	118.7	86	氡	^{222}Rn	222.0
15	磷	P	30.97	51	锑	Sb	121.8	87	钫	^{223}Fr	223.2
16	硫	S	32.07	52	碲	Te	127.6	88	镭	^{226}Ra	226.0
17	氯	Cl	35.45	53	碘	I	126.9	89	锕	^{227}Ac	227.0
18	氩	Ar	39.95	54	氙	Xe	131.3	90	钍	Th	232.0
19	钾	K	39.10	55	铯	Cs	132.9	91	镤	^{231}Pa	231.0
20	钙	Ca	40.08	56	钡	Ba	137.3	92	铀	U	238.0
21	钪	Sc	44.96	57	镧	La	138.9	93	镎	^{237}Np	237.0
22	钛	Ti	47.88	58	铈	Ce	140.1	94	钚	^{239}Pu	239.1
23	钒	V	50.94	59	镨	Pr	140.9	95	镅	^{243}Am	243.1
24	铬	Cr	52.00	60	钕	Nd	144.2	96	锔	^{247}Cm	247.1
25	锰	Mn	54.94	61	钷	Pm	144.9	97	锫	^{247}Bk	247.1
26	铁	Fe	55.85	62	钐	Sm	150.4	98	锎	^{252}Ct	252.1
27	钴	Co	58.93	63	铕	Eu	152.0	99	锿	^{252}Es	252.1
28	镍	Ni	58.69	64	钆	Gd	157.3	100	镄	^{257}Fm	257.1
29	铜	Cu	63.55	65	铽	Tb	158.9	101	钔	^{256}Md	256.1
30	锌	Zn	65.39	66	镝	Dy	162.5	102	锘	^{259}No	259.1
31	镓	Ga	69.72	67	钬	Ho	164.9	103	铹	^{260}Lr	260.1
32	锗	Ge	72.61	68	铒	Fr	167.3	104		^{261}Rf	261.1
33	砷	As	74.92	69	铥	Tm	168.9	105		^{262}Ha	262.1
34	硒	Se	78.96	70	镱	Yb	173.0	106		^{263}Nh	263.1
35	溴	Br	79.90	71	镥	Lu	175.0	107		^{262}Ns	262.1
36	氪	Kr	83.80	72	铪	Hf	178.5	108		^{266}Ue	266.1

注：摘自化学通报. 1984，3：58（32 号 Ge 和 41 号 Nb 已根据“化学通报” ±1985，12：53 修订值进行了校正）。

附录三 水的密度

T/℃	$10^{-3}\rho$/kg · m^{-3}	T/℃	$10^{-3}\rho$/kg · m^{-3}	T/℃	$10^{-3}\rho$/kg · m^{-3}
0	0.999 87	20	0.998 23	40	0.992 24
1	0.999 93	21	0.998 02	41	0.991 86
2	0.999 97	22	0.997 80	42	0.991 47
3	0.999 99	23	0.997 56	43	0.991 07
4	1.000 00	24	0.997 32	44	0.990 66
5	0.999 99	25	0.997 07	45	0.990 25
6	0.999 97	26	0.996 81	46	0.989 82
7	0.999 97	27	0.996 54	47	0.989 40
8	0.999 88	28	0.996 26	48	0.988 96
9	0.999 31	29	0.995 97	49	0.988 52
10	0.999 73	30	0.995 67	50	0.988 07
11	0.999 63	31	0.995 37	51	0.987 62
12	0.999 52	32	0.995 05	52	0.987 15
13	0.999 40	33	0.994 73	53	0.986 69
14	0.999 27	34	0.994 40	54	0.986 21
15	0.999 13	35	0.994 06	55	0.985 73
16	0.998 97	36	0.993 71	60	0.983 24
17	0.998 80	37	0.993 36	65	0.980 59
18	0.998 62	38	0.992 99	70	0.977 81
19	0.998 43	39	0.992 62	75	0.974 89

注:摘自 International Critical Tables of Numerical Data. Physics, Chemistryand Technology. Ⅲ:25.

附录四 水在不同温度下的折射率、黏度和介电常数

温度/℃	折射率 n_D	黏度①$10^3\eta$/kg · m^{-1} · s^{-1}	介电常数② ε
0	1.333 95	1.770 2	87.74
5	1.333 88	1.510 8	85.76
10	1.333 69	1.303 9	83.83
15	1.333 39	1.137 4	81.95
20	1.333 00	0.001 9	80.10
21	1.332 90	0.976 4	79.73
22	1.332 80	0.953 2	79.38
23	1.332 71	0.931 0	79.02
24	1.332 61	0.910 0	78.65
25	1.332 50	0.890 3	78.30
26	1.332 40	0.870 3	77.94
27	1.332 29	0.851 2	77.60
28	1.332 17	0.832 8	77.24
29	1.332 06	0.814 5	76.90
30	1.331 94	0.797 3	76.55
35	1.331 31	0.719 0	74.83
40	1.330 61	0.652 6	73.15
45	1.329 85	0.597 2	71.51
50	1.329 04	0.546 8	69.91

注:1. 黏度是指单位面积的液层,以单位速度流过相隔单位距离的固定液面时所需的切线力。其单位是:每平方米秒牛顿,即 N · s · m^{-2}或 kg · m^{-1} · s^{-1}或 Pa · s。

2. 介电常数(相对)是指某物质作介质时,与相同条件真空情况下电容的比值。故介电常数又称相对电容率,无量纲。摘自:John A Dean. Lange's Handbook of Chemistry. 1985:10-99.

附录五　不同温度下水的表面张力

t/℃	$10^3\times\sigma$/(N·m^{-1})	t/℃	$10^3\times\sigma$/(N·m^{-1})	t/℃	$10^3\times\sigma$/(N·m^{-1})	t/℃	$10^3\times\sigma$/(N·m^{-1})
0	75.64	17	73.19	26	71.82	60	66.18
5	74.92	18	73.05	27	71.66	70	64.42
10	74.22	19	72.90	28	71.50	80	62.61
11	74.07	20	72.75	29	71.35	90	60.75
12	73.93	21	72.59	30	71.18	100	58.85
13	73.78	22	72.44	35	70.38	110	56.89
14	73.64	23	72.28	40	69.56	120	54.89
15	73.59	24	72.13	45	68.74	130	52.84
16	73.34	25	71.97	50	67.91		

注：摘自 John A Dean. Lange's Handbook of Chemistry，1973：10-265.

附录六　几种溶剂的冰点下降常数

（K_f 是指一摩尔溶质，溶解在 1 000 g 溶剂中的冰点下降常数）

溶剂	纯溶剂的凝固点/℃	K_f
水	0	1.853
醋酸	16.6	3.90
苯	5.533	5.12
对二氧六环	11.7	4.71
环己烷	6.54	20.0

注：摘自 John A Dean. Lange's Handbook of Chemistry. 1985：10-80.

附录七　无机化合物的脱水温度

水合物	脱水	t/℃
$CuSO_4\cdot5H_2O$	$-2H_2O$	85
	$-4H_2O$	115
	$-5H_2O$	230
$CaCl_2\cdot6H_2O$	$-4H_2O$	30
	$-6H_2O$	200
$CaSO_4\cdot2H_2O$	$-1.5H_2O$	128
	$-2H_2O$	163
$Na_2B_4O_7\cdot10H_2O$	$-8H_2O$	60
	$-10H_2O$	320

注：摘自印永嘉. 大学化学手册[M]. 山东科学技术出版社，1985：99-123.

附录八 常压下共沸物的沸点和组成

共沸物		各组分的沸点/℃		共沸物的性质	
甲组分	乙组分	甲组分	乙组分	沸点/℃	组成($W_{甲}$%)
苯	乙醇	80.1	78.3	67.9	68.3
环己烷	乙醇	80.8	78.3	64.8	70.8
正己烷	乙醇	68.9	78.3	58.7	79.0
乙酸	乙酯乙醇	77.1	78.3	71.8	69.0
乙酸乙酯	环己烷	77.1	80.7	71.6	56.0
异丙醇	环己烷	82.4	80.7	69.4	32.0

注:摘自 Robert C Weast. CRC Handbook of Chemistry and Physics. 66thed. 1985—1986:D-12-30.

附录九 有机化合物的标准摩尔燃烧焓

名称	化学式	t/℃	$-\Delta_C H_m^\ominus$/(kJ·mol^{-1})
甲醇	$CH_3OH(l)$	25	726.51
乙醇	$C_2H_5OH(l)$	25	1 366.8
草酸	$(CO_2H)_2(s)$	25	245.6
甘油	$(CH_2OH)_2CHOH(l)$	20	1 661.0
苯	$C_6H_6(l)$	20	3 267.5
己烷	$C_6H_{14}(l)$	25	4 163.1
苯甲酸	$C_6H_5COOH(s)$	20	3 226.9
樟脑	$C_{10}H_{16}O(s)$	20	5 903.6
萘	$C_{10}H_8(s)$	25	5 153.8
尿素	$NH_2CONH_2(s)$	25	631.7

注:摘自 CRC Handbook of Chemistry and Physics. 1985—1986,66thed:D-272-278.

附录十 几种化合物的热力学函数

物质	化学式	$-\Delta_f H_m^\ominus$/(kJ·mol^{-1})	$-\Delta_f G_m^\ominus$/(kJ·mol^{-1})	$S_m^\ominus$/(J·mol^{-1}·K^{-1})
尿素	$CH_4ON_2(s)$	-333.19	-197.2	104.6
二甲胺	$C_2H_7N(g)$	-18.45	68.41	272.96
氨基甲酸胺	$NH_2COONH_4(s)$	-645.05	-448.06	133.47
氨	NH_3	-46.19	-16.64	192.50
二氧化碳	CO_2	-393.51	-394.38	213.64

注:摘自印永嘉. 物理化学简明手册[M]. 北京:高等教育出版社,1988:78.

附录十一 18~25 ℃下难溶化合物的溶度积

化合物	K_{sp}	化合物	K_{sp}
AgBr	4.95×10^{-13}	$BaSO_4$	1×10^{-10}
AgCl	7.7×10^{-10}	$Fe(OH)_3$	4×10^{-38}
AgI	8.3×10^{-17}	$PbSO_4$	1.6×10^{-8}
Ag_2S	6.3×10^{-52}	CaF_2	2.7×10^{-11}
$BaCO_3$	5.1×10^{-9}		

注：摘自顾庆超等. 化学用表[M]. 南京：江苏科学技术出版社，1979：6-77.

附录十二 25 ℃下醋酸在水溶液中的电离度和离解常数

$C/(mol\cdot m^{-3})$	α	$10^2K_c/(mol\cdot m^{-3})$
0.111 3	0.327 7	1.754
0.218 4	0.247 7	1.751
1.028	0.123 8	1.751
2.414	0.082 9	1.750
5.912	0.054 01	1.749
9.842	0.042 23	1.747
12.83	0.037 10	1.743
20.00	0.029 87	1.738
50.00	0.019 05	1.721
100.00	0.135 0	1.695
200.00	0.009 49	1.645

注：摘自陶坤，译. 苏联化学手册第三册[M]. 北京：科学出版社，1963：548.

附录十三 KCl 溶液的电导率

t/℃	C/(mol·dm^{-3})			
	1.000	0.100 0	0.020 0	0.010 0
0	0.065 41	0.007 15	0.001 521	0.000 776
5	0.074 14	0.008 22	0.001 752	0.000 896
10	0.083 19	0.009 33	0.001 994	0.001 020
15	0.092 52	0.010 48	0.002 243	0.001 147
16	0.094 41	0.010 72	0.002 294	0.001 173
17	0.096 31	0.010 95	0.002 345	0.001 199
18	0.098 22	0.011 19	0.002 397	0.001 225
19	0.100 14	0.011 43	0.002 449	0.001 251
20	0.102 07	0.011 67	0.002 501	0.001 278
21	0.104 00	0.011 91	0.002 553	0.001 305
22	0.105 94	0.012 15	0.002 606	0.001 332
23	0.107 89	0.012 29	0.002 659	0.001 359
24	0.109 84	0.012 64	0.002 712	0.001 386
25	0.111 80	0.012 88	0.002 765	0.001 413
26	0.113 77	0.013 13	0.002 819	0.001 441
27	0.115 74	0.013 37	0.002 873	0.001 468
28		0.013 62	0.002 927	0.001 496
29		0.013 87	0.002 981	0.001 524
30		0.014 12	0.003 036	0.001 552
35		0.015 39	0.003 312	
36		0.015 64	0.003 368	

注:摘自复旦大学等.物理化学实验[M].2 版.北京:高等教育出版社,1995:455.

附录十四　无限稀释离子的摩尔电导率和温度系数

离子	$10^4\lambda/(s\cdot m^2\cdot mol^{-1})$				$\alpha\left(\alpha=\frac{1}{\lambda_1}\left(\frac{d\lambda_1}{dt}\right)\right)$
	0 ℃	18 ℃	25 ℃	50 ℃	
H^+	225	315	349.8	464	0.014 2
K^+	40.7	63.9	73.5	114	0.017 3
Na^+	26.5	42.8	50.1	82	0.018 8
NH_4^+	40.2	63.9	74.5	115	0.018 8
Ag^+	33.1	53.5	61.9	101	0.017 4
$1/2Ba^{2+}$	34.0	54.6	63.6	104	0.020 0
$1/2Ca^{2+}$	31.2	50.7	59.8	96.2	0.020 4
$1/2Pb^{2+}$	37.5	60.5	69.5		0.019 4
OH^-	105	171	198.3	(284)	0.018 6
Cl^-	41.0	66.0	76.3	(116)	0.020 3
NO_3^-	40.0	62.3	71.5	(104)	0.019 5
$C_2H_3O_2^-$	20.0	32.5	40.9	(67)	0.024 4
$1/2SO_4^{2-}$	41	68.4	80.0	(125)	0.020 6
$1/2C_2O_4^{2-}$	39	(63)	72.7	(115)	
F^-		47.3	55.4		0.022 8

注：摘自印永嘉. 物理化学简明手册[M]. 北京：高等教育出版社，1988：159.

附录十五　25 ℃下 HCl 水溶液的摩尔电导和电导率与浓度的关系

$c/(mol\cdot dm^{-3})$	0.000 5	0.001	0.002	0.005	0.01	0.02	0.05	0.1	0.2
$\Lambda_m/(s\cdot cm^2\cdot mol^{-1})$	423.0	421.4	419.2	415.1	411.4	406.1	397.8	389.8	379.6
$10^3k/(s\cdot cm^{-1})$		0.421 2	0.838 4	2.076	4.114	8.112	19.89	39.98	75.92

注：摘自印永嘉. 物理化学简明手册[M]. 北京：高等教育出版社，1988：178.

附录十六　蔗糖水解的速率常数

$c(HCl)/(mol\cdot dm^{-3})$	$10^3k/min^{-1}$		
	298.2 K	308.2 K	318.2 K
0.050 2	0.416 9	1.738	6.213
0.251 2	2.255	9.35	35.86
0.413 7	4.043	17.00	60.62
0.900 0	11.16	46.76	148.8
1.214	17.455	75.97	

附录十七 力单位换算

牛顿/N	千克力/kgf	达因/dyn
1	0.102	10^5
9.806 65	1	$9.806\ 65\times10^5$
10^{-5}	1.02×10^{-6}	1

附录十八 压力单位换算

帕斯卡 /Pa	工程大气压 /$(kgf\cdot cm^{-2})$	毫米水柱 /mmH_2O	标准大气压 /atm	毫米汞柱 /mmHg
1	1.02×10^{-5}	0.102	0.99×10^{-5}	0.007 5
980 67	1	10^4	0.967 8	735.6
9.807	0.000 1	1	$0.967\ 8\times10^{-4}$	0.073 6
101 325	1.033	10 332	1	760
133.32	0.000 36	13.6	0.001 32	1

注:1 Pa = 1 $N\cdot m^{-2}$,1 工程大气压 = 1 kgf/cm^2。

1 mmHg = 1 Torr,标准大气压即物理大气压。

1 bar = 10^5 $N\cdot m^{-2}$。

附录十九 能量单位换算

尔格 /erg	焦耳 /J	千克力米 /$(kgf\cdot m)$	千瓦小时 /$(kW\cdot h)$	千卡 /kcal(国际蒸汽表卡)	升大气压 /$(L\cdot atm)$
1	10^{-7}	0.102×10^{-7}	27.78×10^{-15}	23.9×10^{-12}	9.869×10^{-10}
10^7	1	0.102	277.8×10^{-9}	239×10^{-6}	9.869×10^{-3}
9.807×10^7	9.807	1	2.724×10^{-6}	2.342×10^{-3}	9.679×10^{-2}
36×10^{12}	3.6×10^6	367.1×10^3	1	859.845	3.553×10^4
41.87×10^9	4 186.8	426.935	1.163×10^{-3}	1	41.29
1.013×10^9	101.3	10.33	2.814×10^{-5}	0.024 218	1

注:1 erg = 1 $dyn\cdot cm$,1 J = 1 $N\cdot m$ = 1 $W\cdot s$,1 eV = 1.602×10^{-19} J。

1 国际蒸汽表卡 = 1.000 67 热化学卡。

附录二十　国际单位制中具有专用名称导出单位

量的名称	单位名称	单位符号	其他表示式例
频率	赫[兹]	Hz	s^{-1}
力	牛[顿]	N	kgm/s^2
压力、应力	帕[斯卡]	Pa	N/m^2
能、功、热量	焦[耳]	J	N·m
电量、电荷	库[仑]	C	A·s
功率	瓦[特]	W	J/s
电位、电压、电动势	伏[特]	V	W/A
电容	法[拉]	F	C/V
电阻	欧[姆]	Ω	V/A
电导	西[门子]	S	A/V
磁通量	韦[伯]	Wb	V·s
磁感应强度	特[斯拉]	T	Wb/m^2
电感	亨[利]	H	Wb/A
摄氏温度	摄氏度	C	

附录二十一　用于构成十进倍数和分数单位的词头

倍数	词头名称	词头符号	分数	词头名称	词头符号
10^{18}	艾[可萨](exa)	E	10^{-1}	分(deci)	d
10^{15}	拍[它](peta)	P	10^{-2}	厘(centi)	c
10^{12}	太[拉](tera)	T	10^{-3}	毫(milli)	m
10^{9}	吉[咖](giga)	G	10^{-6}	微(micro)	μ
10^{6}	兆(mega)	M	10^{-9}	纳[诺](nano)	n
10^{3}	千(kilo)	k	10^{-12}	皮[可](pico)	p
10^{2}	百(hecto)	h	10^{-15}	飞[母托](femto)	f
10^{1}	十(deca)	da	10^{-18}	阿[托](atto)	a

附录二十二 不同温度下水的饱和蒸汽压

t/℃	0.0		0.2		0.4		0.6		0.8	
	mmHg	kPa	mmHg	kPa	mmHg	kPa	mmHg	kPa	mmHg	kPa
0	4.579	0.610 5	4.647	0.619 5	4.715	0.628 6	4.785	0.637 9	4.855	0.647 3
1	4.926	0.656 7	4.998	0.666 3	5.070	0.675 9	5.144	0.685 8	5.219	0.695 8
2	5.294	0.705 8	5.370	0.715 9	5.447	0.726 2	5.525	0.736 6	5.605	0.747 3
3	5.685	0.757 9	5.766	0.768 7	5.848	0.779 7	5.931	0.790 7	6.015	0.801 9
4	6.101	0.813 4	6.187	0.824 9	6.274	0.836 5	6.363	0.848 3	6.453	0.860 3
5	6.543	0.872 3	6.635	0.884 6	6.728	0.897 0	6.822	0.909 5	6.917	0.922 2
6	7.013	0.935 0	7.111	0.948 1	7.209	0.961 1	7.309	0.974 5	7.411	0.988 0
7	7.513	1.001 7	7.617	1.015 5	7.722	1.029 5	7.828	1.043 6	7.936	1.058 0
8	8.045	1.072 6	8.155	1.087 2	8.267	1.102 2	8.380	1.117 2	8.494	1.132 4
9	8.609	1.147 8	8.727	1.163 5	8.845	1.179 2	8.965	1.195 2	9.086	1.211 4
10	9.209	1.227 8	9.333	1.244 3	9.458	1.261 0	9.585	1.277 9	9.714	1.295 1
11	9.844	1.312 4	9.976	1.330 0	10.109	1.347 8	10.244	1.365 8	10.380	1.383 9
12	10.518	1.402 3	10.658	1.421 0	10.799	1.439 7	10.941	1.452 7	11.085	1.477 9
13	11.231	1.497 3	11.379	1.517 1	11.528	1.537 0	11.680	1.557 2	11.833	1.577 6
14	11.987	1.598 1	12.144	1.619 1	12.302	1.640 1	12.462	1.661 5	12.624	1.683 1
15	12.788	1.704 9	12.953	1.726 9	13.121	1.749 3	13.290	1.771 8	13.461	1.794 6
16	13.634	1.817 7	13.809	1.841 0	13.987	1.864 8	14.166	1.888 6	14.347	1.912 8
17	14.530	1.937 2	14.715	1.961 8	14.903	1.986 9	15.092	2.012 1	15.284	2.037 7
18	15.477	2.063 4	15.673	2.089 6	15.871	2.116 0	16.071	2.142 6	16.272	2.169 4
19	16.477	2.196 7	16.685	2.224 5	16.894	2.252 3	17.105	2.280 5	17.319	2.309 0
20	17.535	2.337 8	17.753	2.366 9	17.974	2.396 3	18.197	2.426 1	18.422	2.456 1
21	18.650	2.486 5	18.880	2.517 1	19.113	2.548 2	19.349	2.579 6	19.587	2.611 4
22	19.827	2.643 4	20.070	2.675 8	20.316	2.706 8	20.565	2.741 8	20.815	2.775 1
23	21.068	2.808 8	21.342	2.843 0	21.583	2.877 5	21.845	2.912 4	22.110	2.947 8
24	22.377	2.983 3	22.648	3.019 5	22.922	3.056 0	23.198	3.092 8	23.476	3.129 9
25	23.756	3.167 2	24.039	3.204 9	24.326	3.243 2	24.617	3.282 0	24.912	3.321 3
26	25.209	3.360 9	25.509	3.400 9	25.812	3.441 3	26.117	3.482 0	26.426	3.523 2
27	26.739	3.564 9	27.055	3.607 0	27.374	3.649 6	27.696	3.692 5	28.021	3.735 8
28	28.349	3.779 5	28.680	3.823 7	29.015	3.868 3	29.354	3.913 5	29.697	3.959 3
29	30.043	4.005 4	30.392	4.051 9	30.745	4.099 0	31.102	4.146 6	31.461	4.194 4
30	31.824	4.242 8	32.191	4.291 8	32.561	4.341 1	32.934	4.390 8	33.312	4.441 2
31	33.695	4.492 3	34.082	4.543 9	34.471	4.595 7	34.864	4.648 1	35.261	4.701 1
32	35.663	4.754 7	36.068	4.808 7	36.477	4.863 2	36.891	4.918 4	37.308	4.974 0
33	37.729	5.030 1	38.155	5.086 9	38.584	5.144 1	39.018	5.202 0	39.457	5.260 5
34	39.898	5.319 3	40.344	5.378 7	40.796	5.439 0	41.251	5.499 7	41.710	5.560 9
35	42.175	5.622 9	42.644	5.685 4	43.117	5.748 4	43.595	5.812 2	44.078	5.876 6
36	44.563	5.941 2	45.054	6.008 7	45.549	6.072 7	46.050	6.139 5	46.556	6.206 9
37	47.067	6.275 1	47.582	6.343 7	48.102	6.413 0	48.627	6.483 0	49.157	6.553 7
38	49.692	6.625 0	50.231	6.696 9	50.774	6.769 3	51.323	6.842 5	51.879	6.916 6
39	52.442	6.991 7	53.009	7.067 3	53.580	7.143 4	54.156	7.220 2	54.737	7.297 6
40	55.324	7.375 9	55.91	7.451	56.51	7.534	57.11	7.614	57.72	7.695

附录二十三　常用参比电极电势及温度系数

名称	体系	E/V*	(dE/dT)/(mV·K⁻¹)
氢电极	Pt, H_2 ∣ H^+ ($\alpha_{H^+}=1$)	0.000 0	
饱和甘汞电极	Hg, Hg_2Cl_2 ∣ 饱和 KCl	0.241 5	−0.761
标准甘汞电极	Hg, Hg_2Cl_2 ∣ 1 $mol \cdot L^{-1}$ KCl	0.280 0	−0.275
甘汞电极	Hg, Hg_2Cl_2 ∣ 0.1 $mol \cdot L^{-1}$ KCl	0.333 7	−0.875
银-氯化银电极	Ag, AgCl ∣ 0.1 $mol \cdot L^{-1}$ KCl	0.290	−0.3
氧化汞电极	Hg, HgO ∣ 0.1 $mol \cdot L^{-1}$ KOH	0.165	
硫酸亚汞电极	Hg, Hg_2SO_4 ∣ 1 $mol \cdot L^{-1}$ H_2SO_4	0.675 8	
硫酸铜电极	Cu ∣ 饱和 $CuSO_4$	0.316	−0.7

注：* 25 ℃；相对于标准氢电极(NCE)。

附录二十四　一些液体的蒸气压

表中所列各化合物的蒸气压可用方程式计算为

$$\lg p = A - B/(C + t)$$

式中　A,B,C——三常数；

p——化合物的蒸气压，mmHg；

t——摄氏温度。

化合物	25 ℃时蒸气压	温度范围/℃	A	B	C
丙酮 C_3H_6O	230.05		7.024 47	1 161.0	224
苯 C_6H_6	95.18		6.905 65	1 211.033	220.790
溴 Br_2	226.32		6.832 98	1 133.0	228.0
甲醇 CH_4O	126.40	−20～140	7.878 63	1 473.11	230.0
甲苯 C_7H_8	28.45		6.954 64	1 344.80	219.482
醋酸 $C_2H_4O_2$	15.59	0～36	7.803 07	1 651.2	225
		36～170	7.188 07	1 416.7	211
氯仿 $CHCl_3$	227.72	−30～150	6.903 28	1 163.03	227.4
四氯化碳 CCl_4	115.25		6.933 90	1 242.43	230.0
乙酸乙酯 $C_4H_8O_2$	94.29	−20～150	7.098 08	1 238.71	217.0
乙醇 C_2H_6O	56.31		8.044 94	1 554.3	222.65
乙醚 $C_4H_{10}O$	534.31		6.785 74	994.195	220.0
乙酸甲酯 $C_3H_6O_2$	213.43		7.202 11	1 232.83	228.0
环己烷 C_6H_{12}		−20～142	6.844 98	1 203.526	222.86

附录二十五　常压下共沸物的沸点和组成

共沸物		各组分的沸点/℃		共沸物的性质	
甲组分	乙组分	甲组分	乙组分	沸点/℃	组成($W_{甲}$%)
苯	乙醇	80.1	78.3	67.9	68.3
环己烷	乙醇	80.8	78.3	64.8	70.8
正己烷	乙醇	68.9	78.3	58.7	79.0
乙酸	乙酯乙醇	77.1	78.3	71.8	69.0
乙酸乙酯	环己烷	77.1	80.7	71.6	56.0
异丙醇	环己烷	82.4	80.7	69.4	32.0

附录二十六　常用化学信息网址资料

1. 科技文献网址

(1)http://www.las.ac.cn　　中国科学院国家科学图书馆
(2)http://www.stdaily.com　　中国科技网
(3)http://chinweb.com.cn　　化学信息网
(4)http://www.ccs.ac.cn　　中国化学会网址
(5)http://www.acs.org　　美国化学会网址
(6)http://webbook.nist.gov　　美国国家标准局网址
(7)http://jiansuo.com　　中国专利检索网
(8)http://patents.uspto.gov　　美国专利检索网

2. 部分大学及教育部门网址

(1)http://www.cernet.edu.cn　　中国教育科技网
(2)http://www.moe.edu.cn　　国家教育部网址
(3)http://www.chinaedu.com　　中国教育信息网
(4)http://www.tsinghua.edu.cn　　清华大学网址
(5)http://www.pku.edu.cn　　北京大学网址
(6)http://www.nju.edu.cn　　南京大学网址
(7)http://www.zju.edu.cn　　浙江大学网址
(8)http://www.fudan.edu.cn　　复旦大学网址
(9)http://www.jlu.edu.cn　　吉林大学网址
(10)http://www.scu.edu.cn　　四川大学网址

(11) http://www.dlut.edu.cn　　大连理工大学网址
(12) http://www.ecust.edu.cn　　华东理工大学网址
(13) http://www.nankai.edu.cn　　南开大学网址

参考文献

[1] 辛剑,孟长功.基础化学实验[M].北京:高等教育出版社,2004.

[2] 浙江大学,南京大学,北京大学,等.综合化学实验[M].北京:高等教育出版社,2001.

[3] 大连理工大学无机化学教研室.无机化学[M].4版.北京:高等教育出版社,2001.

[4] 大连理工大学无机化学教研室.无机化学实验[M].北京:高等教育出版社,1990.

[5] 北京大学化学系物理化学教研室.物理化学实验[M].3版.北京:北京大学出版社,1995.

[6] 南京大学化学实验教学组.大学化学实验[M].北京:高等教育出版社,1999.

[7] 印永嘉.物理化学简明手册[M].北京:高等教育出版社,1988.

[8] 古凤才,肖衍繁.基础化学实验教程[M].北京:科学出版社,2000.

[9] 袁覆冰.有机化学[M].北京:高等教育出版社,2000.

[10] 浙江大学化学系.中级化学实验[M].北京:科学出版社,2005.

[11] 东北师范大学,等.物理化学实验[M].北京:人民教育出版社,1982.

[12] 复旦大学,等.物理化学实验[M].北京:高等教育出版社,1993.

[13] 北京大学化学系物理化学教研室.物理化学实验[M].北京:北京大学出版社,1995.

[14] 崔献英,等.物理化学实验[M].合肥:中国科学技术大学出版社,2000.

[15] 武汉大学化学与分子科学学院实验中心.物理化学实验[M].武汉:武汉大学出版社,2004.

[16] 淮阴师范学院化学系.物理化学实验[M].北京:高等教育出版社,2004.